高等职业教育安全防范类专业新形态系列教材

消防安全管理

主　编　王淑萍　张俊芳
副主编　韩大伟　聂财勇　娄　悦

大连理工大学出版社

图书在版编目(CIP)数据

消防安全管理 / 王淑萍, 张俊芳主编. -- 大连：大连理工大学出版社，2022.8(2025.8重印)
ISBN 978-7-5685-3494-9

Ⅰ. ①消… Ⅱ. ①王… ②张… Ⅲ. ①消防－安全管理－教材 Ⅳ. ①TU998.1

中国版本图书馆 CIP 数据核字(2021)第 251363 号

大连理工大学出版社出版

地址：大连市软件园路 80 号　邮政编码：116023
营销中心：0411-84707410　84708842　邮购及零售：0411-84706041
E-mail:dutp@dutp.cn　URL:https://www.dutp.cn
大连图腾彩色印刷有限公司　　　　　大连理工大学出版社发行

幅面尺寸：185mm×260mm	印张：16.25	字数：374 千字
2022 年 8 月第 1 版		2025 年 8 月第 4 次印刷
责任编辑：唐　爽		责任校对：陈星源
	封面设计：张　莹	

ISBN 978-7-5685-3494-9　　　　　　　　　　　　　　定　价：51.80 元

本书如有印装质量问题，请与我社营销中心联系更换。

前言

火灾的发生不以人们的意志为转移。如果消防安全意识淡薄,预防和管理不善,就有可能发生火灾,其所带来的灾害有时是巨大的,教训是惨痛的。

消防安全工作是国民经济和社会发展的重要组成部分,是国家经济发展、社会安全稳定和人民安居乐业的重要保障。随着我国经济和科学技术的发展,尤其是社会综合技术的发展以及由此所引起的社会活动方式的改变,大大增加了火灾问题的广泛性和复杂性,因而对消防管理提出了更新、更多、更高的要求。建筑消防安全管理也被认为是一个社会问题,是社会安全管理的重要组成部分,值得深思和重视。

考虑到社会对专业消防安全管理人员的需求,我们根据行业发展需要,围绕人才培养目标和课程教学目标,编写了《消防安全管理》教材。本教材在编写过程中力求突出以下特色:

(1)教材专业性强,实用性突出。教材以培养建筑消防安全管理一线的管理服务型人才为目标,从我国建筑消防安全管理的实际出发,阐述建筑防火管理的基础理论知识,重点抓好消防管理法规的运用、消防知识的教育、火灾事故处置办法、灭火疏散预案的演练等内容。

(2)教学内容有序化设计。教材在内容组织上,按照职业需要由浅入深设计教学章节,注重严密的学科知识逻辑结构,注重学生职业能力成长规律。

(3)融通岗课赛证重要知识、技能。教材对标国家专业标准、行业岗位人才需求,融入建(构)筑物消防员职业技能鉴定的相关知识、注册消防工程师职业资格考试技术实务中与消防设施管理有关的内容。

(4)采用了现行法律法规、国家标准,与行业发展状况、技术更新同步。

(5)教材配备了微课讲解视频,以"互联网+"的形式满足学生移动化、自主化学习的需要。

本书由浙江警官职业学院王淑萍、张俊芳任主编,韩大伟、聂财勇、娄悦任副主编,杨云、楼征铠、申朝文任参编。具体编写分工如下:第一章由娄悦编写;第二章由张俊芳编写;第三、四、五、六、七、九章由王淑萍编写;第八章由韩大伟编写;杨云、楼征铠、申朝文搜集、整理了消防安全管理相关资料;聂财勇参与了统稿和校稿。

在编写本教材的过程中,我们参考、引用和改编了国内外出版物中的相关资料以及网络资源,在此对这些资料的作者表示深深的谢意。请相关著作权人看到本教材后与出版社联系,出版社将按照相关的法律规定支付稿酬。

尽管我们在探索教材特色方面做出了许多努力,但教材中仍可能存在一些不足,恳请广大读者批评指正,并将意见和建议反馈给我们,以便修订时改进。

编　者
2022 年 8 月

所有意见和建议请发往:dutpgz@163.com

欢迎访问职教数字化服务平台:https://www.dutp.cn/sve/

联系电话:0411-84707424　84708979

目 录

第一章　我国消防工作概述 ………………………………………………………… 1
　第一节　消防工作的意义和作用 …………………………………………………… 1
　第二节　消防工作的性质和任务 …………………………………………………… 2
　第三节　消防工作的方针和原则 …………………………………………………… 6
　第四节　消防安全责任制 …………………………………………………………… 8
　第五节　消防法律法规 ……………………………………………………………… 16
　第六节　保障建筑消防安全的途径 ………………………………………………… 28

第二章　消防基础知识 ………………………………………………………………… 31
　第一节　燃烧与爆炸 ………………………………………………………………… 31
　第二节　危险化学品基础知识 ……………………………………………………… 46
　第三节　消防水力学基础知识 ……………………………………………………… 53
　第四节　建筑消防基础知识 ………………………………………………………… 58
　第五节　常用消防器材与设施 ……………………………………………………… 68

第三章　消防安全教育 ………………………………………………………………… 85
　第一节　消防安全宣传教育 ………………………………………………………… 85
　第二节　消防安全培训教育 ………………………………………………………… 90
　第三节　消防安全咨询 ……………………………………………………………… 97

第四章　消防安全行政许可 …………………………………………………………… 102
　第一节　建设工程消防安全审查许可 ……………………………………………… 103
　第二节　公众聚集场所开业的消防安全检查 ……………………………………… 110
　第三节　大型群众性活动的公共安全许可 ………………………………………… 119
　第四节　专职消防队建立的消防安全验收许可 …………………………………… 121

第五章　消防安全重点管理······124

- 第一节　消防安全重点单位管理······124
- 第二节　消防安全重点部位管理······130
- 第三节　消防安全重点工种管理······132
- 第四节　火源管理······137
- 第五节　易燃易爆物品防火管理······142
- 第六节　消防产品质量监督管理······153
- 第七节　大型群众性活动消防安全管理······161

第六章　建筑消防设施维护管理······170

- 第一节　消防设施维护管理······170
- 第二节　消防控制室管理······174
- 第三节　消火栓系统维护管理······175
- 第四节　灭火器维护管理······177

第七章　消火安全检查与火灾隐患整改······182

- 第一节　消防安全检查······182
- 第二节　火灾隐患整改······197

第八章　火灾事故紧急处置······210

- 第一节　火灾的发展过程及其分类······210
- 第二节　火灾报警与处置······213
- 第三节　初起火灾的扑救······216
- 第四节　安全疏散与逃生自救······220
- 第五节　火灾事故现场的保护······224
- 第六节　火灾应急预案的制定与演练······226

第九章　消防安全管理的法律责任······233

- 第一节　消防刑事责任······233
- 第二节　消防行政责任······240

参考文献······253

本书涉及的重要标准和文件······254

第一章 我国消防工作概述

知识目标

- 了解火灾的定义及危害。
- 了解消防工作的意义和作用,掌握消防工作的方针和原则。
- 理解消防安全责任制的含义,掌握落实消防安全责任制的方法。
- 了解我国消防法律法规体系,掌握《消防法》《劳动法》等法律法规的相关内容。
- 掌握保障建筑消防安全的途径。

能力目标

- 能够通过网络更多地了解我国消防行业的发展状况。
- 能够收集和阅读我国消防法律法规,增强消防安全意识和学习消防知识的兴趣。

素质目标

- 明确个人在消防安全和劳动安全中的责任,增强社会责任感。
- 培养职业责任感,自觉遵守消防法律法规和职业道德规范。

火是人类从野蛮进化到文明的重要标志。但火和其他事物一样具有两重性:一方面,火给人类带来了光明和温暖,带来了健康和智慧,从而促进了人类物质文明的不断发展;另一方面,火如果失去了控制,就会具有很大的破坏性。随着社会的高速发展,高层建筑不断增多,建筑体量增大,功能复杂,火灾危险性增大,同时人们在生产生活中用火用电场合也不断增多,如果消防工作不到位,或消防安全管理不善,就有可能发生火灾,对人类的生命、财产构成巨大的威胁。做好消防安全管理工作,是保障建筑消防安全的重要途径。

第一节 消防工作的意义和作用

消防工作是人们同火灾做斗争的一项专门工作,其目的是预防火灾和减少火灾危害,保护公民人身及财产安全,维护公共安全和社会秩序、生产秩序、教学和科研秩序以及人民群众的生活秩序,保障社会主义现代化建设的顺利进行。做好消防工作是国家建设、人民安全的需要,是全体社会成员的共同责任。任何单位和个人都有维护消防安全和预防火灾的义务。

一、消防工作的意义

消防工作是国民经济和社会发展的重要组成部分,是发展社会主义市场经济不可或缺的保障条件。消防工作直接关系人民生命、财产安全和社会的稳定。重大、特大火灾一次即可能造成几十人甚至数百人的伤亡,造成上百万元、上千万元的经济损失,这不仅给许多家庭带来了不幸,而且还使大量的社会财产化为灰烬。此外,事故的善后处理往往也牵扯了政府很多精力,严重影响了经济建设的发展和社会的稳定,教训是十分沉痛和深刻的。因此,做好消防工作,预防和减少火灾事故,特别是群死群伤的恶性火灾事故的发生,具有十分重要的意义。

二、消防工作的作用

做好消防安全工作是社会经济发展、人民安居乐业的重要保障。《中华人民共和国消防法》(以下简称为《消防法》)的颁布实施为消防工作提供了法律依据。预防火灾和减少火灾危害是对消防立法意义的总体概括,包括了两层含义:一是做好预防火灾的各项工作,防止火灾发生;二是做好灭火的各项准备,一旦发生了火灾,就应及时、有效地进行扑救,减少火灾的危害。据应急管理部消防救援局统计,2012年至2021年,全国共发生居住场所火灾132.4万起,造成11 634人遇难、6 738人受伤,直接财产损失77.7亿元;其中较大火灾429起,造成1 579人遇难、329人受伤;重大火灾2起,造成26人遇难。可见火灾所造成的损失之大。只有做好消防工作,才能减少火灾的发生,保护公民生命、财产的安全,保护历史文化遗产,减轻地震次生火灾的损失,打击放火犯罪,维护社会安定。

第二节 消防工作的性质和任务

火灾是一种不受时间、空间限制,发生频率很高的灾害。火灾的发生和发展具有一定的规律,做好防火和灭火工作需要依靠消防科学技术的力量和全社会的参与,各级政府、各个部门、单位及个人应认真履行各自职责,共同做好消防安全工作。

一、消防工作的性质和特点

(一)消防工作的性质

我国消防工作是一项由政府统一领导,部门依法监管,单位全面负责,公民积极参与,专业队伍与社会各方面协同预防、减少火灾危害、开展应急救援的公共消防安全的专门性工作。

(二)消防工作的特点

长期的实践表明,消防工作具有以下特点:

1. 社会性

消防工作具有广泛的社会性。它涉及社会的各个领域、各行各业、千家万户。凡是有人工作、生活的地方,都有可能发生火灾。因此,要遵照政府统一领导、部门依法监管、单位全面负责、公民积极参与的原则,依靠社会各界力量和全体公民共同参与,实行群防群治,真正在全社会做到预防火灾的发生,减少火灾危害。

2. 行政性

消防工作是政府履行社会管理和公共服务职能的重要内容。国务院作为中央人民政府,领导全国的消防工作,使消防工作更好地保障我国社会主义现代化建设的顺利进行,具有主要的作用。由于消防工作又是一项地方性和专门性很强的行政工作,许多具体工作,如城乡消防规划,城乡公共消防基础设施、消防装备的建设,多种形式消防队伍的建立,消防经费的保障,特大火灾的组织扑救,以及消防安全监管等,都必须依靠地方各级人民政府和有关职能部门。因此各级人民政府必须加强对消防工作的领导。这是中国特色社会主义进入新时代,建设社会主义和谐社会、满足人民日益增长的美好生活需要的基本要求。

3. 经常性

无论是春夏秋冬,还是白天黑夜,每时每刻都有可能发生火灾。人们在生产、生活、工作和学习中都需要用火,如果用火不慎,或工作生活中违反了消防安全管理的规定,就有可能酿成火灾。因此,这就决定了消防工作具有经常性。

4. 技术性

科学技术的进步,推动了经济社会的发展,消防工作要与经济社会发展同步,就必须充分应用科学技术。随着社会的发展,人类对消防安全提出越来越高的要求,科学技术在火灾预防、火灾救援、消防标准化、消防产品检测、消防训练演习、消防队伍建设等各领域得到广泛应用,科学技术的进步也将为提高消防安全水平提供更多的先进方法和技术。增强社会各领域预防和抗御火灾的整体水平,消防科学技术已成为消防事业发展的有力支撑。

二、消防工作的任务

消防工作的中心任务是预防火灾的发生。一旦发生火灾,要做到能够及时消灭,最大限度地减少火灾造成的人员伤亡和财产损失,全力保障人民群众安居乐业和经济社会安全发展。消防工作的具体任务如下:

(一)做好火灾预防工作

1. 全面落实消防安全责任

依照消防法律法规、政府消防工作规范性文件规定,严格落实地方各级政府、各部门、各单位消防安全责任,形成各司其职、各负其责、齐抓共管的局面。

2. 制定消防法规和消防技术规范

制定消防法规和消防技术规范可以为日常消防安全管理提供法律依据，为城乡消防设施规划、建设提供指导，为各类新建、扩建、改建建设工程，生产、储存、经营场所，住宅建筑等防火设计及消防系统设计提供技术标准。

3. 制定消防发展规划

切实把消防发展规划纳入国家及地方政府各个时期经济社会发展的总体规划中，使得消防设施建设与社会经济同步建设、同步发展，防止消防工作滞后，保障经济社会安全发展。

4. 编制城乡消防建设规划

按照各地建设总体规划，对消防安全布局，对消防站、消防供水、消防车通道、消防装备等内容分别制定近期、中期、远期消防安全建设规划，报请同级人民政府批准，并纳入总体规划同步实施。

5. 加强城乡公共消防设施建设和维护管理

政府市政建设部门要将城乡公共消防设施建设纳入市政建设，加强日常维护管理，确保其完好有效。

6. 加强建设工程消防管理

建设、设计、施工、监理单位及政府监管部门，要加强对新建、扩建、改建建设工程的管理，依法履行各自职责，严格执行国家法律法规、消防技术标准，确保每项建设工程的消防设计、施工质量，不留下"先天性"火灾隐患。

7. 做好单位日常消防安全管理

各级各类单位要依法履行消防安全职责，开展日常消防安全检查巡查，加强消防设施设备维护保养，及时消除火灾隐患，控制火灾风险，防止火灾发生。

8. 加强社区消防安全管理

按照国家有关消防安全网格化管理规定，将社区消防安全纳入综合治理平台，落实日常网格化管理工作，加强社区微型消防站建设，提高社区火灾防控能力。

9. 开展全民消防宣传教育

采用多种方式，通过多种途径，对学生、单位从业人员、居民群众等全社会公民开展消防法律法规，防火、灭火基本常识，疏散逃生技能的消防宣传教育培训，全面提升公民消防安全素质。

10. 消防监督管理

《消防法》第四条规定：国务院应急管理部门对全国的消防工作实施监督管理。县级以上地方人民政府应急管理部门对本行政区域内的消防工作实施监督管理，并由本级人民政府消防救援机构负责实施。军事设施的消防工作，由其主管单位监督管理，消防救援机构协助；矿井地下部分、核电厂、海上石油天然气设施的消防工作，由其主管单位监督管理。县级以上人民政府其他有关部门在各自的职责范围内，依照本法和其他相关法律法规的规定做好消防工作。法律、行政法规对森林、草原的消防工作另有规定的，从其规定。

消防监督管理的重点有以下几方面。

(1)建设工程消防设计审查验收

对按照国家工程建设消防技术标准需要进行消防设计的建设工程,实行建设工程消防设计审查验收制度。

①建设工程消防设计审查 国务院住房和城乡建设主管部门规定的特殊建设工程,建设单位应当将消防设计文件报送住房和城乡建设主管部门审查,住房和城乡建设主管部门依法对审查的结果负责。其他建设工程,建设单位申请领取施工许可证或者申请批准开工报告时应当提供满足施工需要的消防设计图纸及技术资料。特殊建设工程未经消防设计审查或者审查不合格的,建设单位、施工单位不得施工;其他建设工程,建设单位未提供满足施工需要的消防设计图纸及技术资料的,有关部门不得发放施工许可证或者批准开工报告。

②建设工程消防竣工验收 国务院住房和城乡建设主管部门规定应当申请消防验收的建设工程竣工,建设单位应当向住房和城乡建设主管部门申请消防验收。其他建设工程,建设单位在验收后应当报住房和城乡建设主管部门备案,住房和城乡建设主管部门应当进行抽查。依法应当进行消防验收的建设工程,未经消防验收或者消防验收不合格的,禁止投入使用。其他建设工程经依法抽查不合格的,应当停止使用。

(2)日常消防安全监督检查

消防救援机构应当对机关、团体、企业、事业等单位遵守消防法律、法规的情况依法进行监督检查。

消防救援机构在消防监督检查中发现火灾隐患的,应当通知有关单位或者个人立即采取措施消除隐患;不及时消除隐患可能严重威胁公共安全的,消防救援机构应当依照规定对危险部位或者场所采取临时查封措施。

消防救援机构在消防监督检查中发现城乡消防安全布局、公共消防设施不符合消防安全要求,或者发现本地区存在影响公共安全的重大火灾隐患的,应当由应急管理部门书面报告本级人民政府。接到报告的人民政府应当及时核实情况,组织或者责成有关部门、单位采取措施,予以整改。

(3)公众聚集场所的消防监督检查

公众聚集场所在投入使用、营业前,建设单位或者使用单位应当向场所所在地的县级以上地方人民政府消防救援机构申请消防安全检查。公众聚集场所未经消防救援机构许可的,不得投入使用、营业。

(4)大型群众性活动的消防监督检查

举办大型群众性活动,承办人应当依法向公安机关申请安全许可,制定灭火和应急疏散预案并组织演练,明确消防安全责任分工,确定消防安全管理人员,保持消防设施和消防器材配置齐全、完好有效,保证疏散通道、安全出口、疏散指示标志、应急照明和消防车通道符合消防技术标准和管理规定。

(5)消防产品质量的监督管理

消防产品必须符合国家标准;没有国家标准的,必须符合行业标准。产品质量监督部门、工商行政管理部门、消防救援机构应当按照各自职责加强对消防产品质量的监督检查。禁止生产、销售或者使用不合格的消防产品以及国家明令淘汰的消防产品。

11. 火灾事故调查与统计

（1）火灾事故调查

对发生的火灾事故进行火灾事故原因调查，查明起火原因和成灾原因，总结火灾发生规律和经验教训，修订和完善消防管理法规、消防技术标准规范，不断提高火灾防控能力。

（2）火灾统计

按照火灾分类标准，进行火灾统计，为政府决策提供技术支持。

（二）做好灭火及综合性救援工作

《消防法》第四十三条规定：县级以上地方人民政府应当组织有关部门针对本行政区域内的火灾特点制定应急预案，建立应急反应和处置机制，为火灾扑救和应急救援工作提供人员、装备等保障。

1. 建立灭火应急救援指挥体系

地方各级政府要针对本地区自然灾害发生规律和灾害种类，建立、健全应急救援指挥体系，明确职责任务，形成联勤联动机制，实行信息化指挥，一旦发生火灾事故，立即进入指挥状态。

2. 制定灭火应急处置预案

要针对各类火灾扑救、灾害事故抢险救援的特点，制定各类灾害事故数字化处置预案，定期开展全员实战演练，不断修改、完善预案，提高预案的可实施性，保证在发生灾害事故时，能够有序、高效、规范处置，减少人员伤亡和灾害损失。

3. 加强灾害事故预警监测

采用物联网、大数据、云计算、人工智能等现代信息技术，对城市、森林、草原火灾进行预警监测，及早发现事故风险，及时消除火灾隐患。

4. 加强灭火和应急救援队伍建设

各级人民政府应当加强消防组织建设，根据经济社会发展的需要，建立多种形式的消防组织，加强消防技术人才培养，增强火灾预防、扑救和应急救援的能力，保证城乡每个区域、每个单位、每个社区都有一支常备消防救援力量，时刻处于应急救援状态，拉得出，打得赢。

第三节　消防工作的方针和原则

《消防法》第二条规定：消防工作贯彻预防为主、防消结合的方针，按照政府统一领导、部门依法监管、单位全面负责、公民积极参与的原则，实行消防安全责任制，建立健全社会化的消防工作网络。

一、消防工作的方针

预防为主、防消结合的消防工作方针科学、准确地表达了"防"和"消"的辩证关系,反映了人民同火灾做斗争的客观规律,也体现了我国消防工作的特色。

所谓预防为主,就是要在思想和行动上,把预防火灾放在首位,在建筑消防系统的设计、施工、管理等方面把好消防安全质量关。落实各项防火措施,积极开展消防安全宣传教育和培训,制定并落实消防安全管理制度,加强消防安全管理,把工作的重点放在预防火灾的发生上,减少火灾事故的发生。

所谓防消结合,就是在消防工作的实践中,要把同火灾做斗争的两个基本手段——"防"与"消"有机地结合起来,在做好各项防火工作(如消防监督、检查、建审、宣传等)的同时,在思想上、组织上和物资上做好准备,不但要加强专业消防队伍正规化和现代化的建设,还要抓好企业、事业专职消防队伍和志愿消防队伍的建设,随时做好灭火的准备,以便在火灾发生时,能够及时、迅速、有效地予以扑灭,最大限度地减少火灾所造成的人身伤亡和财产损失。

在预防为主、防消结合这一方针中,"防"与"消"是相辅相成,缺一不可的。"重消轻防"和"重防轻消"都是片面的。"防"与"消"是同一目标下的两种手段,只有全面、正确地理解了它们之间的辩证关系,并且在实践中认真地贯彻落实,才能达到有效地同火灾做斗争的目的。

二、消防工作的原则

政府统一领导、部门依法监管、单位全面负责、公民积极参与的原则分别强调了政府、部门、单位和普通群众的消防安全责任问题,是消防工作经验和客观规律的反映。消防安全是政府社会管理和公共服务的重要内容,是社会稳定、经济发展的重要保障。政府有关部门对消防工作齐抓共管,这是由消防工作的社会化属性决定的。各级应急管理、建设、工商、质监、教育、人力资源和社会保障等部门应当依据有关法律法规和政策规定,依法履行相应的消防安全监管职责。单位是社会的基本单元,是消防安全责任体系中最直接的责任主体,负有最基础的管理责任。公民是消防工作的基础,是消防工作的重要参与者、监督者和受益者,有义务做好自己身边的工作。没有广大人民群众的参与,消防工作就不会发展进步,全社会抗御火灾的基础就不会牢固。政府、部门、单位、公民四者都是消防工作的主体,政府统一领导,部门依法监管,单位全面负责,公民积极参与,共同构筑消防安全工作格局,任何一方都非常重要,不可偏废。

第四节　消防安全责任制

多年来消防工作的实践证明,消防安全责任制是一项十分必要且行之有效的火灾预防制度,也是落实各项火灾预防措施的重要保障。消防工作实行消防安全责任制。消防安全责任制就是要求各级人民政府,各机关、团体、企业、事业等单位和个人在经济和社会生产、生活活动中依照法律规定,各负其责的责任制度。各地区、各部门、各单位以及每个社会成员都应当遵守消防法律法规,不断增强消防法制观念,提高消防安全意识,切实落实本地区、本部门、本单位的消防安全责任制,认真履行法律规定的防火安全职责。

一、实行消防安全责任制的必要性

消防工作是一项社会性的工作,是社会主义物质文明和精神文明建设的重要组成部分,是发展社会主义市场经济不可缺少的保障条件。消防工作直接关系到社会安定、政治稳定和经济发展,做好消防工作是全社会的共同责任,各级政府要负责,机关、团体、企业、事业单位要负责,每个公民也要负责。

长期以来,一些地方政府和单位的消防安全责任制不明确、不具体、不落实,消防工作中存在的问题长期得不到解决,存在消防基础设施滞后于经济建设发展的情况。实行消防安全责任制,确定各级人民政府、政府所属各部门、各单位和单位所属部门、岗位的消防安全责任人,明确职责,既是法律对社会消防安全的责任要求,也是做好消防安全工作的必要保障。只有这样,才能把消防工作落实到行动上,落实到具体工作中。

二、消防工作职责

(一)各级人民政府的消防工作职责

消防安全是政府社会管理和公共服务的重要内容,是社会稳定和经济发展的重要保障,各级政府必须加强对消防工作的领导。《消防法》第三条规定:国务院领导全国的消防工作。地方各级人民政府负责本行政区域内的消防工作。各级人民政府应当将消防工作纳入国民经济和社会发展计划,保障消防工作与经济社会发展相适应。

国务院办公厅印发的《消防安全责任制实施办法》规定:地方各级人民政府负责本行政区域内的消防工作,政府主要负责人为第一责任人,分管负责人为主要责任人,班子其他成员对分管范围内的消防工作负领导责任。同时对地方各级人民政府的消防工作职责做了全面规定。

1. 县级以上地方各级人民政府的消防工作职责

县级以上地方各级人民政府应当落实消防工作责任制,履行下列职责:

(1)贯彻执行国家法律法规和方针政策,以及上级党委、政府关于消防工作的部署要求,全面负责本地区消防工作,每年召开消防工作会议,研究部署本地区消防工作重大事项。每年向上级人民政府专题报告本地区消防工作情况。健全由政府主要负责人或分管负责人牵头的消防工作协调机制,推动落实消防工作责任。

(2)将消防工作纳入经济社会发展总体规划,将包括消防安全布局、消防站、消防供水、消防通信、消防车通道、消防装备等内容的消防规划纳入城乡规划,并负责组织实施,确保消防工作与经济社会发展相适应。

(3)督促所属部门和下级人民政府落实消防安全责任制,在农业收获季节、森林和草原防火期间、重大节假日和重要活动期间以及火灾多发季节,组织开展消防安全检查。推动消防科学研究和技术创新,推广使用先进消防和应急救援技术、设备。组织开展经常性的消防宣传工作。大力发展消防公益事业。采取政府购买公共服务等方式,推进消防教育培训、技术服务和物防、技防等工作。

(4)建立常态化火灾隐患排查整治机制,组织实施重大火灾隐患和区域性火灾隐患整治工作。实行重大火灾隐患挂牌督办制度。对报请挂牌督办的重大火灾隐患和停产停业整改报告,在七个工作日内作出同意或不同意的决定,并组织有关部门督促隐患单位采取措施予以整改。

(5)依法建立消防救援队和专职消防队。明确专职消防队公益属性,采取招聘、购买服务等方式招录政府专职消防队员,建设营房,配齐装备;按规定落实其工资、保险和相关福利待遇。

(6)组织领导火灾扑救和应急救援工作。组织制定灭火救援应急预案,定期组织开展演练;建立灭火救援社会联动和应急反应处置机制,落实人员、装备、经费和灭火药剂等保障,根据需要调集灭火救援所需工程机械和特殊装备。

(7)法律、法规、规章规定的其他消防工作职责。

2. 省、自治区、直辖市人民政府的消防工作职责

省、自治区、直辖市人民政府除履行县级以上地方各级人民政府应履行的消防工作职责外,还应当履行下列职责:

(1)定期召开政府常务会议、办公会议,研究部署消防工作。

(2)针对本地区消防安全特点和实际情况,及时提请同级人大及其常委会制定、修订地方性法规,组织制定、修订政府规章、规范性文件。

(3)将消防安全的总体要求纳入城市总体规划,并严格审核。

(4)加大消防投入,保障消防事业发展所需经费。

3. 市、县级人民政府的消防工作职责

市、县级人民政府除履行地方各级人民政府应履行的消防工作职责外,还应当履行下列职责:

(1)定期召开政府常务会议、办公会议,研究部署消防工作。

(2)科学编制和严格落实城乡消防规划,预留消防队站、训练设施等建设用地。加强消防水源建设,按照规定建设市政消防供水设施,制定市政消防水源管理办法,明确建设、管理维护部门和单位。

(3)在本级政府预算中安排必要的资金,保障消防站、消防供水、消防通信等公共消防设施和消防装备建设,促进消防事业发展。

(4)将消防公共服务事项纳入政府民生工程或为民办实事工程;在社会福利机构、幼儿园、托儿所、居民家庭、小旅馆、群租房以及住宿与生产、储存、经营合用的场所推广安装简易喷淋装置、独立式感烟火灾探测报警器。

(5)定期分析评估本地区消防安全形势,组织开展火灾隐患排查整治工作;对重大火灾隐患,应当组织有关部门制定整改措施,督促限期消除。

(6)加强消防宣传教育培训,有计划地建设公益性消防科普教育基地,开展消防科普教育活动。

(7)按照立法权限,针对本地区消防安全特点和实际情况,及时提请同级人大及其常委会制定、修订地方性法规,组织制定、修订地方政府规章、规范性文件。

4.乡镇人民政府的消防工作职责

(1)建立消防安全组织,明确专人负责消防工作,制定消防安全制度,落实消防安全措施。

(2)安排必要的资金,用于公共消防设施建设和业务经费支出。

(3)将消防安全内容纳入镇总体规划、乡规划,并严格组织实施。

(4)根据当地经济发展和消防工作的需要建立专职消防队、志愿消防队,承担火灾扑救、应急救援等工作,并开展消防宣传、防火巡查、隐患查改。

(5)因地制宜落实消防安全"网格化"管理的措施和要求,加强消防宣传和应急疏散演练。

(6)部署消防安全整治,组织开展消防安全检查,督促整改火灾隐患。

(7)指导村(居)民委员会开展群众性的消防工作,确定消防安全管理人,制定防火安全公约,根据需要建立志愿消防队或微型消防站,开展防火安全检查、消防宣传教育和应急疏散演练,提高城乡消防安全水平。

地方各级人民政府主要负责人应当组织实施消防法律法规、方针政策和上级部署要求,定期研究部署消防工作,协调解决本行政区域内的重大消防安全问题。分管消防安全的负责人应当协助主要负责人,综合协调本行政区域内的消防工作,督促检查各有关部门、下级政府落实消防工作的情况。班子其他成员要定期研究部署分管领域的消防工作,组织工作督查,推动分管领域火灾隐患排查整治。

(二)县级以上人民政府工作部门的消防工作职责

《消防法》第四条规定:国务院应急管理部门对全国的消防工作实施监督管理。县级以上地方人民政府应急管理部门对本行政区域内的消防工作实施监督管理,并由本级人民政府消防救援机构负责实施。军事设施的消防工作,由其主管单位监督管理,消防救援机构协助;矿井地下部分、核电厂、海上石油天然气设施的消防工作,由其主管单位监督管理。县级以上人民政府其他有关部门在各自的职责范围内,依照本法和其他相关法律、法规的规定做好消防工作。

国务院办公厅印发的《消防安全责任制实施办法》对县级以上人民政府工作部门消防工作职责做了明确的规定。县级以上人民政府工作部门应当按照谁主管、谁负责的原则,

在各自职责范围内履行下列职责:

(1)根据本行业、本系统业务工作特点,在行业安全生产法规政策、规划计划和应急预案中纳入消防安全内容,提高消防安全管理水平。

(2)依法督促本行业、本系统相关单位落实消防安全责任制,建立消防安全管理制度,确定专(兼)职消防安全管理人员,落实消防工作经费;开展针对性消防安全检查治理,消除火灾隐患;加强消防宣传教育培训,每年组织应急演练,提高行业从业人员消防安全意识。

(3)法律、法规和规章规定的其他消防安全职责。

1.具有行政审批职能的部门的消防工作职责

具有行政审批职能的部门,对审批事项中涉及消防安全的法定条件要依法严格审批,凡不符合法定条件的,不得核发相关许可证照或批准开办。对已经依法取得批准的单位,不再具备消防安全条件的应当依法予以处理。

(1)教育部门负责学校、幼儿园管理中的行业消防安全。指导学校消防安全教育宣传工作,将消防安全教育纳入学校安全教育活动统筹安排。

(2)民政部门负责社会福利、特困人员供养、救助管理、未成年人保护、婚姻、殡葬、救灾物资储备、烈士纪念、军休军供、优抚医院、光荣院、养老机构等民政服务机构审批或管理中的行业消防安全。

(3)人力资源社会保障部门负责职业培训机构、技工院校审批或管理中的行业消防安全。做好政府专职消防队员、企业专职消防队员依法参加工伤保险工作。将消防法律法规和消防知识纳入公务员培训、职业培训内容。

(4)城乡规划管理部门依据城乡规划配合制定消防设施布局专项规划,依据规划预留消防站规划用地,并负责监督实施。

(5)住房城乡建设部门负责依法督促建设工程责任单位加强对房屋建筑和市政基础设施工程建设的安全管理,在组织制定工程建设规范以及推广新技术、新材料、新工艺时,应充分考虑消防安全因素,满足有关消防安全性能及要求。

(6)交通运输部门负责在客运车站、港口、码头及交通工具管理中依法督促有关单位落实消防安全主体责任和有关消防工作制度。

(7)文化部门负责文化娱乐场所审批或管理中的行业消防安全工作,指导、监督公共图书馆、文化馆(站)、剧院等文化单位履行消防安全职责。

(8)卫生计生部门负责医疗卫生机构、计划生育技术服务机构审批或管理中的行业消防安全。

(9)工商行政管理部门负责依法对流通领域消防产品质量实施监督管理,查处流通领域消防产品质量违法行为。

(10)质量技术监督部门负责依法督促特种设备生产单位加强特种设备生产过程中的消防安全管理,在组织制定特种设备产品及使用标准时,应充分考虑消防安全因素,满足有关消防安全性能及要求,积极推广消防新技术在特种设备产品中的应用。按照职责分工对消防产品质量实施监督管理,依法查处消防产品质量违法行为。做好消防安全相关标准制修订工作,负责消防相关产品质量认证监督管理工作。

(11)新闻出版广电部门负责指导新闻出版广播影视机构消防安全管理,协助监督管理印刷业、网络视听节目服务机构消防安全。督促新闻媒体发布针对性消防安全提示,面向社会开展消防宣传教育。

(12)安全生产监督管理部门要严格依法实施有关行政审批,凡不符合法定条件的,不得核发有关安全生产许可。

2. 具有行政管理或公共服务职能的部门的消防工作职责

具有行政管理或公共服务职能的部门,应当结合本部门职责为消防工作提供支持和保障。

(1)发展改革部门应当将消防工作纳入国民经济和社会发展中长期规划。地方发展改革部门应当将公共消防设施建设列入地方固定资产投资计划。

(2)科技部门负责将消防科技进步纳入科技发展规划和中央财政科技计划(专项、基金等)并组织实施。组织指导消防安全重大科技攻关、基础研究和应用研究,会同有关部门推动消防科研成果转化应用。将消防知识纳入科普教育内容。

(3)工业和信息化部门负责指导督促通信业、通信设施建设以及民用爆炸物品生产、销售的消防安全管理。依据职责负责危险化学品生产、储存的行业规划和布局。将消防产业纳入应急产业同规划、同部署、同发展。

(4)司法行政部门负责指导监督监狱系统、司法行政系统强制隔离戒毒场所的消防安全管理。将消防法律法规纳入普法教育内容。

(5)财政部门负责按规定对消防资金进行预算管理。

(6)商务部门负责指导、督促商贸行业的消防安全管理工作。

(7)房地产管理部门负责指导、督促物业服务企业按照合同约定做好住宅小区共用消防设施的维护管理工作,并指导业主依照有关规定使用住宅专项维修资金对住宅小区共用消防设施进行维修、更新、改造。

(8)电力管理部门依法对电力企业和用户执行电力法律、行政法规的情况进行监督检查,督促企业严格遵守国家消防技术标准,落实企业主体责任。推广采用先进的火灾防范技术设施,引导用户规范用电。

(9)燃气管理部门负责加强城镇燃气安全监督管理工作,督促燃气经营者指导用户安全用气并对燃气设施定期进行安全检查、排除隐患,会同有关部门制定燃气安全事故应急预案,依法查处燃气经营者和燃气用户等各方主体的燃气违法行为。

(10)人防部门负责对人民防空工程的维护管理进行监督检查。

(11)文物部门负责文物保护单位、世界文化遗产和博物馆的行业消防安全管理。

(12)体育、宗教事务、粮食等部门负责加强体育类场馆、宗教活动场所、储备粮储存环节等消防安全管理,指导开展消防安全标准化管理。

(13)银行、证券、保险等金融监管机构负责督促银行业金融机构、证券业机构、保险机构及服务网点、派出机构落实消防安全管理。保险监管机构负责指导保险公司开展火灾公众责任保险业务,鼓励保险机构发挥火灾风险评估管控和火灾事故预防功能。

(14)农业、水利、交通运输等部门应当将消防水源、消防车通道等公共消防设施纳入相关基础设施建设工程。

(15)互联网信息、通信管理等部门应当指导网站、移动互联网媒体等开展公益性消防安全宣传。

(16)气象、水利、地震部门应当及时将重大灾害事故预警信息通报应急管理部门。

(17)负责公共消防设施维护管理的单位应当保持消防供水、消防通信、消防车通道等公共消防设施的完好有效。

(三)机关、团体、企业、事业单位的消防工作职责

单位是社会的基本单元,是消防安全责任体系中最直接的责任主体,负有最基础的管理责任。单位应按照《消防法》和《消防安全责任制实施办法》的规定积极组织开展本单位的消防工作,认真履行消防安全职责。

1. 社会单位的基本消防工作职责

(1)落实消防安全责任制,制定消防安全制度、消防安全操作规程,狠抓消防安全制度和消防安全操作规程的贯彻执行,保障单位的消防安全。

(2)确定本单位和所属各部门、岗位的消防安全责任人。明确各部门、各岗位及相关责任人的消防安全职责,做到职责明确,责任到人。

(3)针对本单位的特点对职工进行消防宣传教育。各单位应利用墙报、广播等形式和采取举办消防安全知识讲座,开展消防安全竞赛等方法,对职工进行消防法律法规和消防知识宣传教育,以增强职工的消防安全意识,提高防火、灭火技能。

(4)组织防火检查,及时消除火灾隐患。要适时开展以查思想、查制度、查措施、查责任、查隐患为主要内容的防火安全检查,及时发现、纠正消防安全工作中存在的问题,使制度、措施、责任真正落到实处。

(5)按照国家有关规定配置消防设施和器材、设置消防安全标志,并定期进行检查、维修,确保消防设施和器材完好有效。

(6)加强对建筑消防设施的管理,并由建筑消防设施检测、维修企业对本单位消防设施进行检测、维修、保养,确保其完好有效。检测记录应当完整准确,存档备查。

(7)保障疏散通道、安全出口畅通,并设置符合国家规定的消防安全疏散标志。疏散通道、安全出口,是人员在火灾情况下逃生的主要途径。保障疏散通道、安全出口畅通,并在疏散通道、安全出口处设置疏散指示标志,一旦发生火灾,能引导人员迅速疏散逃生。

(8)制定灭火和应急疏散预案,并定期组织演练。

(9)法律、法规和规章规定的其他消防安全职责。

2. 消防安全重点单位的消防工作职责

消防安全重点单位,是指发生火灾可能性较大以及一旦发生火灾可能造成人身伤亡或者财产重大损失,由消防机构确定,报本级人民政府备案的列管单位。消防安全重点单位除了要履行社会单位的基本消防工作职责外,还应履行下列职责:

(1)明确承担消防安全管理工作的机构和消防安全管理人并报知当地消防管理部门,组织实施本单位消防安全管理。消防安全管理人应当经过消防培训。

(2)建立消防档案,确定消防安全重点部位,设置防火标志,实行严格管理。

(3)安装、使用电器产品、燃气用具和敷设电气线路、管线必须符合相关标准和用电、用气安全管理规定,并定期维护保养、检测。

(4)组织职工进行岗前消防安全培训,定期组织消防安全培训和疏散演练。

(5)根据需要建立微型消防站,积极参与消防安全区域联防联控,提高自防自救能力。

(6)积极应用消防远程监控、电气火灾监测、物联网技术等技防物防措施。

3. 火灾高危单位的消防工作职责

对容易造成群死群伤火灾的人员密集场所、易燃易爆单位和高层、地下公共建筑等火灾高危单位,除履行以上单位消防工作职责外,还应当履行下列职责:

(1)定期召开消防安全工作例会,研究本单位消防工作,处理涉及消防经费投入、消防设施设备购置、火灾隐患整改等重大问题。

(2)鼓励消防安全管理人取得注册消防工程师执业资格,消防安全责任人和特有工种人员须经消防安全培训;自动消防设施操作人员应取得建(构)筑物消防员资格证书。

(3)专职消防队或微型消防站应当根据本单位火灾危险特性配备相应的消防装备器材,储备足够的灭火救援药剂和物资,定期组织消防业务学习和灭火技能训练。

(4)按照国家标准配备应急逃生设施设备和疏散引导器材。

(5)建立消防安全评估制度,由具有资质的机构定期开展评估,评估结果向社会公开。

(6)参加火灾公众责任保险。

同一建筑物由两个以上单位管理或使用的,应当明确各方的消防安全责任,并确定责任人对共用的疏散通道、安全出口、建筑消防设施和消防车通道进行统一管理。

物业服务企业应当按照合同约定提供消防安全防范服务,对管理区域内的共用消防设施和疏散通道、安全出口、消防车通道进行维护管理,及时劝阻和制止占用、堵塞、封闭疏散通道、安全出口、消防车通道等行为,劝阻和制止无效的,立即向消防主管部门报告。

(四)公民的消防安全责任

社会是由公民组成的集团,社会财富是由公民共同创造并共同拥有的财富。保护社会财富,维护公共消防设施是公民应履行的义务。《消防法》对公民在消防工作中的权利和义务做了如下规定:

(1)任何个人都有维护消防安全、保护消防设施、预防火灾、报告火警的义务。

(2)任何成年人都有参加有组织的灭火工作的义务。

(3)禁止在具有火灾、爆炸危险的场所吸烟、使用明火。

(4)进行电焊、气焊等具有火灾危险作业的人员和自动消防系统的操作人员,必须持证上岗,并遵守消防安全操作规程。

(5)进入生产、储存易燃易爆危险品的场所,必须执行消防安全规定。

(6)禁止非法携带易燃易爆危险品进入公共场所或者乘坐公共交通工具。

(7)任何个人不得损坏、挪用或者擅自拆除、停用消防设施、器材,不得埋压、圈占、遮挡消火栓或者占用防火间距,不得占用、堵塞、封闭疏散通道、安全出口、消防车通道。

(8)任何人发现火灾都应当立即报警。任何个人都应当无偿为报警提供便利,不得阻拦报警。严禁谎报火警。

(9)人员密集场所发生火灾,该场所的现场工作人员应当立即组织、引导在场人员疏散。

(10)消防车、消防艇前往执行火灾扑救或者应急救援任务,其他车辆、船舶以及行人应当让行,不得穿插超越。

(11)火灾扑灭后,发生火灾的单位和相关人员应当按照消防救援机构的要求保护现场,接受事故调查,如实提供与火灾有关的情况。

每个公民必须认真遵守消防法律法规,履行法律赋予的消防安全职责,发现消防违法行为,应及时制止和举报,共同做好消防安全工作。只有这样,才能使社会财富免遭火灾危害,使公共消防设施免遭破坏。对个人违反《消防法》规定的行为,应给予警告、罚款、拘留、没收违法所得、停止执业或者吊销相应资格等处罚。

综上所述,各级政府,政府相关各部门,各机关、团体、企业、事业等单位以及每个公民,都要按照职责分工,认真履行工作职责和社会义务,切实树立消防安全责任主体意识,逐步建立和完善政府统一领导、部门履行职责、行业自觉管理、全民普遍参与、消防机构严格监督的消防安全运行机制,创造一个国民经济秩序发展良好的消防安全环境。

三、消防安全责任制的实现形式

依法履行消防安全责任制,不仅需要各级政府、各部门、各单位、各岗位消防安全责任人对自己承担的防火安全责任明确、思想重视、付诸实施,而且要求建立一定的制约机制,保障消防安全责任制正常运行,确保消防安全责任制落实。这种制约机制一般采取如下两种形式、三项措施。

(一)两种形式

1.签订消防安全目标责任状

签订消防安全目标责任状,就是将法律赋予政府、部门或单位的消防安全责任,结合本地区、本部门、本单位、本岗位的消防工作实际,化解为年度消防安全必须实现的目标,在上级政府与下级政府之间、上级部门与下级部门之间、单位内部上级与下级之间,层层签订消防安全目标责任状。

2.进行消防安全责任制落实情况评估

进行消防安全责任制落实情况评估,就是按照级别层次,组织专家对消防安全责任制落实情况进行评估考核。例如,为了督促《消防法》赋予人民政府消防安全责任的落实,可以定期组织社会有关专家、人大、政协领导,对政府贯彻执行落实消防安全责任情况进行评估,作出评估结果,提出工作意见,督促消防安全责任制的落实。

(二)三项措施

在消防安全责任制贯彻落实的过程中,不但要采取以上两种形式,还必须要有以下三项措施作为保障:

(1)要把责任状中规定的消防安全目标落实情况或评估结果作为评价一级政府、一个部门、一个单位或消防安全责任人的政绩依据之一。

(2)要把责任状中规定的消防安全目标落实情况或评估结果作为评比先进、晋升的条件,实行一票否决制。例如,对消防安全责任制不落实、重大火灾隐患整改不力或发生重大火灾的,不能评比先进,消防安全责任人不应晋级提升职务。

(3)要把责任状中规定的消防安全目标落实情况或评估结果作为奖惩的依据。对消防安全责任制落实,消防安全工作做得好的单位或个人,应给予荣誉或经济上的奖励,做得不好的应通报批评,扣发奖金或予以处罚。

第五节　消防法律法规

消防法律法规是指国家制定的有关消防管理的一切规范性文件的总称,包括消防法律、消防法规(消防行政法规、地方性消防法规)、消防规章(国务院部门消防规章和地方政府消防规章)和消防技术标准等。

我国的消防法律法规体系是以《消防法》为核心,以消防行政法规、地方性消防法规、各类消防规章、消防技术标准以及其他规范性文件为主干,以涉及消防的有关法律法规为重要补充的消防法律法规体系。其立法目的是规范社会生活中各种消防行为,预防火灾和减少火灾的危害,保护公共财产和公民人身、财产的安全,维护公共安全,保障社会主义现代化建设的顺利进行。

一、消防法律

(一)《消防法》相关知识

《消防法》是我国唯一的消防专门法律,是我国消防工作的基本法。《消防法》于1998年4月29日第九届全国人民代表大会常务委员会第二次会议通过,自1998年9月1日起施行,并于2008年10月28日进行了修订,于2019年4月23日和2021年4月29日进行了两次修正。《消防法》的立法宗旨是为了预防和减少火灾危害,加强应急救援工作,保护人身、财产安全,维护公共安全。《消防法》正确地反映了消防工作的客观规律,对做好我国消防工作发挥了重要的指导作用,同时也体现了我国消防工作的特色。

《消防法》全文分为总则、火灾预防、消防组织、灭火救援、监督检查、法律责任和附则7章共74条。

1. 总则

《消防法》总则部分规定了立法的宗旨,该部分重点内容如下:

确定了消防工作的方针、原则和基本制度。指出消防工作贯彻预防为主、防消结合的方针,按照政府统一领导、部门依法监管、单位全面负责、公民积极参与的原则,实行消防安全责任制。

确定了消防工作的领导组织机构。明确国务院领导全国的消防工作,地方各级人民政府负责本行政区域内的消防工作。国务院应急管理部门对全国的消防工作实施监督管理。县级以上地方人民政府应急管理部门对本行政区域内的消防工作实施监督管理,并由本级人民政府消防救援机构负责实施。从大的方向上规定了各级政府、部门的消防安全职责。

2. 火灾预防

《消防法》在火灾预防方面有如下规定:

(1)各级政府城乡消防规划和建设要求

地方各级人民政府应当将包括消防安全布局、消防站、消防供水、消防通信、消防车通道、消防装备等内容的消防规划纳入城乡规划,并负责组织实施。城乡消防安全布局不符合消防安全要求的,应当调整、完善;公共消防设施、消防装备不足或者不适应实际需要的,应当增建、改建、配置或者进行技术改造。

(2)建设工程消防设计审查验收制度

①对按照国家工程建设消防技术标准需要进行消防设计的建设工程,实行建设工程消防设计审查验收制度。

②建设工程的消防设计、施工必须符合国家工程建设消防技术标准。建设、设计、施工、工程监理等单位依法对建设工程的消防设计、施工质量负责。

③国务院住房和城乡建设主管部门规定的特殊建设工程,建设单位应当将消防设计文件报送住房和城乡建设主管部门审查,住房和城乡建设主管部门依法对审查的结果负责。

④特殊建设工程未经消防设计审查或者审查不合格的,建设单位、施工单位不得施工。

⑤国务院住房和城乡建设主管部门规定应当申请消防验收的建设工程竣工,建设单位应当向住房和城乡建设主管部门申请消防验收。

⑥依法应当进行消防验收的建设工程,未经消防验收或者消防验收不合格的,禁止投入使用。

⑦特殊建设工程以外的其他建设工程,建设单位申请领取施工许可证或者申请批准开工报告时应当提供满足施工需要的消防设计图纸及技术资料。建设单位未提供满足施工需要的消防设计图纸及技术资料的,有关部门不得发放施工许可证或者批准开工报告。

⑧特殊建设工程以外的其他建设工程,建设单位在验收后应当报住房和城乡建设主管部门备案,住房和城乡建设主管部门应当进行抽查。经依法抽查不合格的,应当停止使用。

(3)公众聚集场所投入使用、营业前的消防安全检查许可制度

宾馆、饭店、商场、集贸市场、客运车站候车室、客运码头候船厅、民用机场航站楼、体育场馆、会堂、公共娱乐等公众聚集场所是容易发生群死群伤火灾事故的场所。公众聚集场所在投入使用、营业前,建设单位或者使用单位应当向场所所在地的县级以上地方人民政府消防救援机构申请消防安全检查。消防救援机构应当自受理申请之日起十个工作日内,根据消防技术标准和管理规定,对该场所进行消防安全检查。未经消防安全检查或者经检查不符合消防安全要求的,不得投入使用、营业。

(4)单位的消防安全职责

《消防法》规定了机关、团体、企业、事业单位的消防安全职责。对一般单位、消防安全重点单位、多家共用单位、住宅区物业服务企业应当履行的职责做了明确的规定。

(5)大型群众性活动安全许可制度

举办大型群众性活动,承办人应当依法向公安机关申请安全许可,制定灭火和应急疏散预案并组织演练,明确消防安全责任分工,确定消防安全管理人员,保持消防设施和消防器材配置齐全、完好有效,保证疏散通道、安全出口、疏散指示标志、应急照明和消防车通道符合消防技术标准和管理规定。

(6)涉及消防安全的行为要求

①"三合一"场所的禁止和限制规定　生产、储存、经营易燃易爆危险品的场所不得与居住场所设置在同一建筑物内,并应当与居住场所保持安全距离。生产、储存、经营其他物品的场所与居住场所设置在同一建筑物内的,应当符合国家工程建设消防技术标准。

②用火、用气的消防安全要求　禁止在具有火灾、爆炸危险的场所吸烟、使用明火。因施工等特殊情况需要使用明火作业的,应当按照规定事先办理审批手续,采取相应的消防安全措施;作业人员应当遵守消防安全规定。进行电焊、气焊等具有火灾危险作业的人员和自动消防系统的操作人员,必须持证上岗,并遵守消防安全操作规程。

③单位和个人的消防安全要求　任何单位、个人不得损坏、挪用或者擅自拆除、停用消防设施、器材,不得埋压、圈占、遮挡消火栓或者占用防火间距,不得占用、堵塞、封闭疏散通道、安全出口、消防车通道。人员密集场所的门窗不得设置影响逃生和灭火救援的障碍物。

④易燃易爆危险品场所的管理要求　生产、储存、装卸易燃易爆危险品的工厂、仓库和专用车站、码头的设置,应当符合消防技术标准。易燃易爆气体和液体的充装站、供应站、调压站,应当设置在符合消防安全要求的位置,并符合防火防爆要求。

已经设置的生产、储存、装卸易燃易爆危险品的工厂、仓库和专用车站、码头,易燃易爆气体和液体的充装站、供应站、调压站,不再符合上述规定的,地方人民政府应当组织、协调有关部门、单位限期解决,消除安全隐患。

生产、储存、运输、销售、使用、销毁易燃易爆危险品,必须执行消防技术标准和管理规定。进入生产、储存易燃易爆危险品的场所,必须执行消防安全规定。禁止非法携带易燃易爆危险品进入公共场所或者乘坐公共交通工具。

(7)消防产品的质量要求和监督管理制度

①消防产品的质量要求　消防产品必须符合国家标准;没有国家标准的,必须符合行业标准。禁止生产、销售或者使用不合格的消防产品以及国家明令淘汰的消防产品。依法实行强制性产品认证的消防产品,由具有法定资质的认证机构按照国家标准、行业标准的强制性要求认证合格后,方可生产、销售、使用。新研制的尚未制定国家标准、行业标准的消防产品,应当按照国务院产品质量监督部门会同国务院应急管理部门规定的办法,经技术鉴定符合消防安全要求的,方可生产、销售、使用。

②消防产品监督管理制度　实行强制性产品认证的消防产品目录,由国务院产品质量监督部门会同国务院应急管理部门制定并公布;经强制性产品认证合格或者技术鉴定

合格的消防产品,国务院应急管理部门应当予以公布;产品质量监督部门、工商行政管理部门、消防救援机构应当按照各自职责加强对消防产品质量的监督检查。

(8)建筑构件、建筑材料的防火性能要求

建筑构件、建筑材料和室内装修、装饰材料的防火性能必须符合国家标准;没有国家标准的,必须符合行业标准。人员密集场所室内装修、装饰,应当按照消防技术标准的要求,使用不燃、难燃材料。

(9)电器产品、燃气用具的安装要求

电器产品、燃气用具的产品标准,应当符合消防安全的要求。电器产品、燃气用具的安装、使用及其线路、管路的设计、敷设、维护保养、检测,必须符合消防技术标准和管理规定。

(10)公共设施维护管理

负责公共消防设施维护管理的单位,应当保持消防供水、消防通信、消防车通道等公共消防设施的完好有效。在修建道路以及停电、停水、截断通信线路时有可能影响消防队灭火救援的,有关单位必须事先通知当地消防救援机构。

(11)农村的消防安全管理

地方各级人民政府应当加强对农村消防工作的领导,采取措施加强公共消防设施建设,组织建立和督促落实消防安全责任制。在农业收获季节、森林和草原防火期间、重大节假日期间以及火灾多发季节,地方各级人民政府应当组织开展有针对性的消防宣传教育,采取防火措施,进行消防安全检查。

(12)实行公众责任保险制度

国家鼓励、引导公众聚集场所和生产、储存、运输、销售易燃易爆危险品的企业投保火灾公众责任保险;鼓励保险公司承保火灾公众责任保险。

(13)消防行业从业人员及消防技术服务机构资格资质的规定

消防产品质量认证、消防设施检测、消防安全监测等消防技术服务机构和执业人员,应当依法获得相应的资质、资格;依照法律、行政法规、国家标准、行业标准和执业准则,接受委托提供消防技术服务,并对服务质量负责。

3. 消防组织

消防组织是由地方各级人民政府、单位、村(居)民委员会等组建,负责一定区域或本单位火灾扑救以及紧急救援工作的队伍,消防组织包括国家综合性消防救援队伍、专职消防队、志愿消防队三种形式。《消防法》对消防组织建设做出了下列规定:

(1)各级人民政府应当加强消防组织建设,根据经济社会发展的需要,建立多种形式的消防组织,加强消防技术人才培养,增强火灾预防、扑救和应急救援的能力。

(2)县级以上地方人民政府应当按照国家规定建立国家综合性消防救援队、专职消防队,并按照国家标准配备消防装备,承担火灾扑救工作。

(3)乡镇人民政府应当根据当地经济发展和消防工作的需要,建立专职消防队、志愿消防队,承担火灾扑救工作。

(4)国家综合性消防救援队、专职消防队按照国家规定承担重大灾害事故和其他以抢救人员生命为主的应急救援工作。国家综合性消防救援队、专职消防队应当充分发挥火灾扑救和应急救援专业力量的骨干作用；按照国家规定，组织实施专业技能训练，配备并维护保养装备器材，提高火灾扑救和应急救援的能力。

（5）下列单位应当建立单位专职消防队，承担本单位的火灾扑救工作：大型核设施单位、大型发电厂、民用机场、主要港口；生产、储存易燃易爆危险品的大型企业；储备可燃的重要物资的大型仓库、基地；以上三种企业（单位）以外的火灾危险性较大、距离国家综合性消防救援队较远的其他大型企业；距离国家综合性消防救援队较远、被列为全国重点文物保护单位的古建筑群的管理单位。

（6）专职消防队的建立，应当符合国家有关规定，并报当地消防救援机构验收。专职消防队的队员依法享受社会保险和福利待遇。

（7）机关、团体、企业、事业等单位以及村民委员会、居民委员会根据需要，建立志愿消防队等多种形式的消防组织，开展群众性自防自救工作。

（8）消防救援机构应当对专职消防队、志愿消防队等消防组织进行业务指导；根据扑救火灾的需要，可以调动指挥专职消防队参加火灾扑救工作。

4. 灭火救援

灭火救援不仅是国家综合性消防救援队伍、专职消防队、志愿消防队的责任，火灾现场有关的所有单位和成年公民都有参与灭火的责任和义务。《消防法》规定，国家综合性消防救援队、专职消防队参加火灾以外的其他重大灾害事故的应急救援工作，由县级以上人民政府统一领导。

（1）灭火救援的保障措施

县级以上地方人民政府应当组织有关部门针对本行政区域内的火灾特点制定应急预案，建立应急反应和处置机制，为火灾扑救和应急救援工作提供人员、装备等保障。根据扑救火灾的紧急需要，有关地方人民政府应当组织人员、调集所需物资支援灭火。赶赴火灾现场或者应急救援现场的消防人员和调集的消防装备、物资，需要铁路、水路或者航空运输的，有关单位应当优先运输。单位专职消防队、志愿消防队参加扑救外单位火灾所损耗的燃料、灭火剂和器材、装备等，由火灾发生地的人民政府给予补偿。

（2）单位和个人报警及灭火的义务

任何单位发生火灾，必须立即组织力量扑救，邻近单位应当给予支援；任何人发现火灾都应当立即报警。任何单位、个人都应当无偿为报警提供便利，不得阻拦报警，严禁谎报火警；人员密集场所发生火灾，该场所的现场工作人员应当立即组织、引导在场人员疏散；消防队接到火灾报警，必须立即赶赴火灾现场，救助遇险人员，排除险情，扑灭火灾。

（3）火灾救援现场总指挥的权利

消防救援机构统一组织和指挥火灾现场扑救，应当优先保障遇险人员的生命安全。火灾现场总指挥根据扑救火灾的需要，有权决定下列事项：使用各种水源；截断电力、可燃气体和可燃液体的输送，限制用火用电；划定警戒区，实行局部交通管制；利用临近建筑物和有关设施；为了抢救人员和重要物资，防止火势蔓延，拆除或者破损毗邻火灾现场的建筑物、构筑物或者设施等；调动供水、供电、供气、通信、医疗救护、交通运输、环境保护等有关单位协助灭火救援。

(4)消防车、消防艇的特权和要求

消防车、消防艇前往执行火灾扑救或者应急救援任务,在确保安全的前提下,不受行驶速度、行驶路线、行驶方向和指挥信号的限制,其他车辆、船舶以及行人应当让行,不得穿插超越;收费公路、桥梁免收车辆通行费。交通管理指挥人员应当保证消防车、消防艇迅速通行。消防车、消防艇以及消防器材、装备和设施,不得用于与消防和应急救援工作无关的事项。

(5)医疗、抚恤

对因参加扑救火灾或者应急救援受伤、致残或者死亡的人员,按照国家有关规定给予医疗、抚恤。

(6)现场保护及火灾事故原因调查

火灾扑灭后,发生火灾的单位和相关人员应当按照消防救援机构的要求保护现场,接受事故调查,如实提供与火灾有关的情况。消防救援机构有权根据需要封闭火灾现场,负责调查火灾原因,统计火灾损失。消防救援机构根据火灾现场勘验、调查情况和有关的检验、鉴定意见,及时制作火灾事故认定书,作为处理火灾事故的证据。

5. 监督检查

《消防法》在监督检查方面有如下规定:

(1)政府的消防监督检查

①地方各级人民政府应当落实消防工作责任制,对本级人民政府有关部门履行消防安全职责的情况进行监督检查。

②县级以上地方人民政府有关部门应当根据本系统的特点,有针对性地开展消防安全检查,及时督促整改火灾隐患。

(2)消防救援机构的消防监督检查

①消防救援机构应当对机关、团体、企业、事业等单位遵守消防法律、法规的情况依法进行监督检查。

②消防救援机构的工作人员进行消防监督检查,应当出示证件。

③消防救援机构在消防监督检查中发现火灾隐患的,应当通知有关单位或者个人立即采取措施消除隐患;不及时消除隐患可能严重威胁公共安全的,消防救援机构应当依照规定对危险部位或者场所采取临时查封措施。

④消防救援机构在消防监督检查中发现城乡消防安全布局、公共消防设施不符合消防安全要求,或者发现本地区存在影响公共安全的重大火灾隐患的,应当由应急管理部门书面报告本级人民政府。

(3)消防监督管理的执法要求及接受监督的要求

①房和城乡建设主管部门、消防救援机构及其工作人员应当按照法定的职权和程序进行消防设计审查、消防验收、备案抽查和消防安全检查,做到公正、严格、文明、高效。

②住房和城乡建设主管部门、消防救援机构及其工作人员进行消防设计审查、消防验收、备案抽查和消防安全检查等,不得收取费用,不得利用职务谋取利益;不得利用职务为用户、建设单位指定或者变相指定消防产品的品牌、销售单位或者消防技术服务机构、消

防设施施工单位。

③住房和城乡建设主管部门、消防救援机构及其工作人员执行职务,应当自觉接受社会和公民的监督。任何单位和个人都有权对住房和城乡建设主管部门、消防救援机构及其工作人员在执法中的违法行为进行检举、控告。收到检举、控告的机关,应当按照职责及时查处。

6. 法律责任

《消防法》在法律责任部分明确规定了各类消防违法具体行为及处罚种类,概括为以下几个方面:

(1)规定了违反《消防法》规定的行为和处罚的种类、幅度、对象,以及处罚的决定机关;设定了警告、罚款、责令停止违法作业、没收违法所得、吊销相应资质资格、拘留六类行政处罚。

(2)规定了消防救援机构以及住房和城乡建设、产品质量监督、工商行政管理等其他有关行政主管部门的工作人员在消防工作中滥用职权、玩忽职守、徇私舞弊等应承担的法律责任。

(3)规定了消防违法行为构成犯罪的,应依法追究刑事责任。

(二)《劳动法》相关知识

《中华人民共和国劳动法》(以下简称为《劳动法》)是专门调整劳动关系以及和劳动关系密切相关的其他社会关系的法律规范的总称,是一部综合调整劳动关系的基本法律。

《劳动法》于1994年7月5日第八届全国人民代表大会常务委员会第八次会议通过,自1996年1月1日起施行,于2009年8月27日和2018年12月29日进行了两次修正。《劳动法》制定的目的是保护劳动者的合法权益,调整劳动关系,建立和维护适应社会主义市场经济的劳动制度,促进经济发展和社会进步。

《劳动法》全文分为总则、促进就业、劳动合同和集体合同、工作时间和休息休假、工资、劳动安全卫生、女职工和未成年工特殊保护、职业培训、社会保险和福利、劳动争议、监督检查、法律责任、附则13章共107条。以下仅对《劳动法》中劳动合同、工作时间和休息休假、工资、劳动安全卫生、女职工和未成年工特殊保护、职业培训、社会保险和福利等重点内容进行简单的解析和说明。

1. 劳动合同

劳动合同是劳动者与用人单位确立劳动关系、明确双方权利和义务的协议。

(1)劳动合同的订立

建立劳动关系应当订立劳动合同。订立和变更劳动合同,应当遵循平等自愿、协商一致的原则,不得违反法律、行政法规的规定。劳动合同依法订立即具有法律约束力,当事人必须履行劳动合同规定的义务。

(2)劳动合同的内容

劳动合同应当以书面形式订立,并具备以下条款:劳动合同期限;工作内容;劳动保护和劳动条件;劳动报酬;劳动纪律;劳动合同终止的条件;违反劳动合同的责任。劳动合同除这七项规定的必备条款外,当事人可以协商约定其他内容。

(3)劳动合同的期限

劳动合同的期限分为有固定期限、无固定期限和以完成一定的工作为期限。劳动者在同一用人单位连续工作满十年以上,当事人双方同意续延劳动合同的,如果劳动者提出订立无固定期限的劳动合同,应当订立无固定期限的劳动合同。

(4)劳动合同的解除

劳动合同的解除是指劳动合同当事人依法提前终止合同权利义务的法律行为。一般存在以下几种情况。

①用人单位和劳动者经协商一致,可解除劳动合同。

②劳动者有以下情形之一,用人单位可以单方面解除劳动合同:在试用期间被证明不符合录用条件的;严重违反劳动纪律或者用人单位规章制度的;严重失职,营私舞弊,对用人单位利益造成重大损害的;被依法追究刑事责任的。

③有下列情形之一的,用人单位可以解除劳动合同,但是应当提前三十日以书面形式通知劳动者本人:劳动者患病或者非因工负伤,医疗期满后,不能从事原工作也不能从事由用人单位另行安排的工作的;劳动者不能胜任工作,经过培训或者调整工作岗位,仍不能胜任工作的;劳动合同订立时所依据的客观情况发生重大变化,致使原劳动合同无法履行,经当事人协商不能就变更劳动合同达成协议的。

④劳动者有下列情形之一的,用人单位不得单方面解除劳动合同:患职业病或者因工负伤并被确认丧失或者部分丧失劳动能力的;患病或者负伤,在规定的医疗期内的;女职工在孕期、产期、哺乳期内的;法律、行政法规规定的其他情形。

⑤劳动者解除劳动合同,应当提前三十日以书面形式通知用人单位。有下列情形之一的,劳动者可以随时通知用人单位解除劳动合同:在试用期内的;用人单位以暴力、威胁或者非法限制人身自由的手段强迫劳动的;用人单位未按照劳动合同约定支付劳动报酬或者提供劳动条件的。

2. 工作时间和休息休假

(1)工作时间

工作时间,又称为法定工作时间,是指劳动者为履行工作义务,在法定限度内,在用人单位从事工作或者生产的时间。具体为法律规定的劳动者在一昼夜和一周内从事劳动的时间。《劳动法》规定劳动者每日工作时间不超过八小时、平均每周工作时间不超过四十四小时。《国务院关于职工工作时间的规定》,将工作时间调整为每日工作八小时、每周工作四十小时,因工作性质或者生产特点的限制,不能实行的,按照国家有关规定,可以实行其他工作和休息办法。

(2)休息、休假时间

休息时间是企业、事业、机关、团体等单位的劳动者按规定不必从事生产和工作,而自行支配的时间。休息、休假时间可分为以下几种:工作日内的间歇时间、每周公休假日、每年法定节假日、职工探亲假、年休假、按照法律规定或者基层单位及其主管机关奖励职工进行疗养期间的休息。《劳动法》规定:用人单位应当保证劳动者每周至少休息一日。《国务院关于职工工作时间的规定》,调整星期六和星期日为周休息日。不能实行统一工作时间的单位,可以根据实际情况灵活安排周休息日。《劳动法》规定,用人单位在下列节日期间应当依法安排劳动者休假:元旦、春节、国际劳动节、国庆节,以及法律法规规定的其他休假节日。《全国年节及纪念日放假办法》在这些节日以外增加了清明节、端午节、中秋节。此外,《劳动法》规定国家实行带薪年休假制度。劳动者连续工作一年以上的,享受带薪年休假。具体办法由国务院规定。

（3）延长工作时间

延长工作时间是指根据法律规定,在标准工作时间之外延长劳动者的工作时间。《劳动法》规定:用人单位由于生产经营需要,经与工会和劳动者协商后可以延长工作时间,一般每日不得超过一小时;因特殊原因需要延长工作时间的,在保障劳动者身体健康的条件下延长工作时间每日不得超过三小时,但是每月不得超过三十六小时。安排劳动者延长工作时间的,支付不低于工资的百分之一百五十的工资报酬。

3. 工资

工资是指雇主或者法定用人单位依据法律规定、行业规定或与职工之间的约定,以货币形式对职工的劳动所支付的报酬。

（1）工资分配的原则

工资分配应当遵循按劳分配原则,实行同工同酬。工资水平在经济发展的基础上逐步提高。国家对工资总量实行宏观调控。用人单位根据本单位的生产经营特点和经济效益,依法自主确定本单位的工资分配方式和工资水平。工资应当以货币形式按月支付给劳动者本人。不得克扣或者无故拖欠劳动者的工资。劳动者在法定休假日和婚丧假期间以及依法参加社会活动期间,用人单位应当依法支付工资。

（2）最低工资

国家实行最低工资保障制度。用人单位支付劳动者的工资不得低于当地最低工资标准。最低工资的具体标准由省、自治区、直辖市人民政府规定,报国务院备案。

4. 劳动安全卫生

劳动安全卫生,又称为劳动保护,是指直接保护劳动者在劳动中的安全和健康的法律保障。

（1）用人单位必须建立、健全劳动安全卫生制度,严格执行国家劳动安全卫生规程和标准,对劳动者进行劳动安全卫生教育,防止劳动过程中的事故,减少职业危害。

（2）劳动安全卫生设施必须符合国家规定的标准。新建、改建、扩建工程的劳动安全卫生设施必须与主体工程同时设计、同时施工、同时投入生产和使用。

（3）用人单位必须为劳动者提供符合国家规定的劳动安全卫生条件和必要的劳动防护用品,对从事有职业危害作业的劳动者应当定期进行健康检查。

（4）从事特种作业的劳动者必须经过专门培训并取得特种作业资格。

（5）劳动者在劳动过程中必须严格遵守安全操作规程。劳动者对用人单位管理人员违章指挥、强令冒险作业,有权拒绝执行;对危害生命安全和身体健康的行为,有权提出批评、检举和控告。

(6)国家建立伤亡事故和职业病统计报告和处理制度。县级以上各级人民政府劳动行政部门、有关部门和用人单位应当依法对劳动者在劳动过程中发生的伤亡事故和劳动者的职业病状况,进行统计、报告和处理。

5. 女职工和未成年工特殊保护

国家对女职工和未成年工实行特殊劳动保护。

(1)女职工特殊保护

由于女性的身体结构和生理机能与男性不同,有些工作会给女性的身体健康带来危害。从保护女职工生命安全、身体健康的角度出发,法律规定了女职工禁止从事的劳动范围,这不属于对女职工的性别歧视,而是对女职工的保护。对女职工的特殊保护,《劳动法》有如下规定:

①禁止安排女职工从事矿山井下、国家规定的第四级体力劳动强度的劳动和其他禁忌从事的劳动。

②不得安排女职工在经期从事高处、低温、冷水作业和国家规定的第三级体力劳动强度的劳动。

③不得安排女职工在怀孕期间从事国家规定的第三级体力劳动强度的劳动和孕期禁忌从事的劳动。对怀孕七个月以上的女职工,不得安排其延长工作时间和夜班劳动。

④女职工生育享受不少于九十日的产假。

⑤不得安排女职工在哺乳未满一周岁的婴儿期间从事国家规定的第三级体力劳动强度的劳动和哺乳期禁忌从事的其他劳动,不得安排其延长工作时间和夜班劳动。

(2)未成年工的特殊保护

未成年工是指年满十六周岁未满十八周岁的劳动者。《劳动法》规定:

①不得安排未成年工从事矿山井下、有毒有害、国家规定的第四级体力劳动强度的劳动和其他禁忌从事的劳动。

②用人单位应当对未成年工定期进行健康检查。

6. 职业培训

职业培训是指根据社会职业的需求和劳动者从业的意愿及条件,对劳动者按照一定标准进行的旨在培养和提高其职业技能的教育训练活动。职业技能鉴定是指职业技能鉴定机构对劳动者职业技能所达到的等级,依法进行考核、评定和证明,从而赋予劳动者特定职业资格的考查活动。职业培训不是职业技能鉴定的必经程序。

《劳动法》要求用人单位应当建立职业培训制度,按照国家规定提取和使用职业培训经费,根据本单位实际,有计划地对劳动者进行职业培训。从事技术工种的劳动者,上岗前必须经过培训。

各级人民政府应当把发展职业培训纳入社会经济发展的规划,鼓励和支持有条件的企业、事业组织、社会团体和个人进行各种形式的职业培训。

国家确定职业分类,对规定的职业制定职业技能标准,实行职业资格证书制度,由经备案的考核鉴定机构负责对劳动者实施职业技能考核鉴定。

7. 社会保险和福利

社会保险是国家通过立法建立的，为丧失劳动能力、暂时失去劳动岗位或因健康原因造成损失的人口提供收入或补偿的一种社会和经济制度。能够保证社会成员在遭遇社会风险暂时或永久丧失劳动能力而失去收入来源的情况下，从国家和社会依法获得物质帮助和补偿。《劳动法》规定：用人单位和劳动者必须依法参加社会保险，缴纳社会保险费。劳动者在退休、患病、负伤、因工伤残或者患职业病、失业、生育时依法享受社会保险待遇。国家鼓励用人单位根据本单位实际情况为劳动者建立补充保险。

国家发展社会福利事业，兴建公共福利设施，为劳动者休息、休养和疗养提供条件。用人单位应当创造条件，改善集体福利，提高劳动者的福利待遇。

（三）与消防违法行为处罚相关的法律

与消防违法行为处罚相关的法律主要有《中华人民共和国刑法》《中华人民共和国刑事诉讼法》《中华人民共和国行政处罚法》《中华人民共和国安全生产法》《中华人民共和国治安管理处罚法》《中华人民共和国城乡规划法》《中华人民共和国建筑法》《中华人民共和国草原法》《中华人民共和国产品质量法》等。

有一些消防违法行为，常常也属于治安违法行为。如《消防法》第六十二条规定：有下列行为之一的，应当依照《中华人民共和国治安管理处罚法》的规定处罚：

（1）违反有关消防技术标准和管理规定生产、储存、运输、销售、使用、销毁易燃易爆危险品的。

（2）非法携带易燃易爆危险品进入公共场所或者乘坐公共交通工具的。

（3）谎报火警的。

（4）阻碍消防车、消防艇执行任务的。

（5）阻碍消防救援机构的工作人员依法执行职务的。

又如《消防法》第六十五条规定：违反《消防法》规定，生产、销售不合格的消防产品或者国家明令淘汰的消防产品的，由产品质量监督部门或者工商行政管理部门依照《中华人民共和国产品质量法》的规定从重处罚。

二、消防法规

（一）行政法规

消防行政法规是国务院根据宪法和法律，为领导和管理国家消防行政工作，按照法定程序批准或发布的有关消防工作的规范性法律文件。主要有《森林防火条例》《草原防火条例》《中华人民共和国民用核设施安全监督管理条例》《生产安全事故报告和调查处理条例》《危险化学品安全管理条例》等。

（二）地方性法规

地方性法规是由省、自治区、直辖市和设区的市、自治州的人大及其常委会在不与宪法、法律和行政法规相抵触的情况下，根据本地区的实际情况制定的规范性文件。全国大部分有立法权的人大及其常委会制定了符合本地实际情况的地方性消防法规，如《北京市消防条例》《浙江省消防条例》《海口市消防条例》等。

三、消防规章

（一）消防行政规章

行政规章是由国务院各部、委员会、中国人民银行、审计署和具有行政管理职能的直属机构，根据法律和国务院的行政法规、决定、命令，在本部门的权限内制定和发布的命令、指示、规章等，如《高层民用建筑消防安全管理规定》（应急管理部发布）、《社会消防技术服务管理规定》（应急管理部发布）、《建设工程消防设计审查验收管理暂行规定》（住房和城乡建设部发布）、《危险货物道路运输安全管理办法》（交通运输部、工信部、公安部等发布）、《高等学校消防安全管理规定》（教育部、公安部等发布）、《商业仓库消防安全管理办法》（商业部等发布）等。

诸如此类的规章涉及社会各个生产领域，为本部门或本行业的消防安全保障提供了可行的法律依据。

（二）地方政府规章

地方政府规章由省、自治区、直辖市和设区的市、自治州的人民政府批准或发布，如《北京市消防安全责任监督管理办法》《上海市消火栓管理办法》等。

四、消防技术标准

（一）消防技术标准的含义

消防技术标准是规定社会生产、生活中保障消防安全的技术要求和安全极限的各类技术规范和标准的总和。单纯的技术标准不具有或基本上不具有社会性，因而不具有法律意义。消防技术规范和技术标准中，由国家赋予其普遍约束力和法律意义的那部分规范和标准，则属于消防法律法规体系的内容。国家一般用两种方法赋予技术规范和标准以法律意义：一种是在法律条文中直接规定这类规范和标准；另一种是把遵守一定技术规范和标准定为法律义务，违反该技术规范或标准，要承担法律责任，这种技术规范或标准虽不是法律文件本身的组成部分，但却是它的附件和补充。这些规范和标准涉及危险化学品，电气装置，建筑工程设计、施工、验收、生产流程，消防设施设备，消防产品等大量内容，是进行消防监督必不可少的依据和工具。

（二）消防技术标准的分类

消防技术标准根据其性质可分为技术规范和标准两大类。其中，技术规范又称为工程建设技术标准；标准又分为基础性标准、试验方法标准和产品标准（又称为通用技术条件）。

消防技术标准根据制定的部门的不同，分为国家标准、行业标准和地方标准。

消防技术标准根据强制约束力的不同，分为强制性标准和推荐性标准。保障人体健康，人身、财产安全的标准和法律、行政法规规定强制执行的标准是强制性标准，其他标准是推荐性标准。

（三）单位消防安全管理常用的消防技术标准

单位消防安全管理中依据的消防技术标准主要有《建筑设计防火规范》(GB 50016—2014)(2018年版)、《建筑内部装修设计防火规范》(GB 50222—2017)、《建筑灭火器配置设计规范》(GB 50140—2005)、《水喷雾灭火系统技术规范》(GB 50219—2014)、《火灾自动报警系统设计规范》(GB 50116—2013)、《火灾自动报警系统施工及验收标准》(GB 50166—2019)、《汽车加油加气加氢站技术标准》(GB 50156—2021)、《爆炸危险环境电力装置设计规范》(GB 50058—2014)、《人员密集场所消防安全管理》(GB/T 40248—2021)、《重大火灾隐判定方法》(GB 35181—2017)等。

五、规范性文件

消防行政管理规范性文件是指未列入消防行政管理法规范畴内的、由国家机关制定发布的有关消防行政管理工作的通知、通告、决定、指示、命令等规范性文件的总称。如《国务院关于进一步加强消防工作的意见》等。

第六节 保障建筑消防安全的途径

建筑的消防安全质量，与建筑消防系统设计与施工，消防设施的维修、保养有直接关系。要保障建筑的消防安全，必须从源头抓起，从建筑设计、施工、设施维护以及日常的安全管理几个方面抓起。

一、把好建筑消防系统设计关

建筑消防系统设计是建筑设计至关重要的一个环节，是建筑消防安全的源头。采用符合标准的消防系统设计方案，是确保该建筑消防安全的首要条件。因此，城乡建设规划和建筑设计与施工过程中必须贯彻预防为主、防消结合的消防工作方针，严把建筑消防系统设计关，加强建设工程消防监督管理。建设单位应选择具有资质的设计单位进行建筑消防系统的设计，在保证建筑物使用功能的前提下，严格按照有关规范、标准及规定进行设计，保证建设工程设计质量，从源头上消除火灾隐患，从根本上防止火灾发生。

二、把好建筑消防系统施工关

建筑消防系统施工是为达到设计功能和使用功能,保证消防安全的重要环节。因此建设、施工及工程监理单位一定要把好建筑消防系统施工关,住房和城乡建设主管部门应加强对建设工程施工的监督与管理。为确保建筑消防设施与系统满足消防安全要求,建设与施工单位必须按照下列要求进行施工:

(1)选择具有消防工程施工资格、经验丰富、施工能力强的施工队伍施工。

(2)严格按经住房和城乡建设主管部门审批合格后的设计方案及有关施工验收规范进行施工。

(3)选择经检测合格,实际使用证明运行可靠、经久耐用的建筑消防产品。

三、做好消防设施的维修、保养工作

要保证建筑消防系统始终保持良好的工作状态,必须做好消防设施的维修、保养工作。

1. 建立、健全消防设施定期维修、保养制度

设有消防设施的建筑,在投入使用后,应建立消防设施的定期维修、保养制度,使设施维修、保养工作制度化,即使系统未出现明显的故障,也应在规定的期限内,按照规定对全系统进行维修、保养。在定期的维修、保养过程中,可以发现消防设施存在的故障或故障隐患,并及时排除,从而保证消防系统的正常运行。这种全系统的维修、保养工作,至少应该每年进行一次。

2. 选择合格的专业消防设施维修、保养机构

对消防设施进行全系统的维修、保养,工作量比较大,技术性、专业性比较强,一般的建筑使用单位通常不具有足够的人力和技术力量,这项工作应选择经消防救援机构培训合格的专门从事消防设施维修、保养的机构进行,并在对系统维修、保养之后,出具系统合格证明,存档备查。

3. 选择经培训合格的人员负责消防设施的日常维修、保养工作

由于对消防设施全系统进行维修、保养的时间间隔较长,系统有可能在某次维修、保养之后,下一次维修、保养之前出现故障,这就需要对系统进行经常性的维修、保养。这种日常性的维修、保养工作工作量小,技术性相对较低,可以由建筑使用单位调专人或由消防设施操作员兼职担任。日常性的消防设施维修、保养工作可以随时发现系统存在的故障,对系统正常运行十分重要。每次对系统进行维修、保养之后,应做好记录,存入设备运行档案。

4. 建立、健全岗位责任制度

消防设施通常由消防控制室中的控制设备和外围设备组成,许多单位只在消防控制室安排值班人员负责监管控制室内的设备,而未明确控制室以外的消防设施由哪个部门负责,致使外围消防设施出现故障而不能及时被发现和排除,火灾发生时,不能发挥其应有的作用。因此,仅仅明确消防控制室工作人员的职责是不够的,还应进一步明确整个消

防设施全系统的岗位责任,健全包括全部消防设施在内的消防设施检查、检测、维修、保养岗位责任制,从而保证消防设施始终处于良好运行状态,在火灾发生时,发挥其应有的作用。

四、做好建筑消防安全管理工作

落实消防安全责任制度,建立由领导负责的逐级防火责任制,做到层层有人抓;建立生产岗位防火责任制,做到处处有人管。有专职或兼职防火安全干部,做好经常性的消防安全工作。有健全的各项消防安全管理制度,包括逐级防火检查,用火用电、易燃易爆品安全管理,消防器材维护保养,以及火警、火灾事故报告、调查、处理等制度。对火险隐患,做到及时发现、按期整改;一时整改不了的,采取应急措施,确保安全。明确消防安全重点部位,做到定点、定人、定措施,并根据需要采用自动报警、灭火等技术。对新职工和广大职工群众普及消防知识,对重点工种进行专门的消防训练和考核,做到经常化、制度化。制定灭火和应急疏散预案,并定期演练。只有这样,才能保证建筑消防安全。

社会要发展,经济要繁荣,消防工作也要同步发展,只有严控建筑防火系统设计、施工、维修、保养的质量,做好建筑消防安全管理工作,才能保证建筑的消防安全,才能为经济建设和经济发展创造有利环境,发挥好消防工作为经济建设保驾护航的作用。

思考题

1. 简述我国消防工作的原则。
2. 我国消防工作的方针是什么?如何理解?
3. 简述保障建筑消防安全的途径。
4. 如何贯彻落实消防安全责任制?
5. 消防法律法规体系由哪几部分构成?

第二章 消防基础知识

知识目标

- 了解燃烧与爆炸的概念,掌握闪点、燃点、爆炸极限的应用,掌握燃烧条件。
- 了解危险化学品的分类及常用危险化学品的危险特性。
- 掌握建筑火灾发展和蔓延的规律、方式和途径。
- 掌握灭火器的设置要求,掌握灭火器的日常管理方法。

能力目标

- 初步具备灭火器、消火栓等常用灭火设施的维护能力。
- 能够通过查阅资料,确定某一指定建筑的火灾危险性类别。
- 能够通过查阅资料,确定某一指定建筑相应构件的燃烧性能和耐火极限。
- 能够正确运用规范解决问题。

素质目标

- 提高风险意识,能主动识别和防范潜在的风险。
- 培养安全、责任、合作意识。

第一节 燃烧与爆炸

一、燃烧的本质与条件

(一)燃烧的定义

在国家标准《消防词汇 第1部分:通用术语》(GB/T 5907.1—2014)中将燃烧定义为可燃物与氧化剂作用发生的放热反应,通常伴有火焰、发光和(或)烟气的现象。燃烧应具备三个特征,即化学反应、放热和发光。

燃烧过程中的化学反应十分复杂。可燃物质在燃烧过程中,生成了与原来完全不同的新物质。燃烧不仅在空气(氧气)存在时能发生,有的可燃物在其他氧化剂中也能发生燃烧。

(二)燃烧的本质

近代连锁反应理论认为,燃烧是一种游离基的连锁反应(也称为链反应),即由游离基在瞬间进行的循环连续反应。游离基又称为自由基或自由原子,是化合物或单质分子中的共价键在外界因素(如光、热)的影响下,分裂而成的含有不成对电子的原子或原子基团,它们的化学活性非常强,在一般条件下是不稳定的,容易自行结合成稳定分子或与其他物质的分子反应生成新的游离基。当反应物产生少量的活化中心——游离基时,即可发生链反应。只要反应一经开始,就可经过许多连锁步骤自行加速发展下去(瞬间自发进行若干次),直至反应物燃尽为止。当活化中心全部消失(游离基消失)时,链反应就会终止。链反应机理大致分为链引发、链传递和链终止三个阶段。

综上所述,物质燃烧是氧化反应,而氧化反应不一定是燃烧,能被氧化的物质不一定都是能够燃烧的物质。可燃物质的多数氧化反应不是直接进行的,而是经过一系列复杂的中间反应阶段,不是氧化整个分子,而是氧化链反应中间产物——游离基或原子。可见,燃烧是一种极其复杂的化学反应,游离基的链反应是燃烧反应的实质,光和热是燃烧过程中发生的物理现象。

(三)燃烧的条件

燃烧现象十分普遍,但任何物质发生燃烧,都有一个由未燃烧状态转向燃烧状态的过程。燃烧过程的发生和发展都必须具备可燃物、助燃物(又称为氧化剂)和引火源三个条件,这三个条件通常被称为燃烧三要素。只有在这三个要素同时具备的情况下,可燃物才能够发生燃烧,无论缺少哪一个,燃烧都不能发生。

1. 燃烧的必然条件

(1)可燃物

能与空气中的氧或其他氧化剂起燃烧反应的物质,称为可燃物。自然界中的可燃物种类繁多,若按其物理状态分,有固体、液体和气体三类可燃物。

①固体可燃物 凡是遇明火、热源能在空气(氧化剂)中燃烧的固体物质,都称为固体可燃物。例如棉、麻、木材、稻草等天然纤维,稻谷、大豆、玉米等谷物及其制品,涤纶、维纶、锦纶、腈纶等合成纤维及其制品,聚乙烯、聚丙烯、聚苯乙烯等合成树脂及其制品,天然橡胶、合成橡胶及其制品等。

②液体可燃物 凡是在空气中能发生燃烧的液体,都称为液体可燃物。液体可燃物大多数是有机化合物,分子中都含有碳、氢原子,有些还含有氧原子。其中有不少是石油化工产品,有的产品本身或其燃烧后的产物都具有一定的毒性。

③气体可燃物 凡是在空气中能发生燃烧的气体,都称为气体可燃物。气体可燃物需要与空气的混合比达到一定浓度(燃烧最低浓度),并还要达到一定的温度(着火温度),才能发生燃烧。

此外,有些物质在通常情况下不燃烧,但在一定的条件下又可以燃烧。例如,炽热的铁在纯氧气中能发生剧烈燃烧;炽热的铜能在纯氯气中发生剧烈燃烧;铁、铝本身不燃烧,但把铁、铝粉碎成粉末,不但能燃烧,而且在一定条件下还能发生爆炸。

(2)助燃物

与可燃物质相结合能导致燃烧的物质,称为助燃物或氧化剂。通常燃烧过程中的助燃物是氧,包括游离的氧或化合物中的氧。空气中含有大约21%的氧,可燃物在空气中的燃烧以游离的氧作为氧化剂,这种燃烧是最普遍的。此外,某些物质也可作为燃烧反应的助燃物,如氯、氟、氯酸钾等。也有少数可燃物,如低氮硝化纤维素、硝酸纤维的赛璐珞等含氧物质,一旦受热即能自动释放出氧,不需外部助燃物就可发生燃烧。

(3)引火源

能使物质开始燃烧的外部热源,称为引火源或着火源。引火源温度越高,越容易点燃可燃物质。根据引起物质着火的能量来源不同,在生产、生活实践中引火源通常有明火、高温物体、化学热能、电热能、机械热能、生物能、光能和核能等。

2. 燃烧的充分条件

具备了燃烧的必要条件,并不意味着燃烧必然发生。燃烧三要素要达到一定的量变才能发生质变,这就是发生燃烧或持续燃烧的充分条件。燃烧的充分条件如下:

(1)一定的可燃物浓度

可燃气体或蒸气只有达到一定浓度,才会发生燃烧或爆炸。例如在常温下用火柴等明火接触煤油,煤油并不立即燃烧,这是因为在常温下煤油表面挥发的煤油蒸气量不多,没有达到燃烧所需的浓度,虽有足够的空气和火源接触,也不能发生燃烧。

(2)一定的氧气含量

试验证明,各种不同可燃物发生燃烧,均有本身固定的最低含氧量要求。低于这一浓度,虽然燃烧的其他条件全部具备,但燃烧仍然不能发生。如将点燃的蜡烛用玻璃罩罩起来,不使周围空气进入,这样经过较短的时间,蜡烛火焰就会熄灭。可燃物不同,燃烧所需要的含氧量也不同,如汽油燃烧的最低含氧量要求为14.4%,煤油的最低含氧量为15%。

(3)一定的点火能量

不管何种形式的引火源,都必须达到一定的强度才能引起燃烧反应。所需引火源的强度,取决于可燃物的最小点火能量或引燃温度,小于最小点火能量,燃烧便不会发生。不同可燃物燃烧所需的最小点火能量各不相同,如汽油的最小点火能量为0.20 mJ,乙醚的最小点火能量为0.19 mJ。

(4)相互作用

燃烧不仅需具备必要和充分条件,而且还必须使燃烧条件相互结合、相互作用,燃烧才会发生或持续。例如,在办公室里有桌、椅、门、窗帘等可燃物,有充满空间的空气,有火源(电源),存在燃烧的基本要素,可并没有发生燃烧现象,这是这些条件没有相互结合、相互作用的缘故。

二、燃烧的类型

燃烧按其发生瞬间的特点不同,分为闪燃、着火、自燃、爆炸四种类型。

(一)闪燃

1. 闪燃的含义

在一定温度条件下,液体可燃物表面会产生可燃蒸气,这些可燃蒸气与空气混合形成一定浓度的气体可燃物,当其浓度不足以维持持续燃烧时,遇火源能产生一闪即灭的火苗或火光,形成一种瞬间燃烧现象,称为闪燃。之所以会发生一闪即灭的闪燃现象,是因为液体在闪燃温度下蒸发速度较慢,所蒸发出来的蒸气仅能维持短时间的燃烧,而来不及提供足够的蒸气补充维持稳定的燃烧,故闪燃一下就熄灭了。闪燃往往是液体可燃物发生着火的先兆。从消防角度来说,闪燃就是危险的警告。

2. 物质的闪点

在规定的试验条件下,液体挥发的蒸气与空气形成混合物,遇火源能够产生闪燃的液体最低温度,称为闪点,单位为℃。

闪点是评定液体火灾危险性的重要参数。闪点越低,火灾危险性就越大。表 2-1-1 列出了部分易燃和可燃液体的闪点。根据闪点,将能燃烧的液体分为易燃液体和可燃液体。此外,根据闪点,将液体生产、加工、储存场所的火灾危险性分为甲(闪点低于 28 ℃的液体)、乙(闪点高于或等于 28 ℃、但低于 60 ℃的液体)、丙(闪点高于或等于 60 ℃的液体)三个类别,以便根据其火灾危险性采取相应的消防安全措施。

表 2-1-1　　　　　　　　　部分易燃和可燃液体的闪点

名　称	闪点/℃	名　称	闪点/℃	名　称	闪点/℃
汽油	−50.00	甲醇	11.10	苯	−14.00
煤油	37.80	乙醇	12.78	甲苯	5.50
柴油	60.00	正丙醇	23.50	乙苯	23.50
原油	−6.70	乙烷	−20.00	丁苯	30.50

(二)着火

1. 着火的含义

可燃物质在空气中与火源接触,达到某一温度时,开始产生有火焰的燃烧,并在火源移去后仍能持续并不断扩大的燃烧现象,称为着火。

着火就是燃烧的开始,且以出现火焰为特征,这是日常生产生活中最常见的燃烧现象。

2. 物质的燃点

在规定的试验条件下,应用外部热源使物质表面起火并持续燃烧一定时间所需的最低温度,称为燃点或着火点,单位为 ℃。

表 2-1-2 中列出了部分可燃物的燃点。根据燃点,可以衡量可燃物的火灾危险程度。燃点越低,火灾危险性就越大。

表 2-1-2　　　　　　　　　部分可燃物的燃点

名　称	燃点/℃	名　称	燃点/℃	名　称	燃点/℃
松节油	53	漆布	165	松木	250
樟脑	70	蜡烛	190	有机玻璃	260
赛璐珞	100	麦草	200	醋酸纤维	320
纸	130	豆油	220	涤纶纤维	390
棉花	150	黏胶纤维	235	聚氯乙烯	391

一切液体可燃物的燃点都高于闪点。燃点对于固体可燃物和闪点较高的液体可燃物具有实际意义。控制可燃物的温度在其燃点以下,就可以防止火灾的发生。用水冷却灭火,其原理就是将着火物质的温度降低到燃点以下。

(三)自燃

1. 自燃的含义

可燃物在没有外部火花、火焰等火源的作用下,因受热或自身发热并蓄热所产生的自然燃烧,称为自燃。即可燃物在无外界引火源条件下,其自身发生物理、化学或生物变化而产生热量并积蓄,使温度不断上升,自行燃烧起来的现象。由于热的来源不同,自燃可分为受热自燃和本身自燃两类。

自燃现象引发火灾在自然界并不少见。例如,有些含硫、磷成分高的煤炭遇水常常发生氧化反应释放热量,如果煤层堆积过厚积热不散,就容易发生自燃火灾;工厂的油抹布堆积,由于氧化发热并蓄热,也会发生自燃引发火灾。

2. 物质的自燃点

在规定的试验条件下,可燃物产生自燃的最低温度称为自燃点。在这一温度,物质与空气(氧)接触,不需要明火的作用,就能发生燃烧。自燃点是衡量可燃物质受热升温形成自燃危险性的依据。可燃物的自燃点越低,发生自燃的危险性就越大。表 2-1-3 列出了部分可燃物的自燃点。

表 2-1-3　　　　　　　　　　部分可燃物的自燃点

名　称	自燃点/℃	名　称	自燃点/℃	名　称	自燃点/℃
黄磷	34～35	乙醚	170	棉籽油	370
三硫化四磷	100	溶剂油	235	桐油	410
煤油	240～290	芝麻油	410	汽油	280
花生油	445	松香	240	石油沥青	270～300
菜籽油	446	锌粉	360	柴油	350～380
豆油	460	重油	380～420	亚麻仁油	343
赛璐珞	150～180	赤磷	200～250	丙醇	404

(四)爆炸

1. 爆炸的含义

物质急剧氧化或分解而产生温度升高、压力增大或两种情况同时发生的现象,称为爆炸。

从广义上说,爆炸是物质从一种状态迅速转变成另一状态,并在瞬间放出大量能量,同时产生声响的现象。在发生爆炸时,势能(化学能或机械能)突然转变为动能,生成或者释放出高压气体,这些高压气体随之做机械功,如移动、改变或抛射周围的物体。一旦发生爆炸,将会对邻近的物体产生极大的破坏作用,这是由于构成爆炸体系的高压气体作用到周围物体上,物体受力不平衡,从而遭到破坏。

2. 爆炸的分类

按爆炸过程的性质不同,通常将爆炸分为物理爆炸、化学爆炸和核爆炸三种类型。

(1)物理爆炸

物理爆炸是指物理变化(温度、体积和压力等因素)引起装在容器内的液体或气体体积迅速膨胀,导致容器压力急剧增大而发生爆炸,且在爆炸前后物质的性质及化学成分均不改变的现象。例如,蒸汽锅炉、液化气钢瓶等爆炸均属于物理爆炸。

物理爆炸本身虽没有进行燃烧反应,但它产生的冲击力有可能直接或间接地造成火灾。

(2)化学爆炸

化学爆炸是指物质本身发生化学反应,产生大量气体并使温度升高、压力增大或两种情况同时发生而形成的爆炸现象。例如,可燃的气体、蒸气或粉尘与空气形成的混合物遇火源而引起的爆炸,炸药的爆炸等都属于化学爆炸。化学爆炸的主要特点是反应速度快,爆炸时放出大量的热能,产生大量气体和很大的压力,并发出巨大的响声。化学爆炸能够直接造成火灾,具有很大的破坏性,是消防工作中预防的重点。

(3)核爆炸

核爆炸是指原子核裂变或聚变反应释放出核能所形成的爆炸。例如,原子弹、氢弹、中子弹的爆炸就属于核爆炸。

3. 爆炸极限

(1)爆炸浓度极限

爆炸浓度极限(简称为爆炸极限)是指可燃的气体、蒸气或粉尘与空气混合后,遇火会产生爆炸的最高或最低的浓度。气体、蒸气的爆炸极限通常以体积百分比表示;粉尘的爆炸极限通常用单位体积的质量(g/m^3)表示。其中遇火会产生爆炸的最低浓度,称为爆炸下限;遇火会产生爆炸的最高浓度,称为爆炸上限。

爆炸极限是评定可燃气体、蒸气或粉尘爆炸危险性的主要依据。爆炸上限、下限之间的范围越大,爆炸下限越低、爆炸上限越高,爆炸危险性就越大。混合物的浓度低于爆炸下限或高于爆炸上限时,既不能发生爆炸,也不能发生燃烧。

(2)爆炸温度极限

由于液体的蒸气浓度是在一定温度下形成的,所以液体可燃物除了有爆炸浓度极限外,还有爆炸温度极限。爆炸温度极限是指可燃液体受热蒸发出的蒸气浓度等于爆炸浓度极限时的温度范围。

爆炸温度极限也有下限、上限之分。液体在该温度下蒸发出等于爆炸浓度下限的蒸气浓度,此时的温度称为爆炸温度下限(液体的爆炸温度下限就是液体的闪点);液体在该温度下蒸发出等于爆炸浓度上限的蒸气浓度,此时的温度称为爆炸温度上限。爆炸温度上限、下限之间的范围越大,爆炸危险性就越大。例如,乙醇的爆炸温度下限是 11 ℃,爆炸温度上限是 40 ℃。在 11~40 ℃,乙醇蒸气与空气的混合物都有爆炸危险。乙醚的爆炸温度极限是 −45~13 ℃,显然乙醚比乙醇的爆炸危险性大。

通常所说的爆炸极限,如果没有标明,就是指爆炸浓度极限。表 2-1-4 为常见液体爆炸浓度极限与爆炸温度极限的比较。

表 2-1-4　常见液体爆炸浓度极限与爆炸温度极限的比较

名　称	爆炸浓度极限/%		爆炸温度极限/℃	
	下限	上限	下限	上限
乙醇	3.3	18.0	11.0	40.0
甲苯	1.5	7.0	5.5	31.0
松节油	0.8	62.0	33.5	53.0
车用汽油	1.7	7.2	−38.0	−8.0
灯用煤油	1.4	7.5	40.0	86.0
乙醚	1.9	40.0	−45.0	13.0
苯	1.5	9.5	−14.0	19.0

三、燃烧的过程和形式

(一)可燃物的燃烧过程

当可燃物与其周围相接触的空气达到可燃物的燃点时,外层部分就会熔解、蒸发或分解并发生燃烧,在燃烧过程中放出热量和光。这些释放出来的热量又加热边缘的下一层,使其达到燃点,于是燃烧过程就不断地持续。

固体、液体和气体这三种状态的物质,其燃烧过程是不同的。固体和液体发生燃烧,需要经过分解和蒸发,生成气体,然后由这些气体与氧化剂作用发生燃烧;而气体物质不需要经过蒸发,可以直接燃烧。

(二)可燃物的燃烧形式

1.固体可燃物的燃烧形式

固体可燃物在自然界中广泛存在,由于其分子结构的复杂性、物理性质的不同,其燃烧形式也不相同,主要有以下四种形式:

(1)表面燃烧

蒸气压非常小或者难于热分解的固体可燃物,不能发生蒸发燃烧或分解燃烧,当氧气包围物质的表层时,呈炽热状态发生无焰燃烧现象,称为表面燃烧。其过程属于非均相燃烧,特点是表面发红而无火焰。例如,木炭、焦炭以及铁、铜等的燃烧属于表面燃烧形式。

(2)阴燃

阴燃是指物质无可见光的缓慢燃烧,通常产生烟和温度升高的迹象。某些固体可燃物在空气不流通、加热温度较低或含水分较高时就会发生阴燃。这种燃烧看不见火苗,可持续数天,不易发现。易发生阴燃的物质有成捆堆放的纸张、棉、麻,以及大堆垛的煤、草、湿木材等。

阴燃和有焰燃烧在一定条件下能相互转化。例如,在密闭或通风不良的场所发生火灾,由于燃烧消耗了氧,氧浓度降低,燃烧速度减慢,分解出的气体量减少,即可由有焰燃烧转为阴燃。阴燃在一定条件下,如果改变通风条件,增加供氧量或可燃物中的水分蒸发到一定程度,也可能转变为有焰燃烧。火场上的复燃现象和固体阴燃引起的火灾等都是阴燃在一定条件下转化为有焰分解燃烧的例子。

(3)分解燃烧

分子结构复杂的固体可燃物,由于受热分解而产生可燃气体后发生的有焰燃烧现象,称为分解燃烧。例如,木材、纸张、棉、麻、毛、丝以及合成高分子的热固性塑料、合成橡胶等的燃烧就属于分解燃烧。

(4)蒸发燃烧

熔点较低的固体可燃物受热后熔融,然后同液体可燃物一样蒸发成蒸气而发生的有焰燃烧现象,称为蒸发燃烧。例如,石蜡、松香、硫、钾、磷、沥青和热塑性高分子材料等的燃烧就属于蒸发燃烧。

2. 液体可燃物的燃烧形式

液体可燃物主要有以下四种燃烧形式:

(1)蒸发燃烧

液体可燃物在燃烧过程中,并不是液体本身在燃烧,而是液体受热时蒸发出来的液体蒸气被分解、氧化达到燃点而燃烧,即蒸发燃烧。其燃烧速度主要取决于液体的蒸发速度,而蒸发速度又取决于液体接受的热量。接受热量越多,蒸发量越大,则燃烧速度越快。

(2)动力燃烧

动力燃烧是指液体可燃物的蒸发、低闪点液雾预先与空气或氧气混合,遇火源产生带有冲击力的燃烧。例如,雾化汽油、煤油等挥发性较强的烃类在气缸中的燃烧就属于动力燃烧。

(3)沸溢燃烧

含水的重质油品(如重油、原油)发生火灾,由于液面从火焰接受热量产生热波,热波向液体深层移动速度大于线性燃烧速度,而热波的温度远高于水的沸点,因此热波在向液层深部移动过程中,使油层温度上升,油品黏度变低,油品中的乳化水滴在向下沉积的同时受向上运动的热油作用而蒸发成蒸气泡,这种表面包含有油品的气泡,比原来的水体积扩大千倍以上,气泡被油薄膜包围形成大量油泡群,液面上下像开锅一样沸腾,到储罐容纳不下时,油品就会像"跑锅"一样溢出罐外,这种现象称为沸溢燃烧。

(4)喷溅燃烧

重质油品储罐的下部有水垫层时,发生火灾后,由于势波往下传递,若将储罐底部的沉积水的温度加热到汽化温度,则沉积水将变成蒸汽,体积扩大,直至形成的蒸汽压力大到足以把其上面的油层抬起,最后冲破油层将燃烧着的油滴和包油的油气抛向上空,向四周喷溅燃烧。

重质油品储罐发生沸溢和喷溅燃烧的典型征兆:罐壁会发生剧烈抖动,伴有强烈的噪声,烟雾减少,火焰更加发亮,火舌尺寸变大,形似火箭。沸溢和喷溅燃烧会对灭火救援人员及消防器材装备等的安全产生巨大的威胁,因此,储罐一旦出现沸溢和喷溅燃烧的征兆,火场有关人员必须立即撤到安全地带,并应采取必要的技术措施,防止喷溅燃烧时油品流散、火势蔓延和扩大。

3. 气体可燃物的燃烧形式

气体可燃物的燃烧不像固体、液体可燃物那样经熔化、蒸发等相变过程,而在常温常压下就可以任意比例与气体助燃物相互扩散混合,完成燃烧反应的准备阶段。气体可燃物在燃烧时所需热量仅用于氧化或分解,或将气体加热到燃点,因此容易燃烧且燃烧速度快。

根据气体可燃物燃烧过程的控制因素不同,其燃烧有以下两种形式:

(1)扩散燃烧

气体可燃物从喷口(管道口或容器泄漏口)喷出,在喷口处与空气中的氧边扩散混合、边燃烧的现象,称为扩散燃烧。其燃烧速度主要取决于气体的扩散速度。气体(蒸气)扩散多少,就烧掉多少,这类燃烧比较稳定。例如,管道、容器泄漏口发生的燃烧,天然气井口发生的井喷燃烧等均属于扩散燃烧。其燃烧特点为扩散火焰不运动,气体可燃物与气体助燃物的混合在喷口进行。对于稳定的扩散燃烧,只要控制得好,便不至于造成火灾,一旦发生火灾也易扑救。

(2)预混燃烧

气体可燃物与气体助燃物在燃烧之前混合,并形成一定浓度的可燃混合气体,被引火源点燃所引起的燃烧现象,称为预混燃烧。这类燃烧往往造成爆炸,也称为爆炸式燃烧或动力燃烧。影响其燃烧速度的因素主要包括可燃混合气体的组成、浓度、初始温度,以及管道直径、材质等。许多火灾、爆炸事故是由预混燃烧引起的,如制气系统检修前不进行置换就烧焊,燃气系统开车前不进行吹扫就点火等。

四、燃烧产物

(一)燃烧产物的含义和分类

1. 燃烧产物的含义

由燃烧或热解作用而产生的全部物质,称为燃烧产物。它通常是指燃烧生成的气体、热量和烟雾等。

2. 燃烧产物的分类

燃烧产物分完全燃烧产物和不完全燃烧产物两类。可燃物质在燃烧过程中,如果生成的产物不能再燃烧,称为完全燃烧,其产物为完全燃烧产物,如二氧化碳、二氧化硫等;可燃物质在燃烧过程中,如果生成的产物还能继续燃烧,称为不完全燃烧,其产物为不完全燃烧产物,如一氧化碳、醇类等。

(二)不同物质的燃烧产物

燃烧产物的数量及成分随物质的化学组成以及温度、空气(氧)的供给情况等变化而有所不同。

1. 单质的燃烧产物

一般单质在空气中的燃烧产物为该单质元素的氧化物。例如,碳、氢、硫等燃烧分别生成二氧化碳、水蒸气、二氧化硫,这些产物不能再燃烧,属于完全燃烧产物。

2. 化合物的燃烧产物

一些化合物在空气中燃烧除生成完全燃烧产物外,还会生成不完全燃烧产物。最典型的不完全燃烧产物是一氧化碳,它能进一步燃烧生成二氧化碳。特别是一些高分子化合物,受热后会产生热裂解,生成许多不同类型的有机化合物,并能进一步燃烧。

3. 合成高分子材料的燃烧产物

合成高分子材料在燃烧过程中伴有热裂解,会分解产生许多有毒或有刺激性的气体,如氯化氢、光气、氰化氢等。

4. 木材的燃烧产物

木材是一种化合物,主要由碳、氢、氧元素组成,主要以纤维素分子形式存在。木材在受热后发生热裂解反应,生成小分子产物。在 200 ℃ 左右,主要生成二氧化碳、水蒸气、甲酸、乙酸、一氧化碳等产物;在 280～500 ℃,产生可燃蒸汽及颗粒;到 500 ℃ 以上,则主要生成碳,产生的游离基对燃烧有明显的加速作用。

(三) 燃烧产物的毒性

燃烧产物有不少是毒害气体,往往会通过呼吸道侵入或刺激眼结膜、皮肤黏膜使人中毒甚至死亡。据统计,在火灾中死亡的人约 80% 是吸入毒性气体中毒而致死的。一氧化碳是火灾中最危险的气体,其毒性在于与血液中血红蛋白的高亲和力,因而它能阻止人体血液中氧气的输送,引起头痛、虚脱、神志不清等症状,严重时会使人昏迷甚至死亡。表 2-1-5 为不同浓度的一氧化碳对人体的影响。近年来,合成高分子物质的使用迅速普及,这些物质燃烧时不仅会产生一氧化碳、二氧化碳,而且还会分解出乙醛、氯化氢、氰化氢等有毒气体,给人的生命安全造成更大的威胁。表 2-1-6 为部分有害气体的来源、对人的生理作用及致死浓度。

表 2-1-5　　　　　不同浓度的一氧化碳对人体的影响

火场中一氧化碳的浓度/%	人的呼吸时间/min	中毒程度
0.1	60	头痛、呕吐
0.5	20～30	有致死的危险
1.0	1～2	可中毒死亡

表 2-1-6　　　部分有害气体的来源、对人的生理作用及致死浓度

来　源	对人的生理作用	短期(10 min)估计致死浓度/‰
木材、纺织品、聚丙烯腈尼龙、聚氨酯等物质燃烧时分解出的氰化氢	引起窒息而迅速致死、窒息	0.35
纺织物燃烧时产生的二氧化氮和其他氮的氧化物	肺的强刺激剂,能引起即刻死亡及滞性伤害	>0.20
由木材、丝织品、尼龙、三聚氰胺燃烧产生的氨气	强刺激剂,对眼、鼻有强烈刺激作用	>1.00
PVC 电绝缘材料,其他含氯高分子材料及阻燃处理物热分解产生的氯化氢	呼吸道刺激剂,吸附于微粒上的氯化氢的潜在危险性较之等量的气体氯化氢要大	>0.50 (气体或微粒存在时)
氟化树脂类或薄膜类以及某些含溴阻燃材料热分解产生的含卤酸气体	呼吸刺激剂	氟化氢:约 0.40 碳酰氟:约 0.10 氢溴酸:>0.50
含硫化合物及含硫物质燃烧分解产生的二氧化硫	强刺激剂,在远低于致死浓度下即使人难以忍受	>0.50
由聚烯烃和纤维素低温热解(400 ℃)产生的丙醛	潜在的呼吸刺激剂	0.03～0.10

(四)烟气

1. 烟气的含义

由燃烧或热解作用所产生的悬浮在大气中可见的固体和(或)液体微粒总和,称为烟气。

2. 烟气的产生

当建、构筑物发生火灾时,建筑材料及装修材料、室内可燃物等在燃烧时所产生的生成物氯化氢之一是烟气。不论是固态物质或是液态物质、气态物质在燃烧时,都要消耗空气中大量的氧,并产生大量炽热的烟气。

3. 烟气的危害性

火灾产生的烟气是一种混合物,其中含有一氧化碳、二氧化碳、氯化氢等大量的各种有毒性气体和固体碳颗粒。其危害性主要表现在烟气具有毒害性、减光性和恐怖性。

(1)烟气的毒害性

人生理正常所需要的空气含氧量应高于16%,而烟气中含氧量往往低于此数值。有关试验表明:当空气中含氧量降低到15%时,人的肌肉活动能力下降;降到10%~14%时,人会四肢无力、思维混乱、辨不清方向;降到6%~10%时,人会晕倒;低于6%时,人短时间就会死亡。据测定,实际的着火房间中氧的最低浓度可降至3%左右,可见在发生火灾时人们要是不及时逃离火场是很危险的。

另外,火灾中产生的烟气中含有大量的各种有毒气体,其浓度往往超过人的生理正常所允许的最高浓度,造成人中毒死亡。试验表明:一氧化碳浓度达到1%时,人在1 min内死亡;氢氰酸的浓度达到0.27‰,人立即死亡;氯化氢的浓度达到2.00‰以上时,人在数分钟内死亡;二氧化碳的浓度达到20%时,人在短时间内死亡。

(2)烟气的减光性

可见光波的波长为0.4~0.7 μm,一般火灾烟气中烟粒子粒径为几微米到几十微米,即烟粒子的粒径大于可见光的波长,这些烟粒子对可见光是不透明的,其对可见光有完全的遮蔽作用。当烟气弥漫时,可见光因受到烟粒子的遮蔽而大大减弱,能见度大大降低,这就是烟气的减光性。

(3)烟气的恐怖性

发生火灾时,火焰和烟气冲出门窗孔洞,浓烟滚滚,烈火熊熊,使人产生恐惧感,有的人甚至失去理智、惊慌失措,往往在火场人员疏散时造成混乱局面。

(五)火焰、燃烧热和燃烧温度

1. 火焰

(1)火焰的含义及构成

火焰(俗称火苗)是指发光的气相燃烧区域。火焰是由焰心、内焰、外焰三个部分构成的。

(2)火焰的颜色

火焰的颜色取决于燃烧物的化学成分和氧化剂的供应强度。大部分物质燃烧时火焰是橙红色的,但有些物质燃烧时火焰具有特殊的颜色,如硫黄燃烧的火焰是蓝色的,磷和钠燃烧的火焰是黄色的。

火焰的颜色与燃烧温度有关,燃烧温度越高,火焰就越接近蓝白色。

火焰的颜色与可燃物的含氧量及含碳量也有关。含氧量达到50%以上的可燃物燃烧时,火焰几乎无光。例如,一氧化碳等物质在较强的光照下燃烧,几乎看不到火焰。含氧量在50%以下的可燃物燃烧时,发出显光(光亮或发黄光)的火焰。如果可燃物的含碳量达到60%以上,则发出显光且带有大量黑烟的火焰。

2. 燃烧热

燃烧热是指单位质量的物质完全燃烧所释放出的热量。燃烧热越高的物质燃烧时火势越猛,温度越高,辐射出的热量也越多。物质燃烧时,都能放出热量。这些热量被消耗于加热燃烧产物,并向周围扩散。可燃物的发热量取决于其化学组成和温度。

3. 燃烧温度

燃烧温度是指燃烧产物被加热到的温度。不同可燃物在同样条件下燃烧时,燃烧速度快的比燃烧速度慢的燃烧温度高。在同样大小的火焰下,燃烧温度越高,它向周围辐射出的热量就越多,火灾蔓延的速度就越快。

(六)燃烧产物对火灾扑救工作的影响

燃烧产物对火灾扑救工作的影响,分有利和不利两个方面。

1. 燃烧产物对火灾扑救工作的有利影响

(1)在一定条件下可以阻止燃烧进行

完全燃烧的产物都是不燃的惰性气体,如二氧化碳、水蒸气等。如果室内发生火灾,随着这些惰性气体的增加,空气中的氧浓度相对降低,燃烧速度会减慢。

(2)为火情侦察和寻找火源点提供参考依据

不同的物质燃烧,不同的燃烧温度,在不同的风向条件下,烟雾的颜色、浓度、气味、流动方向也各不相同。在火场上,通过烟雾的这些特征(表2-1-7中列举了部分可燃物的烟雾特征),消防人员可以大致判断燃烧物质的种类、火势蔓延方向、火灾阶段等。

表 2-1-7　　　　部分可燃物的烟雾特征

可燃物	烟雾特征		
	颜色	嗅	味
磷	白色	大蒜嗅	—
镁	白色	—	金属味
钾	浓白色	—	碱味
硫黄	—	硫嗅	酸味
橡胶	棕黑色	硫嗅	酸味
硝基化合物	棕黄色	刺激嗅	酸味
石油产品	黑色	石油嗅	稍有酸味
棉、麻	黑褐色	烧纸嗅	稍有酸味
木材	灰黑色	树脂嗅	稍有酸味
有机玻璃	—	芳香	稍有酸味

2. 燃烧产物对火灾扑救工作的不利影响

（1）妨碍灭火和被困人员行动

烟气具有减光性，会使火场能见度降低，影响人的视线。人在烟雾中的能见距离一般为 30 cm。人在浓烟中往往辨不清方向，因而严重妨碍人员安全疏散和消防人员灭火扑救。

（2）有引起人员中毒、窒息的危险

燃烧产物中有不少是有毒性气体，特别是有些建筑使用塑料和化纤制品作为装饰装修材料，这类物质一旦着火就会分解产生大量有毒、有刺激性的气体，往往会通过呼吸道侵入人体皮肤黏膜或刺激眼结膜，使人中毒、窒息甚至死亡，严重威胁着人员生命安全。因此，在火灾现场做好个人安全防护和防烟、排烟是非常重要的。

（3）高温会使人员烫伤

燃烧产物的烟气中载有大量的热，温度较高，高温可以使人的心脏加快跳动，产生判断错误。人在这种高温、湿热环境中极易被灼伤、烫伤。研究表明，当环境温度达到 43 ℃ 时，人体皮肤的毛细血管会扩张爆裂；当在 100 ℃ 环境下，一般人只能忍受几分钟，就会口腔及喉头肿胀而发生窒息，丧失逃生能力。

（4）成为火势发展蔓延的因素

燃烧产物有很高的热能，火灾时极易因热传导、热对流或热辐射引起新的火点，甚至促使火势形成轰燃的危险。某些不完全燃烧产物能继续燃烧，有的还能与空气形成爆炸性混合物。

五、影响火灾发展变化的主要因素

火灾发展变化虽然比较复杂，但就一种物质发生燃烧来说，火灾的发展变化有其固有的规律性。除取决于可燃物的性质和数量外，同时也受热传播、爆炸、建筑耐火等级以及气象等因素的影响。

（一）热传播对火灾发展变化的影响

火灾的发生、发展始终伴随着热传播过程。热传播是影响火灾发展变化的决定性因素。热传播的途径主要有热传导、热辐射和热对流。

1. 热传导

（1）热传导的含义

热传导是指物体一端受热，通过物体的分子热运动，把热量从温度较高一端传递到温度较低的另一端的过程。

（2）热传导对火灾发展变化的影响

热总是从温度较高部位，向温度较低部位传导。温度差越大，导热方向的距离越近，传导的热量就越多。火灾现场燃烧区温度越高，传导出的热量就越多。

固体、液体和气体都有这种传热性能。固体是最强的热导体，液体次之，气体较弱。金属材料为热的优良导体，非金属固体多为不良导体。

在其他条件相同时,物质燃烧时间越长,传导的热量越多。有些隔热材料虽然导热性能差,但经过长时间的热传导,也能引起与其接触的可燃物着火。

2. 热辐射

(1)热辐射的含义及其特点

热辐射是指以电磁波形式传递热量的现象。

热辐射具有以下特点:热辐射不需要通过任何介质,不受气流、风速、风向的影响,通过真空也能进行热传播;固体、液体、气体这三种物质都能把热以电磁波的形式辐射出去,也能吸收别的物体辐射出来的热能;当有两物体并存时,温度较高的物体将向温度较低物体辐射热能,直至两物体温度渐趋平衡。

(2)热辐射对火灾发展变化的影响

试验证明,一个物体在单位时间内辐射的热量与其表面积的绝对温度的四次方成正比。热源温度越高,辐射强度越高。当辐射热达到可燃物质自燃点时,便会立即引起着火。

受辐射物体与辐射热源之间的距离越大,受到的热量越低。反之,距离越小,接受的热量越多;热辐射与受辐射物体的相对位置有关,当辐射物体辐射面与受辐射物体处于平行位置时,受辐射物体受到的热量最高;物体的颜色越深,表面越粗糙,吸收的热量就越多;表面越光亮,颜色越淡,反射的热量越多,则吸收的热量就越少。

当火灾处于发展阶段时,热辐射成为热传播的主要形式。

3. 热对流

(1)热对流的含义

热对流是指热量通过流动介质,由空间的一处传播到另一处的现象。

(2)热对流的方式

根据引起的原因,热对流分为自然对流和强制对流;按流动介质的不同,热对流又分为气体对流和液体对流。

自然对流是由自然力引起的流体运动,也就是因流体各部分的密度不同而引起的。例如,高温设备附近空气受热膨胀向上流动,火灾中高温热烟上升流动,而冷(新鲜)空气则与其做相反方向流动。

强制对流是由机械力引起的流体微团的空间移动。例如,通过鼓风机、压缩机、泵等,气体、液体产生强制对流。火灾发生时,若通风机械还在运行,就会成为火势蔓延的途径。使用防烟、排烟等强制对流设施,就能抑制烟气扩散和自然对流。地下建筑发生火灾,用强制对流改变风流或烟气流的方向,可有效地控制火势的发展,为最终扑灭火灾创造有利条件。

气体对流对火灾发展蔓延有极其重要的影响。燃烧引起了对流,对流助长了燃烧。燃烧越猛烈,它所引起的对流作用越强。对流作用越强,燃烧越猛烈。

液体对流指液体受热后,受热部分因体积膨胀、相对密度减小而上升,而温度较低、相对密度较大的部分则下降,在这种运动的同时进行着热传递,最后使整个液体被加热。盛装在容器内的可燃液体,通过对流能使整个液体升温,蒸发加快,压力增大,就有可能引起容器的爆裂。

(3)热对流对火灾发展变化的影响

热对流是影响初起火灾发展的最主要因素。试验证明,热对流速度与通风口面积和高度成正比。通风孔洞越多,各个通风孔洞的面积越大、越高,热对流速度越快;风能加速气体对流。风速越大,不仅对流越快,而且能使房屋表面出现正负压力,在建(构)筑物周围形成旋风地带;风向改变,会改变气体对流方向;燃烧时火焰温度越高,与环境温度的温差越大,热对流速度越快。

(二)爆炸对火灾发展变化的影响

爆炸冲击波能将燃烧着的物质抛散到高空和周围地区,如果燃烧的物质落在可燃物上,就会引起新的火源,造成火势蔓延扩大。

爆炸冲击波能破坏难燃结构的保护层,使保护层脱落,可燃物暴露于表面,这就为燃烧面积迅速扩大增加了条件。由于冲击波的破坏作用,建筑结构发生局部变形或倒塌,增加空隙和孔洞,其结果必然会使大量的新鲜空气流入燃烧区,燃烧产物迅速流出室外。在此情况下,气体对流大大加强,促使燃烧强度剧增,助长火势迅速发展。同时,由于建筑物孔洞大量增加,气体对流的方向发生变化,火势蔓延方向也会随着改变。如果冲击波将炽热火焰冲散,使火焰穿过缝隙或不严密之处,进入建筑结构的内部空洞,也会引起该部位的可燃物发生燃烧。火场如果有沉浮在物体表面上的粉尘,爆炸的冲击波会使粉尘扬撒于空间,与空气形成爆炸性混合物,可能发生再次爆炸或多次爆炸。

当可燃的气体、液体和粉尘与空气混合发生爆炸时,爆炸区域内的低燃点物质顷刻之间全部发生燃烧,燃烧面积迅速扩大。火场上发生爆炸,不仅对火势发展变化有极大影响,而且对扑救人员和附近群众也有严重威胁。因此,在灭火战斗过程中及时采取措施,防止和消除爆炸危险十分重要。

(三)建筑耐火等级对火灾发展变化的影响

建筑耐火等级是衡量建筑耐火程度的标准。火灾实例说明,耐火等级高的建筑,火灾时烧坏、倒塌的很少,造成的损失也小;而耐火等级低的建筑,火灾时不耐火,燃烧快,损失也大。因此,为了保证建筑物的安全,必须采取必要的防火措施,使之具有一定的耐火性,即使发生了火灾也不至于造成太大的损失。另外,在灭火时应根据建筑耐火等级,充分利用各种有利条件赢得时间,有效地控制火势发展,顺利地扑灭火灾。

(四)气象条件对火灾发展变化的影响

大量火灾实例表明,风、湿度、气温、季节等气象条件对火势的发展和蔓延都有一定程度的影响,其中以风和湿度影响最大。

风对火势发展有决定性影响,尤其对露天火灾,风的影响更大。风速越大,对流速度越快,燃烧和蔓延速度也越快。风向改变,燃烧、蔓延方向也会随之改变。一般而言,火向顺风蔓延。但火场上的风向并不很稳定,火灾初起与火灾发展阶段的风向有时并不一致,可能会受到燃烧产生的热对流影响,出现反方向的强风,形成火的旋涡。大风天会形成飞火,迅速扩大燃烧范围。

可燃物的含水率与空气的湿度有关。干燥的可燃物易起火,燃烧速度也快;潮湿的可燃物不易起火。众所周知,在雨季,许多物体都呈潮湿状态,着火的可能性相对减小;而在干燥的季节,风干物燥,易于起火成灾,也易蔓延。

第二节　危险化学品基础知识

一、危险化学品定义和分类

(一)危险化学品的定义

危险品是指有爆炸、易燃、毒害、感染、腐蚀、放射性等危险特性,在运输、储存、生产、经营、使用和处置中,容易造成人身伤亡、财产损毁或环境污染而需要特别防护的物品。

一般认为,只要危险品为化学品,那么它就是危险化学品。

(二)危险化学品的分类

危险化学品品种繁多,其分类是一个比较复杂的问题。根据国家标准,有以下分类方法。

1. 按危险货物的危险性或最主要危险性分类

根据国家标准《危险货物分类和品名编号》(GB 6944—2012)和《危险货物品名表》(GB 12268—2012),将危险化学品分为以下几类:

(1)爆炸品

爆炸品指在外界条件作用下(如受热、摩擦、撞击等)能发生剧烈的化学反应,瞬间产生大量的气体和热量,使周围的压力急剧增大,发生爆炸,对周围环境、设备、人员造成破坏和伤害的物品。包括爆炸性物质、爆炸性物品和为产生爆炸或烟火实际效果而制造的前述两项中未提及的物质或物品。

(2)气体

气体指在50 ℃时蒸气压力大于300 kPa的物质,或在20 ℃时在101.3 kPa标准压力下完全是气态的物质。包括压缩气体、液化气体、溶解气体和冷冻液化气体、一种或多种气体与一种或多种其他类别物质的蒸气的混合物、充有气体的物品和烟雾剂。

易燃气体指在20 ℃和101.3 kPa条件下爆炸下限小于或等于13%的气体,或不论其爆燃性下限如何,其爆炸极限(燃烧范围)大于或等于12%的气体。

(3)易燃液体

易燃液体指易燃的液体或液体混合物,或是在溶液或悬浮液中有固体的液体,其闭杯试验闪点不高于60 ℃,或其开杯试验闪点不高于65.6 ℃。易燃液体还包括:在温度等于或高于其闪点的条件下提交运输的液体;以液态在高温条件下运输或提交运输、并在温度等于或低于最高运输温度下放出易燃蒸气的物资。

(4)易燃固体、易于自燃的物质、遇水放出易燃气体的物质

易燃固体指燃点低,对热、撞击、摩擦敏感,易被外部火源点燃,迅速燃烧,能散发有毒烟雾或有毒气体的固体。

易于自燃的物质指自燃点低,在空气中易于发生氧化反应放出热量,而自行燃烧的物品。如黄磷、二氯化钛等。

遇水放出易燃气体的物质,指与水相互作用易变成自燃物质或能放出达到危险数量的易燃气体的物质。如金属钠、氢化钾等。

(5)氧化性物质和有机过氧化物

氧化性物质是指本身未必燃烧,但通常因放出氧可能引起或促使其他物质燃烧的物质。如氯酸铵、高锰酸钾等。

有机过氧化物指含有两价过氧基结构的有机物质,该类物质为热不稳定物质,可能发生放热的自加速分解。如过氧化苯甲酰、过氧化甲乙酮等。

(6)毒性物质

毒性物质指经吞食、吸入或皮肤接触后可能造成死亡或严重受伤或健康损害的物质。如各种氰化物、砷化物、化学农药等。

(7)放射性物质

放射性物质指任何含有放射性核素且其活度浓度和放射性总活度都分别超过国家标准《放射性物质安全运输规程》(GB 11806—2019)规定的限值的物质。

(8)腐蚀性物质

腐蚀性物质指通过化学作用使生物组织接触时造成严重损伤,或在渗漏时会严重损害甚至毁坏其他货物或运载工具的物质。

(9)杂项危险物质和物品

杂项危险物质和物品指存在危险但不能满足其他类别定义的物质和物品。

2. 按化学品的危险性分类

根据国家标准《化学品分类和危险性公示 通则》(GB 13690—2009),危险化学品分为以下类别:

(1)爆炸物

爆炸物指包括爆炸性物质(或混合物)和含有一种或多种爆炸性物质(或混合物)的爆炸性物品。爆炸性物质(或混合物)其本身能够通过化学反应产生气体,而产生气体的温度、压力和速度能对周围环境造成破坏。

发火物质(或发火混合物)和包含一种或多种发火物质(或混合物)的烟火物品虽然不放出气体,但也纳入爆炸物范畴。

(2)易燃气体

易燃气体指在20 ℃和101.3 kPa标准压力下,爆炸下限小于或等于13%的气体,或不论其爆炸下限如何,其爆炸极限(燃烧范围)大于或等于12%的气体。

(3)易燃气溶胶

易燃气溶胶指气溶胶喷雾罐。该容器由金属、玻璃或塑料制成,不可重新罐装。内装强制压缩、液化或溶解的气体,包含或不包含液体、膏剂或粉末,配有释放装置,可使所装物质喷射出来,形成在气体中悬浮的固态或液态微粒或形成泡沫、膏剂或粉末或处于液态或气态。

(4)氧化性气体

氧化性气体指一般通过提供氧气,比空气更能导致或促使其他物质燃烧的任何气体。

(5)压力下气体

压力下气体指在压力等于或大于 200 kPa(表压)下装入贮器的气体,包括压缩气体、溶解气体、液化气体、冷冻液化气体。

(6)易燃液体

易燃液体指闪点不高于 93 ℃ 的液体。

(7)易燃固体

易燃固体指容易燃烧或通过摩擦可能引燃或助燃的固体,为粉状、颗粒状或糊状物质。

(8)自反应物质或混合物

自反应物质或混合物指即使没有氧(空气)也容易发生激烈放热分解的热不稳定液态或固态物质或者混合物。

自反应物质或混合物如果在试验室试验中其组分容易起爆、迅速爆燃或在封闭条件下加热时显示剧烈效应,应视为具有爆炸性质。

(9)自燃液体

自燃液体指即使数量小也能在与空气接触后 5 min 之内引燃的液体。

(10)自燃固体

自燃固体指即使数量小也能在与空气接触后 5 min 之内引燃的固体。

(11)自热物质和混合物

自热物质是与空气反应不需要能源供应就能够自己发热的固体或液体物质或混合物;这类物质或混合物与发火液体或固体不同,因为这类物质只有数量很大(千克级)并经过长时间(几小时或几日)才会燃烧。

(12)遇水放出易燃气体的物质或混合物

遇水放出易燃气体的物质或混合物指通过与水作用,容易具有自燃性或放出危险数量的易燃气体的固态或液态物质或混合物。

(13)氧化性液体

氧化性液体指本身未必燃烧,但通常因放出氧气可能引起或促使其他物质燃烧的液体。

(14)氧化性固体

氧化性固体指本身未必燃烧,但通常因放出氧气可能引起或促使其他物质燃烧的固体。

(15)有机过氧化物

有机过氧化物是热不稳定物质或混合物,容易放热自加速分解。另外,它们可能易于爆炸分解,迅速燃烧,对撞击或摩擦敏感,与其他物质发生危险反应。

(16)金属腐蚀剂

金属腐蚀剂指通过化学作用显著损坏或毁坏金属的物质或混合物。

二、常用危险化学品的危险特性

从消防工作的实际出发,下面概述各种常用危险化学品的危险特性。

（一）爆炸物

爆炸物的危险特性主要表现在当它受到摩擦、撞击、震动、高热或其他能量激发后,不仅能发生剧烈的化学反应,并在极短时间内释放出大量热量和气体导致爆炸性燃烧,而且燃爆突然,破坏作用强。爆炸品的危险特性主要有爆炸性、敏感性、殉爆、毒害性等。

（二）易燃气体

易燃气体的危险特性主要表现在以下七个方面：

1. 易燃易爆性

处于燃烧浓度范围之内的易燃气体,遇着火源都能着火或爆炸,有的甚至只需要极微小能量就可燃爆。易燃气体与易燃液体、固体相比,更容易燃烧,且燃烧速度快,一燃即尽。成分简单的气体比成分复杂的气体易燃、燃速快、火焰温度高、着火爆炸危险性大。

2. 扩散性

由于分子间距大,相互作用力小,气体非常容易扩散,能自发地充满任何容器。气体的扩散与气体对空气的相对密度和气体的扩散系数有关。比空气轻的易燃气体逸散在空气中时,可能无限制地扩散,与空气形成爆炸性混合物,并能够顺风飘移,迅速蔓延和扩展,遇火源则发生爆炸燃烧；比空气重的易燃气体泄漏出来时,往往聚集在地表、沟渠、隧道、房屋死角等处,长时间不散,易与空气在局部形成爆炸性混合物,遇到火源则发生燃烧或爆炸。同时,相对密度大的可燃性气体一般都有较大的发热量,在火灾条件下易于造成火势扩大。

3. 物理爆炸性

易燃气体有很大的压缩性,在压力和温度的影响下,易于改变自身的体积。储存于容器内的压缩气体特别是液化气体,受热膨胀后,压力会增大,当超过容器的耐压强度时,即会引起容器爆裂或爆炸。

4. 带电性

压力容器内的易燃气体（如氢气、乙烷、乙炔、天然气、液化石油气等）,当从容器、管道口或破损处高速喷出或放空速度过快时,由于强烈的摩擦作用,都容易产生静电而引起火灾或爆炸事故。

5. 腐蚀毒害性

主要是一些含氢、硫元素的气体具有腐蚀作用。如氢、氨、硫化氢等都能腐蚀设备,严重时可导致设备裂缝、漏气。除了氧气和压缩空气外,压缩气体和液化气体大多具有一定的毒害性。

6. 窒息性

气体具有一定的窒息性（氧气和压缩空气除外）。易燃易爆性和腐蚀毒害性易引起注意,而窒息性往往被忽视,尤其是不燃无毒气体,如二氧化碳、氮气及氦、氩等惰性气体,一旦发生泄漏,均能使人窒息死亡。

7. 氧化性

有些压缩气体氧化性很强，与可燃气体混合后能发生燃烧或爆炸。例如，氯气与乙炔混合即可爆炸，氯气与氢气见光可爆炸，氟气遇氢气即爆炸，油脂接触氧气能自燃，铁在氧气、氯气中也能燃烧。

（三）易燃液体

易燃液体的危险特性主要表现在以下六个方面：

1. 易燃易爆性

由于易燃液体的沸点都很低，易燃液体很容易挥发出易燃蒸气，其闪点低、自燃点也低，且着火所需的能量极小。因此，易燃液体都具有高度的易燃易爆性，这是易燃液体的主要特性。

2. 蒸发性

易燃液体由于自身分子的运动，都具有一定的挥发性，挥发的蒸气易与空气形成爆炸性混合物。所以易燃液体存在着爆炸的危险性。挥发性越强，爆炸的危险就越大。

3. 热膨胀性

易燃液体的膨胀系数一般都较大，储存在密闭容器中的易燃液体，受热后在本身体积膨胀的同时会使蒸气压力增大，导致容器内部压力增大，若超过了容器所能承受的压力限度，就会造成容器鼓胀，甚至破裂。而容器的突然破裂，大量液体在涌出时极易产生静电火花从而导致火灾、爆炸事故。

此外，对于沸程较宽的重质油品，由于其黏度大，油品中含有乳化水或悬浮状态的水，或者在油层下有水层，发生火灾后，在热波作用下产生的高温层作用可能导致油品发生沸溢或喷溅。

4. 流动性

液体流动性的强弱主要取决于液体本身的黏度。液体的黏度越低，其流动性就越强。黏度高的液体随着温度升高而流动性增强。易燃液体大多是黏度较低的液体，一旦泄漏，便会很快向四周流动扩散和渗透，扩大其表面积，加快蒸发速度，使空气中的蒸气浓度升高，火灾爆炸危险性增大。

5. 静电性

多数易燃液体在灌注、输送、流动过程中能够产生静电，静电积聚到一定程度时就会放电，引起着火或爆炸。

6. 毒害性

多数易燃液体及其蒸气具有毒害性。不饱和、芳香族碳氢化合物和易蒸发的石油产品比饱和的碳氢化合物、不易挥发的石油产品的毒性大。

（四）易燃固体

易燃固体的危险特性主要表现在以下四个方面：

1. 燃点低，易点燃

易燃固体由于其熔点低，受热时容易熔解蒸发或汽化，因而易着火，燃烧速度也较快。某些低熔点的易燃固体还有闪燃现象。易燃固体由于其燃点低，在能量较小的热源或受撞击、摩擦等作用下,会很快受热达到燃点而着火,且着火后燃烧速度快,极易蔓延扩大。

2. 遇酸、氧化剂易燃易爆

绝大多数易燃固体遇无机酸性腐蚀品、氧化剂等能够立即引起燃烧或爆炸。如萘与发烟硫酸接触反应非常剧烈,甚至引起爆炸;红磷与氯酸钾,硫黄粉与过氧化钠或氯酸钾,稍经摩擦或撞击,都会引起燃烧或爆炸。

3. 自燃性

易燃固体的自燃点一般都低于易燃液体和气体的自燃点。由于易燃固体热解温度都较低,有的物质在热解过程中,能放出大量的热使温度上升到自燃点而引起自燃,甚至在绝氧条件下也能分解燃烧,一旦着火,燃烧猛烈,蔓延迅速。

4. 本身或燃烧产物有毒

很多易燃固体本身具有毒害性,或燃烧后能产生有毒的物质。例如,人的皮肤与硫黄接触能引起中毒,而吸入硫黄粉尘也能引起中毒;硝基化合物等燃烧时会产生一氧化碳等有毒气体。

(五)自燃固体和自燃液体

自燃物质(包括自燃固体和自燃液体)的危险特性主要表现在以下三个方面:

1. 遇空气自燃性

自燃物质大部分化学性质非常活泼,具有极强的还原性,接触空气后能迅速与空气中的氧化合,并产生大量热量,达到自燃点而着火。接触氧化剂和其他氧化性物质反应会更加剧烈,甚至爆炸。

2. 遇湿易燃易爆性

硼、锌、锑、铝的烷基化合物类的自燃物质,除在空气中能自燃外,遇水或受潮还能分解自燃或爆炸。

3. 积热分解自燃性

硝化纤维及其制品由于本身含有硝酸根,化学性质很不稳定,在常温下就能缓慢分解放热。当堆积在一起或仓库通风不良时,分解产生的热量越积越多,当温度达到其自燃点就会引起自燃,火焰温度可达1 200 ℃,并伴有有毒和刺激性气体放出。而且由于其分子中含有$-ONO_2$基团,具有较强的氧化性,一旦发生分解,在空气不足的条件下也会发生自燃,在高温下,即使没有空气也会因自身含有氧而分解燃烧。

(六)遇水放出易燃气体的物质

遇水放出易燃气体的物质的危险特性主要表现在以下四个方面:

1. 遇水易燃易爆性

遇水放出易燃气体的物质遇水或受潮后,发生剧烈的化学反应使水分解,夺取水中的氧与之化合,放出可燃气体和热量。当可燃气体在空气中接触明火或反应放出的热量达到引燃温度时就会发生燃烧或爆炸。

2. 遇氧化剂、酸着火爆炸性

遇水放出易燃气体的物质遇氧化剂、酸性溶剂时,反应更剧烈,更易引起燃烧或爆炸。

3. 自燃危险性

有些遇水放出易燃气体的物质不仅有遇水易燃易爆性,而且还有自燃性。例如,金属粉末类的锌粉、铝镁粉等,在潮湿空气中能自燃,与水接触,特别是在高温下反应剧烈,能放出氢气和热量;碱金属、硼氢化物,放置于空气中即具有自燃性;氢化钾遇水能生成易燃气体并放出大量的热量而具有自燃性。

4. 毒害性和腐蚀性

许多遇水放出易燃气体的物质本身具有一定毒性和腐蚀性。

(七)氧化性物质

氧化性物质(包括氧化性液体和氧化性固体)的危险特性主要表现在以下三个方面:

1. 强烈的氧化性

氧化性物质多数为碱金属、碱土金属的盐或过氧化基所组成的化合物,其氧化价态高,金属活泼性强,易分解,有极强的氧化性。氧化性物质的分解主要有以下几种情况:受热或撞击摩擦分解、与酸作用分解、遇水或二氧化碳分解、强氧化剂与弱氧化剂作用复分解。

2. 可燃性

氧化性物质除具有强氧化性外,本身还是可燃的,遇火会引起燃烧。

3. 混合接触着火爆炸性

强氧化性物质与具有还原性的物质混合或接触后,有的形成爆炸性混合物,有的立即引起燃烧;氧化性物质与强酸混合或接触后会生成游离的酸或酸酐,呈现极强的氧化性,当与有机物接触时,能发生爆炸或燃烧;氧化性物质相互之间接触也可能引起燃烧或爆炸。

(八)有机过氧化物

有机过氧化物的危险特性主要表现在三个方面:分解爆炸性、易燃性、伤害性。其危险性主要取决于过氧基含量和分解温度。

(九)毒性物质

大多数毒性物质遇酸、受热分解放出有毒气体或烟雾。其中有机毒性物质具有可燃性,遇明火、热源与氧化剂会着火爆炸,同时放出有毒气体。液态毒性物质还易于挥发、渗漏和污染环境。

毒性物质的危险特性主要是毒害性。毒害性主要表现为对人体或其他动物的伤害,引起人体或其他动物中毒的主要途径是呼吸道、消化道和皮肤,造成人体或其他动物发生呼吸中毒、消化中毒、皮肤中毒。除此之外,大多数毒性物质具有一定的火灾危险性。如无机毒性物质中,锑、汞、铅等金属的氧化物大多具有氧化性;有机毒性物质中有200多种是透明或油状易燃液体,具有易燃易爆性;大多数毒性物质遇酸或酸雾能分解并放出极毒的气体,有的气体不仅有毒,而且有易燃和自燃危险性,有的甚至遇水会发生爆炸;芳香族含2、4位两个硝基的氯化物,萘酚、酚钠等化合物,遇高热、明火、撞击有发生燃烧爆炸的危险。

(十)腐蚀性物质

腐蚀性物质的危险特性主要表现在以下三个方面:

1. 腐蚀性

腐蚀性物质的腐蚀性主要是对人体的伤害、对有机物的破坏、对金属的腐蚀。

2. 毒害性

在腐蚀性物质中,有一部分能挥发出有强烈腐蚀和毒害性的气体。

3. 火灾危险性

腐蚀性物质的火灾危险性主要体现在氧化性、易燃性、遇水分解易燃性方面。

第三节　消防水力学基础知识

一、水的性质

水是无嗅无味的液体,它不仅取用方便,分布广泛,在化学上呈中性,无毒,而且冷却效果非常好。因此,水是最常用、最主要的灭火剂。

(一) 水的基本特性

水有固体、液体和气体三种形态。液体与固体的主要区别是液体容易流动,液体与气体的主要区别是液体体积不易压缩。水在常温下为液体,在常压下、水温超过100 ℃时,蒸发成气体,即水蒸气;水温下降到0 ℃时,凝结成固体,即冰。

1. 水的比热容

水温升高1 ℃,单位体积的水需要吸收的热量,称为水的比热容。若将水的比热容作为1,则其他液体的比热容均小于1,水比任何液体的比热容都大。1 L水温度升高1 ℃,需要吸收4 200 J的热量。若将1 L常温(20 ℃)的水喷洒到火源处,使水温升到100 ℃,则要吸收热量336 kJ。水的比热容大,因而用水灭火、冷却效果最好。

2. 水的汽化热

单位体积的水由液体变成气体需要吸收的热量称为水的汽化热。水的汽化热很大,1 L 100 ℃的水变成100 ℃的水蒸气,需要吸收2 264 kJ的热量。因此,将水喷洒到火源处,使水迅速汽化成蒸汽,具有良好的冷却降温作用。同时,水变成蒸汽时体积扩大。1 L水变成水蒸气后体积扩大1 725倍,且水蒸气化学性质不活跃,占据燃烧区空间,具有隔绝空气的窒息灭火作用。试验得知,水蒸气占燃烧区的体积达35%时,火焰就将熄灭。

3. 水的冰点

当温度下降到0 ℃时,纯净的水开始凝结成冰,释放出热量336 kJ/L。水结成冰,由液体变成固体,水分子间的距离增大,体积随之扩大。因此,在冬季应对消防给水管道和储水容器进行保温,以免水结成冰时体积扩大,致使消防设备损坏。

处于流动状态的水不易结冰,因为水的部分动能将转化为热能。因此,为了不使水带内的水冻结成冰,在冬季火场上,当消防员需要转移阵地时,不要关闭水枪。若需要关闭时,应关小射流,使水仍处于流动状态。

(二)水的主要物理性质

在水力学中,与水运动有关的主要有以下物理性质:

1. 惯性、密度和容重

水与任何物体一样,具有保持原有运动状态的特性,即惯性。惯性的大小以质量来度量,质量越大的物体,惯性也越大。单位体积内物质所具有的质量称为密度,单位体积内物质所具有的重量称为容重。不同液体的密度和容重各不相同,同一种液体的密度和容重又随温度和压强而变化。在正常大气压强条件下,水在不同温度时的容重见表 2-3-1。水在 4 ℃时容重最大,此时 1L 纯净水的质量为 1 kg。

表 2-3-1　　　　　　　　　　水在不同温度时的容量

温度/℃	0	4	10	20	30	40	60	100
容重/(N·m^{-3})	9 806	9 807	9 801	9 789	9 764	9 730	9 642	9 399

2. 黏滞性

当液体(水)在流动时,液体质点之间(水分子之间、水分子与固体壁面之间)存在着相对运动,质点间要产生内摩擦力抵抗其相对运动,即显示出黏滞性阻力,又称为黏滞力,水的这种阻抗变形运动的特性就称为黏滞性。液体运动一旦停止,这种阻力就立即消失。因此,黏滞性在液体静止或平衡时是不显示作用的。

如图 2-3-1 所示(图中每根带箭头的线段的长度表示该点流速的大小),液体沿着一个固体平面壁做平行的直线运动,且液体质点有规则地一层一层向前运动而不互相混掺(层流运动)。由于黏滞性的作用,靠近壁面附近流速较小,远离壁面处流速较大,因而过水断面上不同液层的流速分布是不均匀的。水流过水断面上会形成不均匀的流速分布是因为水的黏滞性,也就是两个流层之间将成对地产生内摩擦力。对于水流而言,下面一个水层对上面一个水层作用一个与流速方向相反的摩擦力,上面一个水层对下面一个水层作用一个与流速方向一致的摩擦力,这两个摩擦力大小相等、方向相反,都具有抗拒其相对运动的性质。

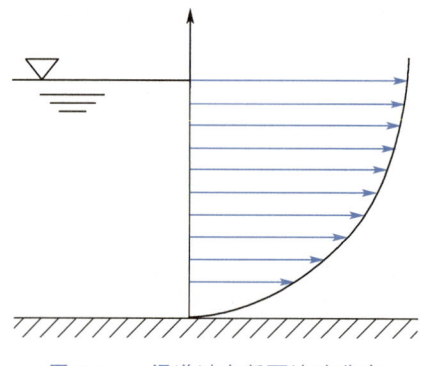

图 2-3-1　渠道过水断面流速分布

水在管道或水带内流动需要克服内摩擦力,因此会产生能量的损失,即水自一断面流至另一断面损失的机械能,称为水头损失。如果水头损失沿程都有并随沿程长度而增加,称为沿程水头损失;如果局部的阀门、水表等引起水流流速分布改组过程中液体质点相对运动加强,则内摩擦力增大,产生较大的能量损失,这种能量损失时发生在局部范围内,称为局部水头损失。某一流段沿程水头损失和局部水头损失的总和称为总水头损失。

3. 压缩性

液体不能承受拉力,但可以承受压力。液体受压后体积要缩小,压力撤除后也能恢复原状,这种性质称为液体的压缩性或弹性。水的体积随压力增大而减小的性质称为水的压缩性。根据试验,把温度为 20 ℃在 0.1 MPa 压力作用下的水体积作为 1,不同压力时的水体积见表 2-3-2。

表 2-3-2　　　　　　　　温度为 20 ℃不同压力时的水体积

压力/MPa	0.1	10	20	30	40	50
水体积	1.000 0	0.994 3	0.989 7	0.985 3	0.981 0	0.976 6

从表 2-3-2 中可以看出,水的压缩性很小。因此,通常把水看成不可压缩的液体,但对个别特殊情况,水的压缩性不能忽略。例如,水枪上的开关在突然关闭时会产生一种水击现象,在研究这一问题时,就必须考虑水的压缩性。

4. 膨胀性

水的体积随水温升高而增大的性质称为水的膨胀性。根据试验,在常压下 10~20 ℃的水,温度升高 1 ℃,水的体积增大 0.15‰;在常压下 70~95 ℃的水,温度升高 1 ℃,水的体积增大 0.6‰。可以看出,温度升高,而水的体积变化较小。因此,在消防设计和火场供水中水的膨胀性均可略去不计。

(三)水的化学性质

1. 水的分解

水由氢、氧两种元素组成。灭火时,消防射流触及高温设备,水滴瞬间汽化,体积突然扩大,会造成物理性爆炸事故。当水蒸气温度继续上升至超过 1 500 ℃时,水蒸气会迅速分解为氢气和氧气。

$$2H_2O \rightarrow 2H_2 \uparrow + O_2 \uparrow$$

氢气为可燃气体,氧气为助燃气体,氢气和氧气相混合,形成混合气体,在高温下极易发生化学性爆炸,其爆炸范围广,爆炸威力大。若无可靠的防范措施,就会造成火灾爆炸事故。

2. 水与活泼金属反应

水与活泼金属锂、钾、钠、锶、钾钠合金等接触,将发生强烈反应。这些活泼金属与水化合时,夺取水中的氧原子,放出氢气和大量的热量,使释放出来的氢气与空气中的氧气相混合形成爆炸性混合物,发生自燃或爆炸。

$$2Na + 2H_2O \rightarrow 2NaOH + H_2 \uparrow + 热量$$

3. 水与金属粉末反应

水与锌粉、镁铝粉等金属粉末接触,在火场高温情况下反应较剧烈,放出氢气,会助长火势扩大和火灾蔓延。

$$Zn+H_2O \rightarrow ZnO+H_2\uparrow$$

金属铝粉和镁粉相互混合的镁铝粉与水接触，比水单独与镁粉或铝粉接触反应强烈得多。水与镁粉或铝粉单独接触时，在反应过程中生成不溶于水的氢氧化铝和氢氧化镁沉淀，而氢氧化铝和氢氧化镁是不燃烧的薄膜，覆盖在金属表面，阻碍着铝粉和镁粉的继续燃烧。而水与镁铝粉接触，则同时生成偏铝酸镁。偏铝酸镁溶解于水，因而使镁铝粉表面不能形成不燃的薄膜，使水与镁铝粉无障碍地继续反应，放出氢气和大量的热量，这在火场上会助长燃烧或发生爆炸现象。

$$Mg(OH)_2+2Al(OH)_3 \rightarrow Mg(AlO_2)_2+4H_2O\uparrow$$
$$2Al+6H_2O \rightarrow 2Al(OH)_3+3H_2\uparrow + 热量$$

4. 水与金属氢化物反应

水与氢化锂、氢化钠、四氢化锂铝、氢化钙、氢化铝等金属氢化物接触，氢化物中的金属原子与水中的氧原子结合，则氢化物和水中的氢原子放出，产生大量的氢气，会助长火势。

$$NaH+H_2O \rightarrow NaOH+H_2\uparrow + 热量$$
$$AlH_3+3H_2O \rightarrow Al(OH)_3+3H_2\uparrow$$

由此可见，水与某些化学物质接触，有可能发生自燃，释放出可燃气体和大量热量以及有毒气体等，从而引起燃烧或爆炸。因此，在扑救火灾时应根据物质的性质，采取相应的灭火剂。

二、水的灭火机理

（一）水的灭火作用

根据水的性质，水的灭火作用主要有冷却、窒息、稀释、分离、乳化等，灭火时往往是几种作用的共同结果，但冷却发挥着主要作用。

1. 冷却作用

由于水的比热容大，汽化热高，而且水具有较好的导热性，因而当水与燃烧物接触或流经燃烧区时，将被加热或汽化，吸收热量，从而使燃烧区温度大大降低，以致燃烧中止。

2. 窒息作用

水的汽化将在燃烧区产生大量水蒸气占据燃烧区，可阻止新鲜空气进入燃烧区，降低燃烧区氧的浓度，使可燃物得不到氧的补充，导致燃烧强度减弱直至中止。

3. 稀释作用

水本身是一种良好的溶剂，可以溶解水溶性甲、乙、丙类液体，如醇、醛、醚、酮、酯等。因此，当此类物质起火后，如果容器的容量允许或可燃物料流散，可用水予以稀释。由于可燃物浓度降低，可燃蒸气量减少，燃烧减弱。当可燃液体的浓度降到可燃浓度以下时，燃烧即中止。

4. 分离作用

经灭火器具(尤其是直流水枪)喷射形成的水流有很大的冲击力,这样的水流遇到燃烧物时将使火焰产生分离,这种分离作用一方面使火焰"端部"得不到可燃蒸气的补充,另一方面使火焰"根部"失去维持燃烧所需的热量,使燃烧中止。

5. 乳化作用

非水溶性可燃液体的初起火灾,在未形成热波之前,以较强的水雾射流或滴状射流灭火,可在液体表面形成"油包水"型乳液,乳液的稳定程度随可燃液体黏度的提高而提高,重质油品甚至可以形成含水油泡沫。水的乳化作用可使液体表面受到冷却,使可燃蒸气产生的速度减慢,致使燃烧中止。

(二)消防射流

1. 消防射流的形式

消防射流是指灭火时由消防射水器具喷射出来的高速水流。常见的射流类型有密集射流和分散射流两种类型。

(1)密集射流

高压水流经过直流水枪喷出,形成结实的射流称为密集射流。密集射流靠近水枪口处的射流密集而不分散,离水枪口较远处射流逐渐分散。密集射流耗水量大,射程远,冲击力大,机械破坏力强。建(构)筑物室内消火栓给水系统中配备的直流水枪和消防车上使用的直流水枪,都是以密集射流扑救火灾。

(2)分散射流

高压水流经过离心作用、机械撞击或机械强化作用使水流分散成点滴状态离开消防射水器具,形成扩散状或幕状射流,称为分散射流。分散射流根据其水滴粒径可分为喷雾射流和开花射流。

2. 消防射水器具

消防射水器具是把水按需要的形状有效地喷射到燃烧物上的灭火器具,包括消防水枪和消防水炮。

(1)消防水枪

消防水枪是指由单人或多人携带和操作的以水作为灭火剂的喷射管枪。消防水枪根据消防射流形式和特征可分为直流水枪、喷雾水枪、开花水枪、多用水枪等。

(2)消防水炮

消防水炮是大型号的消防水枪,与消防水枪的最大差异在于其非手持性。习惯上将流量大于 16 L/s 的射水设备定义为消防水炮。消防水炮一般安装在消防车、消防艇上或油罐区、港口码头等场所。当发生大规模、大面积火灾时,由于强烈的热辐射和浓烟,消防员难以接近火源实施射水活动,或遇大风消防水枪射流会被冲散,在这些情况下,需要采用流量大、有效射程远的消防水炮进行灭火。

第四节　建筑消防基础知识

为确保建筑物的消防安全,在建造时应从防火(爆)、控火、耐火、避火、探火、灭火、防烟等方面预先采取相应的消防技术措施。防火主要是在建筑总平面布局、建筑构造、建筑构件材料选取等环节破坏燃烧或爆炸条件;控火是在建筑内部划分防火分区,将火控制在局部范围内,阻止火势蔓延扩大;耐火是要求建筑物应有一定的耐火等级,保证在火灾高温的持续作用下,建筑主要构件在一定时间内不被破坏,不传播火灾,避免建筑结构失效或发生倒塌;避火是设置安全疏散设施,保证人员及时疏散;探火是安装火灾自动报警系统,做到在早期发现火灾;灭火是在建筑内设置消防给水、灭火系统和灭火器材等,一旦发生火灾,及时灭火,最大限度地减小火灾损失;防烟是安装防排烟设施,及时排除火灾时产生的有毒烟气。

一、建筑物的分类及构造

建筑物是指供人们生产、生活、工作、学习,以及进行各种文化、体育、社会活动的房屋和场所。

(一)建筑物的分类

建筑物可从不同角度划分为以下类型:

1. 按建筑物内是否有人员进行生产、生活活动分类

(1)建筑物

直接供人们在其中生产、生活、工作、学习或从事文化、体育、社会等其他活动的房屋称为建筑物,如厂房、住宅、学校、影剧院、体育馆等。

(2)构筑物

间接地为人们提供服务或为了工程技术需要而设置的设施称为构筑物,如隧道、水塔、桥梁、堤坝等。

2. 按建筑物的使用性质分类

(1)民用建筑

民用建筑指非生产性建筑。如居住建筑、商业建筑、体育场馆、客运车站候车室、办公楼、教学楼等。民用建筑按其使用性质、火灾危险性、疏散和扑救难度等分类,详见表2-4-1。

表 2-4-1　　　　　　　　　　民用建筑的分类

名　称	高层民用建筑		单、多层民用建筑
	一　类	二　类	
住宅建筑	建筑高度大于 54 m 的住宅建筑(包括设置商业服务网点的住宅建筑)	建筑高度大于 27 m,但不大于 54 m 的住宅建筑(包括设置商业服务网点的住宅建筑)	建筑高度不大于 27 m 的住宅建筑(包括设置商业服务网点的住宅建筑)
公共建筑	(1)建筑高度大于 50 m 的公共建筑 (2)建筑高度 24 m 以上部分任一楼层建筑面积大于 1 000 m² 的商店、展览、电信、邮政、财贸金融建筑和其他多种功能组合的建筑 (3)医疗建筑、重要公共建筑、独立建造的老年人照料设施 (4)省级及以上的广播电视和防灾指挥调度建筑、网局级和省级电力调度建筑 (5)藏书超过 100 万册的图书馆、书库	除住宅建筑和一类高层公共建筑外的其他高层建筑	(1)建筑高度大于 24 m 的单层建筑 (2)建筑高度不大于 24 m 的其他民用建筑

注:表中未列入的建筑,其类别应根据本表类比确定。

(2)工业建筑

工业建筑指生产性建筑。如生产厂房和库房、发变配电建筑等。工业建筑按生产类别及储存物品类别的火灾危险性特征,分为甲、乙、丙、丁、戊类五种类别,具体见国家标准《建筑设计防火规范》(GB 50016－2014)(2018 年版)的有关规定。

(3)农业建筑

农业建筑指农副业生产建筑。如粮仓、禽畜饲养场等。

3.按建筑结构分类

(1)木结构建筑

木结构建筑指承重构件全部用木材建造的建筑。

(2)砖木结构建筑

砖木结构建筑指用砖(石)做承重墙,用木材做楼板、屋架的建筑。

(3)砖混结构建筑

砖混结构建筑指用砖墙、钢筋混凝土楼板、钢(木)屋架或钢筋混凝土屋面板建造的建筑。

(4)钢筋混凝土结构建筑

钢筋混凝土结构建筑指主要承重构件全部采用钢筋混凝土的建筑。如采用装配式大板、大模板、滑模等工业化方法建造的建筑,用钢筋混凝土建造的大跨度、大空间结构的建筑。

(5)钢结构建筑

钢结构建筑指主要承重构件全部采用钢材建造的建筑。钢结构建筑多用于工业建筑和临时建筑。

4. 按建筑承重构件的制作方法、传力方式及使用的材料分类

(1)砌体结构建筑

砌体结构建筑的砌体结构竖向承重构件采用砌块砌筑的墙体,水平承重构件为钢筋混凝土楼板及屋顶板。一般多层建筑常采用砌体结构。

(2)框架结构建筑

框架结构建筑的承重部分构件采用钢筋混凝土或钢板制作的梁、柱、楼板形成的骨架,墙体不承重而只起围护和分隔作用。框架结构的特点是建筑平面布置灵活,可以形成较大的空间,能满足各类建筑不同的使用和生产工艺要求,且梁柱等构件易于预制,便于工厂制作加工和机械化施工,常用于高层和多层建筑中。

(3)钢筋混凝土板墙结构建筑

钢筋混凝土板墙结构建筑的竖向承重构件和水平承重构件均为钢筋混凝土制作,施工时采用浇注或现场吊装的方式。钢筋混凝土板墙结构常用于高层和多层建筑中。

(4)特种结构建筑

特种结构建筑的承重构件采用网架、悬索、拱或壳体等形式。如影剧院、体育馆、展览馆、会堂等大跨度建筑常采用特种结构建造。

5. 按建筑高度分类

(1)高层建筑

高层建筑指建筑高度大于 27 m 的住宅建筑和其他建筑高度大于 24 m 的非单层建筑。我国将建筑高度超过 100 m 的高层建筑称为超高层建筑。

(2)单、多层建筑

单、多层建筑包括 27 m 以下的住宅建筑、建筑高度不超过 24 m(或已超过 24 m 但为单层)的公共建筑和工业建筑。

(3)地下建筑

地下建筑指在地下通过开挖、修筑而成的建筑空间,其外部由岩石或土层包围,只有内部空间,无外部空间。

(二)建筑物的构造

各种不同类型的建筑物,尽管它们在结构形式、构造方式、使用要求、空间组合、外形处理及规模等方面各有其特点,但构成建筑物的主要部分都是由基础、墙或柱、楼板、楼梯、门窗和屋顶等部分构成。如图 2-4-1 所示为民用建筑的构造。此外,一般建筑物还有台阶、坡道、阳台、雨篷、散水以及其他各种配件和装饰部分等。

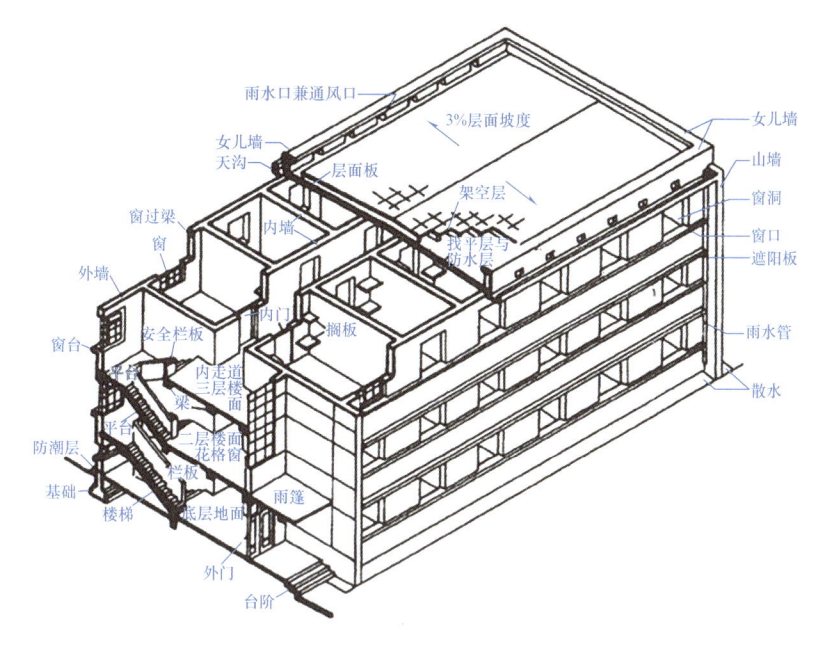

图 2-4-1 民用建筑的构造

二、建筑材料的分类及燃烧性能等级

（一）建筑材料的分类

建筑材料是指单一物质或若干物质均匀散布的混合物。建筑材料因其组分各异、用途不一，其种类繁多。

1. 按材料的化学构成分类

建筑材料按材料的化学构成不同，分为无机材料、有机材料和复合材料三大类。

（1）无机材料

无机材料包括混凝土与胶凝材料类、砖类、天然石材与人造石材类、建筑陶瓷与建筑玻璃类、石膏制品类、无机涂料类、建筑金属及五金类等。无机材料一般都是不燃性材料。

（2）有机材料

有机材料包括建筑木材类、建筑塑料类、有机涂料类、装修性材料类、功能性材料类等。有机材料的特点是质量轻，隔热性好，耐热，不易发生裂缝和爆裂等，热稳定性比无机材料差，且一般都具有可燃性。

（3）复合材料

复合材料是将有机材料和无机材料结合起来的材料，如复合板材等。复合材料一般都含有一定的可燃成分。

2. 按在建筑中的主要用途分类

建筑材料按在建筑中的主要用途不同，分为结构材料、构造材料、防水材料、地面材料、装修材料、绝热材料、吸声材料、卫生工程材料、防火材料等。

（二）建筑材料的燃烧性能等级

1. 建筑材料的燃烧性能的含义

建筑材料的燃烧性能是指当材料燃烧或遇火时所发生的一切物理和（或）化学变化。

建筑材料的燃烧性能是依据在明火或高温作用下,材料表面的着火性和火焰传播性、发烟、炭化、失重以及毒性生成物的产生等特性来衡量的,它是评价材料防火性能的一项重要指标。

2. 建筑材料的燃烧性能等级

根据材料燃烧火焰传播速率、材料燃烧热释放速率、材料燃烧热释放量、材料燃烧烟气浓度、材料燃烧烟气毒性等材料的燃烧特性参数,国家标准《建筑材料及制品燃烧性能分级》(GB 8624－2012),将建筑材料及制品的燃烧性能分为 A、B_1、B_2、B_3 四个等级,见表 2-4-2。

表 2-4-2　　　　　　　　　建筑材料及制品的燃烧性能等级

燃烧性能等级	名　　称
A	不燃材料(制品)
B_1	难燃材料(制品)
B_2	可燃材料(制品)
B_3	易燃材料(制品)

三、建筑构件的燃烧性能和耐火极限

建筑构件是指构成建筑物的基础、墙或柱、楼板、楼梯、门窗、屋顶等的各个部分。建筑构件的燃烧性能和耐火极限是判定建筑构件承受火灾能力的两个基本要素。

(一)建筑构件的燃烧性能

建筑构件的燃烧性能是由制成建筑构件的材料的燃烧性能来决定的。因此,建筑构件的燃烧性能取决于制成建筑构件的材料的燃烧性能。根据建筑材料的燃烧性能,建筑构件的燃烧性能分为以下三类:

1. 不燃烧体

不燃烧体指用不燃材料做成的建筑构件。如砖墙体、钢筋混凝土梁或楼板、钢屋架等构件。

2. 难燃烧体

难燃烧体指用难燃材料做成的建筑构件或用可燃材料做成而用不燃材料做保护层的建筑构件。如经阻燃处理的木质防火门、木龙骨板条抹灰隔墙体、水泥刨花板等。

3. 燃烧体

燃烧体指用可燃材料做成的建筑构件。如木柱、木屋架、木梁、木楼板等构件。

(二)建筑构件的耐火极限

建筑构件起火或受热失去稳定性,能使建筑物倒塌破坏,造成人员伤亡和损失增大。为了安全疏散人员、抢救物质和扑灭火灾,要求建筑物应具有一定的耐火能力。建筑物耐火的能力取决于建筑构件的耐火极限。

1. 建筑构件的耐火极限的含义

建筑构件的耐火极限是指在标准耐火试验条件下,建筑构件、配件或结构从受到火的作用时起,到失去稳定性、完整性或隔热性时止的这段时间,一般用小时(h)表示。

2. 建筑构件是否达到耐火极限的判定条件

判定建筑构件是否达到耐火极限有以下三个条件,当任一条件出现时,都表明该建筑

构件达到了耐火极限:

(1) 失去稳定性

失去稳定性即构件失去支持能力,是指构件在受到火焰或高温作用下,由于构件材质性能的变化,自身解体或垮塌,承载能力和刚度降低,承受不了原设计的荷载而破坏。如受火作用后钢筋混凝土梁失去支承能力、非承重构件自身解体或垮塌等。

(2) 失去完整性

失去完整性即构件完整性被破坏,是指薄壁分隔构件在火灾高温作用下,发生爆裂或局部塌落,形成穿透裂缝或孔隙,火焰穿过构件,使其背火面可燃物起火。如受火作用后的板条抹灰墙,内部可燃木条先行自燃,一定时间后其背火面的抹灰层龟裂脱落,引起燃烧起火。

(3) 失去隔热性

失去隔热性即构件失去隔火作用,是指具有分隔作用的构件,背火面任一点的温度达到 220 ℃时,构件失去隔火作用。以背火面温度升高到 220 ℃作为界限,主要是因为构件上如果出现穿透裂缝,火能通过裂缝蔓延;或者构件背火面的温度达到 220 ℃,这时虽然没有火焰过去,但这种温度已经能够使靠近构件背面的纤维制品自燃了,如纤维系列的棉花、纸张、化纤品等一些燃点较低的可燃物烤焦以致起火。

3. 主要构件耐火极限的影响因素

墙的耐火极限与其材料和厚度有关。柱的耐火极限与其材料及截面尺度有关。钢柱虽为不燃烧体,但有、无保护层可使其耐火极限差别很大。钢筋混凝土柱和砖柱都属不燃烧体,其耐火极限是随其截面的加大而上升。现浇整体式肋形钢筋混凝土楼板为不燃材料,其耐火极限取决于钢筋保护层的厚度。

四、建筑耐火等级

(一) 建筑耐火等级的含义

建筑耐火等级指根据有关规范或标准的规定,建筑物、构筑物或建筑构件、配件、材料所应达到的耐火性分级。建筑耐火等级是衡量建筑物耐火程度的标准,它是由组成建筑物的墙、柱、梁、楼板等主要构件的燃烧性能和最低耐火极限决定的。

(二) 建筑耐火等级的划分

1. 建筑耐火等级划分的目的

划分建筑耐火等级的目的,在于根据建筑物的不同用途提出不同的耐火等级要求,做到既有利于安全,又有利于节约投资。大量火灾案例表明,耐火等级高的建筑,火灾时烧坏、倒塌的很少,造成的损失也小;而耐火等级低的建筑,火灾时不耐火,燃烧快,损失也大。因此,为了确保基本建筑构件能在一定的时间内不被破坏、不传播火焰,从而起到延缓或阻止火势蔓延的作用,并为人员的疏散、物资的抢救和火灾的扑灭赢得时间,以及为火灾后结构修复创造条件,应根据建筑物的使用性质确定其相应的耐火等级。

2. 建筑耐火等级划分的依据

我国现行有关标准选择楼板作为确定建筑构件耐火极限的基准。因为在诸多建筑构件中楼板是最具代表性的一种构件。它作为直接承受人和物的构件,其耐火极限的高低对建筑物的损失和室内人员在火灾情况下的疏散有极大的影响。在制定分级标准时,首先确定各耐火等级建筑物中楼板的耐火极限,然后将其他建筑构件与楼板相比较,在建筑结构中所占的地位比楼板重要者,其耐火极限应高于楼板;比楼板次要者,其耐火极限可适当降低。

3. 建筑耐火等级的划分

按照国家标准《建筑设计防水规范》(GB 50016－2014)(2018 年版),民用建筑的耐火等级分为一、二、三、四级。不同耐火等级民用建筑相应构件的燃烧性能和耐火极限不应低于表 2-4-3 的规定。

表 2-4-3　　不同耐火等级民用建筑相应构件的燃烧性能和耐火极限　　　　　　h

构件名称		耐火等级			
		一级	二级	三级	四级
墙	防火墙	不燃性 3.00	不燃性 3.00	不燃性 3.00	不燃性 3.00
	承重墙	不燃性 3.00	不燃性 2.50	不燃性 2.00	难燃性 0.50
	非承重外墙	不燃性 1.00	不燃性 1.00	不燃性 0.50	可燃性
	楼梯间和前室的墙 电梯井的墙 住宅建筑单元之间的墙和分户墙	不燃性 2.00	不燃性 2.00	不燃性 1.50	难燃性 0.50
	疏散走道两侧的隔墙	不燃性 1.00	不燃性 1.00	不燃性 0.50	难燃性 0.25
	房间隔墙	不燃性 0.75	不燃性 0.50	难燃性 0.50	难燃性 0.25
柱		不燃性 3.00	不燃性 2.50	不燃性 2.00	难燃性 0.50
梁		不燃性 2.00	不燃性 1.50	不燃性 1.00	难燃性 0.50
楼板		不燃性 1.50	不燃性 1.00	不燃性 0.50	可燃性
屋顶承重构件		不燃性 1.50	不燃性 1.00	可燃性 0.50	可燃性
疏散楼梯		不燃性 1.50	不燃性 1.00	不燃性 0.50	可燃性
吊顶(包括吊顶搁栅)		不燃性 0.25	难燃性 0.25	难燃性 0.15	可燃性

注:1 除规范另有规定外,以木柱承重且墙体采用不燃材料的建筑,其耐火等级应按四级确定。
　　2 住宅建筑构件的燃烧性能和耐火极限可按国家标准《住宅建筑规范》(GB 50368－2005)的规定执行。

(三)建筑耐火等级的选定

民用建筑的耐火等级应根据其建筑高度、使用功能、重要性和火灾扑救难度等确定。具体应符合国家消防技术标准的有关规定。如地下或半地下建筑(室)和一类高层建筑的耐火等级不应低于一级;单、多层重要公共建筑和二类高层建筑的耐火等级不应低于二级。

五、建筑总平面布局防火要求

建筑总平面布局是建筑防火需考虑的一项重要内容,其要满足城市规划和消防安全的要求。通常应根据建筑物的使用性质、生产经营规模、建筑高度、建筑体积,以及火灾危险性、所处的环境、地形、风向等因素,合理确定其建筑位置、防火间距、消防车道和消防车登高操作场地等,以消除或减少建筑物之间及周边环境的相互影响和火灾危害。

(一)建筑位置

1. 周围环境选择

各类建筑在规划建设时,要考虑周围环境的相互影响。特别是工厂、仓库选址时,既要考虑本单位的安全,又要考虑邻近的企业和居民的安全。生产、储存和装卸易燃易爆危险物品的工厂、仓库和专用车站、码头,必须设置在城市的边缘或者相对独立的安全地带。易燃易爆气体和液体的充装站、供应站、调压站,应当设置在合理的位置,符合防火防爆要求。

2. 地势条件选择

建筑选址时,还要充分考虑和利用自然地形、地势条件。甲、乙、丙类液体的仓库,宜布置在地势较低的地方,以免火灾对周围环境造成威胁。遇水产生可燃气体容易发生火灾爆炸的企业,严禁布置在可能被水淹没的地方。生产、储存爆炸物品的企业,宜利用地形,选择多面环山、附近没有建筑的地方。

3. 考虑主导风向

散发可燃气体、可燃蒸气和可燃粉尘的车间、装置等,宜布置在明火或散发火花地点的常年主导风向的下风或侧风向。液化石油气储罐区宜布置在本单位或本地区全年最小频率风向的上风侧,并选择通风良好的地点独立设置。易燃材料的露天堆场宜设置在天然水源充足的地方,并宜布置在本单位或本地区全年最小频率风向的上风侧。

4. 划分功能区

规模较大的企业,要根据实际需要,合理划分生产区、储存区(包括露天储存区)、生产辅助设施区、行政办公和生活福利区等。同一企业内,若有不同火灾危险的生产建筑,则应尽量将火灾危险性相同的或相近的建筑集中布置,以利于采取防火防爆措施,便于安全管理。易燃、易爆的工厂、仓库的生产区、储存区内不得修建办公楼、宿舍等民用建筑。

(二)防火间距

1. 防火间距的含义

防止着火建筑在一定时间内引燃相邻建筑,便于消防扑救的间隔距离称为防火间距。

为了防止建筑物发生火灾后,因热辐射等作用向相邻建筑物之间相互蔓延,并为消防扑救创造条件,各类建(构)筑物、堆场、储罐、电力设施等之间应保持一定的防火间距。

2. 防火间距的影响因素

影响防火间距的因素较多、条件各异,从火灾蔓延角度看,主要有热辐射、热对流、风向与风速、外墙材料的燃烧性能及其开口面积、室内堆放的可燃物种类及数量、相邻建筑物的高度、室内消防设施情况、消防扑救力量等。

3. 防火间距的确定

在综合考虑满足扑救火灾需要、防止火势向邻近建筑蔓延扩大以及节约用地等因素基础上,国家标准《建筑设计防火规范》(GB 50016—2014)(2018 年版)、《汽车库、修车库、停车场设计防火规范》(GB 50067—2014)等对各类建(构)筑物、堆场、储罐、电力设施等之间的防火间距均作了具体规定。

(三)消防车道和消防车登高操作场地

1. 消防车道

设置消防车通道的目的是保证发生火灾时,消防车能畅通无阻、迅速地到达火场,及时扑灭火灾,减少火灾损失。

消防车道的设置应考虑消防车的通行,并满足灭火和抢险救援的需要。消防车道的具体设置应符合国家有关消防技术标准的规定。

2. 消防车登高操作场地

高层建筑应至少沿一个长边或周边长度的四分之一且不小于一个长边长度的底边连续布置消防车登高操作场地,该范围内的裙房进深不应大于 4 m。建筑高度不大于 50 m 的建筑,连续布置消防车登高操作场地确有困难时,可间隔布置,但间隔距离不宜大于 30 m,且消防车登高操作场地的总长度仍应符合上述规定。

消防车登高操作场地应符合下列规定:

(1)场地与厂房、仓库、民用建筑之间不应设置妨碍消防车操作的树木、架空管线等障碍物和车库出入口。

(2)场地的长度和宽度分别不应小于 15 m 和 8 m。对于建筑高度不小于 50 m 的建筑,场地的长度和宽度均不应小于 15 m。

(3)场地及其下面的建筑结构、管道和暗沟等,应能承受重型消防车的压力。

(4)场地应与消防车道连通,场地靠建筑外墙一侧的边缘距离建筑外墙不宜小于 5 m,且不应大于 10 m,场地的坡度不宜大于 3%。

六、防火分区和防烟分区

(一)防火分区

1. 防火分区的含义

防火分区是指在建筑内部采用防火墙、楼板及其他防火分隔设施分隔而成,能在一定时间内防止火灾向同一建筑的其余部分蔓延的局部空间。

2. 防火分区的划分

不同耐火等级建筑的允许建筑高度或层数、防火分区最大允许建筑面积应符合表 2-4-4 的规定。

表 2-4-4 不同耐火等级建筑的允许建筑高度或层数、防火分区最大允许建筑面积

名 称	耐火等级	允许建筑高度或层数	防火分区的最大允许建筑面积/m²	备 注
高层民用建筑	一、二级	按规范确定	1 500	对于体育馆、剧场的观众厅，防火分区的最大允许建筑面积可适当增加
单、多层民用建筑	一、二级	按规范确定	2 500	
	三级	5 层	1 200	—
	四级	2 层	600	
地下或半地下建筑(室)	一级	—	500	设备用房的防火分区最大允许建筑面积不应大于 1 000 m²

注：1 表中规定的防火分区最大允许建筑面积，当建筑内设置自动灭火系统时，可按本表的规定增加 1.0 倍；局部设置时，防火分区的增加面积可按该局部面积的 1.0 倍计算。
　　2 裙房与高层建筑主体之间设置防火墙时，裙房的防火分区可按单、多层建筑的要求确定。

(二)防烟分区

1. 防烟分区的含义

防烟分区是指在建筑内部采用挡烟设施分隔而成，能在一定时间内防止火灾烟气向同一建筑的其余部分蔓延的局部空间。

2. 防烟分区的划分

防烟分区划分构件可采用挡烟隔墙、挡烟梁(突出顶棚不小于 50 cm)、挡烟垂壁(用不燃材料制成，从顶棚下垂不小于 50 cm 的固定或活动的挡烟设施)。

设置防烟分区时，如果面积过大，烟气波及面积会扩大，增大受灾面，不利安全疏散和扑救；如面积过小，不仅影响使用，还会提高工程造价。

(1)不设排烟设施的房间(包括地下室)和走道，不划分防烟分区。

(2)防烟分区不应跨越防火分区。

(3)对有特殊用途的场所，如地下室、防烟楼梯间、消防电梯、避难层间等，应单独划分防烟分区。

(4)防烟分区一般不跨越楼层，某些情况下，如 1 层面积过小，允许包括 1 个以上的楼层，但以不超过 3 层为宜。

(5)每个防烟分区的面积，对于高层民用建筑和其他建筑(含地下建筑和人防工程)，其建筑面积不宜大于 500 m²；当顶棚或顶板高度在 6 m 以上时，可不受此限。此外，需设排烟设施的走道、净高不超过 6 m 的房间应采用挡烟垂壁、隔墙或从顶棚突出不小于 0.5 m 的梁划分防烟分区，梁或垂壁至室内地面的高度不应小于 1.8 m。

第五节　常用消防器材与设施

一、灭火器材

(一)简易灭火器材使用

1. 常用简易灭火器材的种类

常用的简易灭火器材主要有黄沙、泥土、水泥粉、炉渣、石灰粉、铁板、锅盖、湿棉被、湿麻袋,以及盛水的简易容器,如水桶、水壶、水盆、水缸等。除了上述提到的这些东西以外,在初起火灾发生时,凡是能够用于扑灭火灾的所有工具(如扫帚、拖把、衣服、拖鞋、手套等),都可称为简易灭火器材。

2. 简易灭火器材的适用范围

由于燃烧对象的复杂性,简易灭火器材的使用有局限性,各企业、事业单位或居民家庭可以根据灭火对象的具体情况和简易灭火器材的适用范围备好器材。特别是专用灭火器缺少的单位、家庭或临时施工现场,备有一定的简易灭火器材是十分必要的,以便发生火灾时在最短的时间内将火灾扑灭。

(1)一般易燃固体物质(如木材、纸张、布片等)初起火灾,可用水、湿棉被、湿麻袋、黄沙、水泥粉、炉渣、石灰粉等扑救。

(2)易燃、可燃液体(如汽油、酒精、苯、沥青、食油等)初起火灾,要根据其燃烧时的状态来确定简易灭火器材。液体燃烧时局限在容器内,如油锅、油桶、油盘着火,可用锅盖、铁板、湿棉被、湿麻袋等灭火,不宜用黄沙、水泥、炉渣等扑救,以免燃烧液体溢出造成流淌火灾。流淌液体火灾,可用黄沙、泥土、炉渣、水泥粉、石灰粉筑堤并覆盖灭火。

(3)可燃气体(如液化石油气、煤气、乙炔气等)火灾,在切断气源或明显减小燃气压力(小于0.05 MPa)的情况下,方可用湿麻袋、湿棉被等灭火。但灭火后必须立即切断气源。如果不能切断气源,应在严密防护的情况下维护稳定燃烧。

(4)遇湿燃烧物品(如金属钾、钠等)火灾,因此类物品遇水能强烈反应,置换水中的氢,生成氢气并产生大量的热,能引起着火爆炸。因此,只能用干燥的砂土、泥土、水泥粉、炉渣、石灰粉等扑救,但灭火后必须及时回收,按要求盛装在密闭容器内。

(5)自燃物品(如黄磷、硝化纤维、油脂等)着火,因其在空气中或遇潮湿空气能自行氧化燃烧,因此用砂土、水泥粉、泥土、炉渣、石灰粉等灭火后,要及时回收,按规定存放,防止复燃。

初起火灾扑救,关键在于"快",不要让火势蔓延扩大。"快"就要求现场人员灵活机动,就地取材;"快"才能阻止火灾扩大;"快"才能减少火灾损失。因此,各单位、各社区要重视简易灭火器材的作用,教育职工、市民学会简易灭火器材的使用,用掌握的消防知识保护自己、保护他人。

(二)灭火器

1. 灭火器的分类和编制

灭火器是指能在其内部压力作用下,将所充装的灭火剂喷出以扑救火灾,并由人力移动的灭火器具。灭火器担负的任务是扑救初起火灾。一具质量合格的灭火器如果使用得当、扑救及时,可将可能造成巨大损失的火灾扑灭在萌芽状态。因此,灭火器的作用是很重要的。

(1)灭火器的分类

灭火器的分类方法很多,常用的有三种,即按充装的灭火剂的类型、按驱动灭火器的动力来源、按灭火器的移动方式来划分。

①按充装灭火剂的类型,灭火器可分为水基型灭火器、干粉灭火器、二氧化碳灭火器、洁净气体灭火器等。

• 水基型灭火器　常用的水基型灭火器有清水灭火器、水基型泡沫灭火器和水基型水雾灭火器三种。

清水灭火器主要用于扑救固体物质火灾,如木材、棉麻、纺织品等的初起火灾,但不适用于扑救油类、电气、轻金属、可燃气体火灾。清水灭火器的有效喷水时间为 1 min 左右,因此,当灭火器中的水喷出时,应迅速将灭火器提起,将水流对准燃烧最猛烈处扫射。同时,清水灭火器在使用时应始终与地面保持大致垂直状态,不能颠倒或横卧,否则会影响水流的喷出。

水基型泡沫灭火器一般使用水成膜泡沫灭火剂(AFFF),氩气为驱动气体。水成膜泡沫灭火剂可在烃类物质表面迅速形成一层能抑制其蒸发的水膜,靠泡沫和水膜的双重作用迅速、有效地灭火,是化学泡沫灭火器的更新换代产品。它能扑灭可燃固体和液体的初起火灾,更多地用于扑救石油及石油产品等非水溶性物质的火灾(抗溶性泡沫灭火器可用于扑救水溶性易燃、可燃液体火灾)。水基型泡沫灭火器具有操作简单、灭火效率高、有效期长、抗复燃、双重灭火等优点,是木竹类、织物、纸张及油类物质的开发加工、储运等场所的消防必备品,并广泛应用于油田、油库、轮船、工厂、商店等场所。

水基型水雾灭火器是我国 2008 年开始推广的新型水雾灭火器,具有绿色环保(灭火后药剂可 100% 生物降解,不会对周围设备与空间造成污染)、高效阻燃、抗复燃性强、灭火速度快、渗透性强等优点,是之前其他同类型灭火器所无法相比的。该产品是一种高科技环保型灭火器,在水中添加少量的有机物或无机物可以改进水的流动性能、分散性能、润湿性能和附着性能等,进而提高水的灭火效率。它能在 3 s 内将一般火势熄灭且不复燃,并且可将近千度的高温瞬间降至 30～40 ℃,主要适合配置在具有可燃固体物质的场所,如商场、饭店、写字楼、学校、旅游场所、娱乐场所、纺织厂、橡胶厂、纸制品厂、煤矿甚至家庭等。

• 干粉灭火器　干粉灭火器是利用氮气作为驱动气体,将筒内的干粉喷出灭火的灭火器。干粉灭火器内充装的是干粉灭火剂。干粉灭火剂是用于灭火的干燥且易于流动的微细粉末,由具有灭火效能的无机盐和少量的添加剂经干燥、粉碎、混合而成的微细固体粉末组成。它是一种在消防中得到广泛应用的灭火剂,且主要用于灭火器中。除扑救金属火灾的专用干粉化学灭火剂外,目前国内已经生产的产品有磷酸铵盐、碳酸氢钠、氯化钠、氯化钾干粉灭火剂等。

干粉灭火器可扑灭一般的可燃固体火灾,还可扑灭油、气等燃烧引起的火灾,主要用于扑救石油、有机溶剂等易燃液体,以及可燃气体和电气设备的初起火灾,广泛用于油田、油库、炼油厂、化工厂、化工仓库、船舶、飞机场、工矿企业等。

• 二氧化碳灭火器　二氧化碳灭火器内充装的是二氧化碳气体,靠自身的压力驱动喷出进行灭火。二氧化碳是一种不燃烧的气体。它在灭火时具有两大作用:一是窒息作用,当把二氧化碳释放到灭火空间时,由于二氧化碳迅速汽化、稀释燃烧区的空气,当使空气的氧气含量降低到低于维持物质燃烧所需的极限含氧量时,物质就不会继续燃烧而熄灭;二是冷却作用,当二氧化碳从瓶中释放出来,由于液体迅速膨胀为气体,会产生冷却效果,部分二氧化碳瞬间转变为固态的干冰,在干冰迅速汽化的过程中要从周围环境中吸收大量的热量,从而达到灭火的目的。二氧化碳灭火器具有流动性好、喷射率高、不腐蚀容器和不易变质等优良性能,可用来扑救图书、档案、贵重设备、精密仪器、600 V 以下电气设备及油类的初起火灾。

• 洁净气体灭火器　洁净气体灭火器是将洁净气体灭火剂直接加压充装在容器中,使用时灭火剂从灭火器中排出,形成气雾状射流射向燃烧物,当灭火剂与火焰接触时发生一系列物理化学反应,使燃烧中断,达到灭火的目的。洁净气体灭火器适用于扑救可燃液体、可燃气体和可熔化的固体物质以及带电设备的初起火灾,可在图书馆、宾馆、档案室、商场以及各种公共场所使用。

②按驱动灭火器的动力来源,灭火器可分为储气瓶式灭火器和储压式灭火器。

③按灭火器的移动方式,灭火器可分为手提式灭火器和推车式灭火器。

• 手提式灭火器　这类灭火器一般是手提移动的,质量较小。灭火器的总质量不大于 20 kg,其中二氧化碳灭火器的总质量允许增至 28 kg。

• 推车式灭火器　这类灭火器有车架、车轮等行驶机构,是由人力推拉移动的。灭火器的总质量在 40 kg 以上,所充装的灭火剂量为 20~100 kg(L)。

(2)灭火器的型号编制方法

我国灭火器的型号是由类、组、特征的代号和主参数四部分组成的,其中类、组、特征的代号是用具有代表性的汉语拼音字头表示的,主参数是指灭火器中灭火剂的充装量,单位是 kg 或 L,具体见表 2-5-1。

表 2-5-1　　　　　　　　　灭火器的型号编制方法

类	组	特 征	代 号	代号含义	主参数 名 称	单 位
灭火器 M	水 S(水)	酸碱	MS	手提式酸碱灭火器	灭火剂充装量	L
		清水 Q	MSQ	手提式清水灭火器		
	泡沫 P(泡)	手提式	MP	手提式泡沫灭火器		
		舟车式 Z	MPZ	舟车式泡沫灭火器		
		推车式 T	MPT	推车式泡沫灭火器		
	二氧化碳 T(碳)	手轮式	MT	手轮式二氧化碳灭火器		kg
		鸭嘴式 Z	MTZ	鸭嘴式二氧化碳灭火器		
		推车式 T	MTT	推车式二氧化碳灭火器		
	干粉 F(粉)	手提式	MF	手提式干粉灭火器		
		背负式 B	MFB	背负式干粉灭火器		
		推车式 T	MFT	推车式干粉灭火器		

2. 灭火器的配置

(1)灭火器配置场所的危险等级

灭火器配置场所根据火灾危险性,划分为严重危险级、中危险级和轻危险级三级。

① 严重危险级场所是指火灾危险性大、可燃物多、起火后蔓延迅速或容易造成重大火灾损失的场所。如工业建筑中的甲醇、乙醇、苯等精制厂房,乙炔站,氢气站,谷物筒仓,工厂的总控制室,库房中的危险化学品库等,民用建筑中的重要资料库、档案室、电信机房、影剧院的舞台等部位。

② 中危险级场所是指火灾危险性较大、可燃物较多、起火后蔓延较迅速的场所。如工业建筑中润滑油再生部位或沥青加工厂房、谷物加工房、汽油加油站、闪点大于60 ℃的油库,民用建筑中设有空调的办公室、展览厅、高级住宅等。

③ 轻危险级场所是指火灾危险性较小、可燃物较少、起火后蔓延较慢的场所。如工业建筑中玻璃原料熔化厂房,印染厂的漂炼部位,库房中的水泥库房,圆木堆场,民用建筑中的电影院观众厅、普通旅馆、十层及十层以下的普通住宅等。

(2)灭火器的灭火级别

灭火器的灭火级别是指在一定条件下灭火器能扑灭不同火灾模型的能力。它由数字和字母组成,数字表示灭火级别的大小,字母(A 或 B)表示灭火级别的单位以及适合扑救火灾的种类。

(3)灭火器的选择

灭火器的选择应考虑配置场所的火灾种类、灭火有效程度、灭火剂对保护物品的污损程度、设置点的环境温度、使用人员的体质和灭火技能等问题。灭火器的选择应符合表 2-5-2 的要求。

表 2-5-2　　　　　　　　　　　　　灭火器的选择

扑救火灾的类别	应选择的灭火器类别
A 类（固体火灾）	水基型（水雾、泡沫）灭火器、ABC 干粉灭火器
B 类（液体或可融化固体火灾）	水基型（水雾、泡沫）灭火器、ABC 干粉灭火器或 BC 干粉灭火器、洁净气体灭火器
C 类（气体火灾）	水基型（水雾）灭火器、ABC 干粉灭火器或 BC 干粉灭火器、洁净气体灭火器、二氧化碳灭火器
D 类（金属火灾）	7150 灭火剂（特种灭火剂，专用于 D 类火灾）
E 类（带电火灾）	洁净气体灭火器、二氧化碳灭火器、干粉灭火器
F 类（烹饪器具内烹饪物火灾）	BC 干粉灭火器、水基型（水雾、泡沫）灭火器

(4) 灭火器配置基准

① 配置数量基准　每单元最少配置数量：一个灭火器配置场所计算单元内的灭火器配置数量不应少于 2 具。每点最多配置数量：一个灭火设置点的灭火器配置数量不宜多于 5 具。

② 增量配置基准　以上的配置基准均是对建筑标高 0.00 m 以上的地面建筑而言；地下建筑灭火器配置数量则应按其相应的地面建筑的规定增加 30% 的灭火器配置数量。

③ 减量配置基准　根据消防实战经验和实际需要，在已安装消火栓、自动灭火系统的灭火器配置场所计算单元，仍要求配置灭火器以扑救初起小火。但可根据具体情况，适量减配灭火器。

设有消火栓的场所，可相应减配 30% 的灭火器。

设有自动灭火系统的场所，可相应减配 50% 的灭火器。

设有消火栓和自动灭火系统的场所，可相应减配 70% 的灭火器。

灭火器的配置数量可参照表 2-5-3。

表 2-5-3　　　　　　　　　　　　　灭火器的配置数量

场所、用途	适用的灭火器	配置参考数量/(具·m^{-2})
甲、乙类火灾危险性仓库	泡沫灭火器、干粉灭火器	1/50～1/80
甲、乙类火灾危险性厂房	泡沫灭火器、干粉灭火器	1/20～1/50
甲、乙类火灾危险性生产装置区	泡沫灭火器、干粉灭火器	1/80～1/100
丙类火灾危险性仓库	清水灭火器、泡沫灭火器	1/80～1/100
丙类火灾危险性仓库	清水灭火器、泡沫灭火器	1/50～1/80
丙类火灾危险性生产装置区	清水灭火器、泡沫灭火器	1/100～1/150
铅、镁加工厂房	金属火灾灭火器	1/20～1/50
高压电容器室、调压室、油开关、油浸电力变压器室	二氧化碳灭火器	1/20～1/50
可燃、易燃液体装卸站台	泡沫灭火器、干粉灭火器	按站台长度每 0～15 m 配量 1 具
精密仪器室、贵重文件间、计算机房	二氧化碳灭火器	1/20～1/50
金融财贸楼、百货楼、展览馆、图书馆、剧场、影院、酒吧、舞厅	清水灭火器、泡沫灭火器	1/50～1/80
办公楼、教学楼、医院、旅馆	清水灭火器、泡沫灭火器	1/50～1/100

在社区的公共部位宜设置一定数量的移动式灭火器材,以便社区发生火灾时,居民能就近拿起移动式灭火器材进行初起火灾的扑救。设置的部分宜在多层建筑中的楼梯间、高层建筑中的电梯前室,以及社区内的一些公共部位。日常维护由居委会或指定专门的人员负责。

3. 灭火器的使用

下面以干粉灭火器和二氧化碳灭火器为例介绍灭火器的使用。

(1)干粉灭火器的使用

① 手提式干粉灭火器的使用:使用前,先把灭火器上下颠倒几次,使筒内干粉松动。如果使用的是内装式或储压式干粉灭火器,先拔下保险销,一只手握住喷嘴,另一只手用力按下压把,干粉便会从喷嘴喷射出来。如果使用的是外置式干粉灭火器,应一只手握住喷嘴,另一只手提起提环,握住提柄,干粉便会从喷嘴射出来。

②推车式干粉灭火器的使用:推车式干粉灭火器一般由两人操作。使用时应将灭火器迅速拉到或推到火场,在适当位置停下。一人将灭火器放稳,然后拔出开启机构上的保险销,向上扳起手柄,另一人则取下喷枪,迅速展开喷射软管,然后一手握喷枪枪管,另一只手扣动扳机,将喷嘴对准火焰根部喷粉灭火。灭火方法同手提式干粉灭火器。

(2)二氧化碳灭火器的使用

灭火时右手拔去保险销,紧握喇叭木柄,左手按下鸭嘴压把,二氧化碳即可以从喷筒喷出。在使用过程中应连续喷射,防止余烬复燃。灭火器不可颠倒使用,使用时应注意安全。当空气中二氧化碳含量达8.5%以上时,会造成人呼吸困难、血压升高;含量达到20%时,会造成人呼吸衰弱,严重者可窒息死亡。

(3)灭火器使用时的注意事项

①使用干粉灭火器前,要先将灭火器上下颠倒几次,使桶内干粉松动。

②使用二氧化碳灭火器时,手要握在喷桶木柄处,接触喷桶或金属管要戴防护手套,以防局部皮肤冻伤。

③扑救可燃液体火灾时,应避免灭火剂直接冲击燃烧液面,防止可燃液体溅出扩大火势。

④扑救电气火灾时,应先断电,后灭火。

4. 灭火器的设置要求

灭火器的设置要求主要有以下几点:

(1)灭火器应设置在明显的地点。灭火器设置在明显地点,能使人们一目了然地知道何处可取灭火器,缩短因寻找灭火器而花费的时间,及时、有效地将火灾扑灭在初起阶段。

(2)灭火器应设置在便于人们取用(包括不受阻挡和碰撞)的地点。扑灭初起火灾是有一定时间限度的,能否方便安全、及时地取到灭火器,在某种程度上决定了灭火的成败。如果灭火器取用不便,那么有可能因时间的拖延而使火势蔓延造成大火,从而使灭火器失去作用。

(3)灭火器的设置不得影响安全疏散。即灭火器以及灭火器的托架和灭火器箱等附件都不得影响安全疏散。

(4)某些场所应设置灭火器指示标志。对于那些必须设置灭火器而又确实难以做到明显易见的特殊情况,应设有明显的指示标志来指出灭火器的实际设置位置,使人们能迅速、及时地取到灭火器。这主要是考虑在大型房间内或因视线障碍等原因而不能直接看见灭火器的设置情况。

(5)灭火器应设置稳固。手提式灭火器(包括设置手提式灭火器的附件)要防止发生跌落等现象;推车式灭火器不要设置在斜坡和地基不结实的地点,以免造成灭火器不能正常使用或伤人事故。

(6)设置的灭火器铭牌必须朝外。这是为让人们能直接明了灭火器的主要性能指标、适用扑救火灾的种类和用法,使人们在拿到符合配置要求的灭火器后就能正确使用,充分发挥灭火器的作用,有效地扑灭初起火灾。

(7)手提式灭火器的设置位置。手提式灭火器宜设置在挂钩、托架上或灭火器箱内,其顶部离地面高度应小于 1.50 m,底部离地面高度不宜小于 0.15 m,便于人们对灭火器进行保管和维护,让扑救人员能安全、方便地取用,防止潮湿的地面对灭火器造成影响。设置在挂钩、托架上或灭火器箱内的手提式灭火器要竖直向上设置。对于那些环境条件较好的场所,如洁净室等,手提式灭火器可直接放在地面上。

(8)灭火器不应设置在潮湿或强腐蚀性的地点。灭火器是一种备用器材,一般来说存放时间较长,如果长期设置在有强腐蚀性或潮湿的地点或场所,会严重影响灭火器的使用性能和安全性能,因此这些地点或场所一般不能设置灭火器。但考虑到某些单位、部门的特殊情况,如实在无法避免,则规定要从技术上或管理上采取相应的保护措施。

(9)设置在室外的灭火器应有保护措施。由于多数推车式灭火器和部分手提式灭火器设置在室外,对灭火器来说室外的环境条件比室内要差得多,因此为了使灭火器随时都能正常使用,必须要有一定的保护措施。

5. 灭火器的管理

(1)日常管理

灭火器的日常管理参照表 2-5-4。

表 2-5-4   灭火器的日常管理

灭火器种类	放置环境要求	日常管理内容
清水灭火器	(1)环境温度为 4~45 ℃ (2)通风,干燥	(1)定期检查气压,如发现压力不够时,应重新充气,并查明泄漏原因及部位,予以修复 (2)使用两年后,应进行水压试验,并标明试验日期

(续表)

灭火器种类	放置环境要求	日常管理内容
泡沫灭火器	环境温度为4～45 ℃	(1)定期检查气压,如发现压力不够时,应重新充气,并查明泄漏原因及部位,予以修复 (2)使用两年后,应进行水压试验,并标明试验日期
二氧化碳灭火器	环境温度≤55 ℃	(1)每年用称重法检查一次质量,泄漏量不得大于充装量的5%,否则重新灌装 (2)每五年进行一次水压试验,并标明试验日期
干粉灭火器	(1)环境温度为-10～45 ℃ (2)通风、干燥	(1)定期检查干粉是否结块和瓶体压力是否充足 (2)一经打开使用,不论是否用完,都必须进行再充装,充装时不得变换品种

(2)灭火器的检查

① 检查灭火器的铅封是否完好。灭火器一经开启,即使喷射不多,也必须按规定要求再充装,充装后应进行密封试验,并重新铅封。

②检查可见部位防腐层的完好程度。

③检查灭火器可见零部件是否完整,有无松动、变形、锈蚀损坏,装配是否合理。

④检查贮压式灭火器的压力表指针是否在绿色区域内。如指针在红色区域,应查明原因,检修后重新灌装。

⑤检查灭火器的喷嘴是否畅通,如有堵塞应及时疏通。检查干粉灭火器喷嘴的防潮是否完好、喷枪零件是否完备。

(3)灭火器的维修及灭火剂再充装

灭火器的维修及灭火剂再充装应由经过培训的专人进行。灭火器经维修及灭火剂再充装后,其性能要求应符合有关标准的规定,并在灭火器的明显部位贴上不易脱落的标记,标明维修或灭火剂再充装的日期、维修单位名称和地址。简易式灭火器不得重复灌气维修。严禁将已到报废期限的灭火器继续使用或维修后再使用。

(三)消火栓

1.室外消火栓

室外消火栓与城镇自来水管网相连接,供消防车取水用。

(1)室外消火栓的类型

室外消火栓有地上消火栓和地下消火栓两种类型。地上消火栓适用于气候温暖地区,而地下消火栓则适用于气候寒冷地区。

①地上消火栓　地上消火栓有3个出水口,其中,100 mm口径的出水口1个,65 mm口径的出水口2个。地上消火栓易寻找,连接方便,但易冻结,易损坏。

②地下消火栓　地下消火栓与地上消火栓的作用相同,都是为消防车及水枪提供压力水。所不同的是,地下消火栓安装在地面下,不易冻结,也不易被损坏,但不易寻找,连

接不方便。

(2)室外消火栓的设置要求

①为了使消防队在灭火时使用方便,消火栓应沿道路布置,在十字路口应设有消火栓,宽度在60 m以上的道路宜在道路两边设置消火栓。

②消火栓布置时,距路边不宜小于0.5 m且不大于2 m,距建筑物外墙不小于5 m。

③消火栓的保护半径不应超过150 m,且间距不应大于120 m。

(3)室外消火栓的维护保养

①每月或重大节日前应进行一次全面检查。

②检查时要放尽管道内锈水,吸干余水或疏通放水阀,排除积水,清除消火栓上沉积的灰尘和污渍,在消火栓轴心上加上润滑油,出口上加上牛油,并根据外表保护需要进行油漆。

③消火栓周围30 m内严禁堆物,15 m内严禁停车,严禁设栏、广告牌等围堵消火栓,不能影响消火栓的正常使用。

④消火栓安装必须符合有关要求,消火栓大出口必须朝向马路。因基础设施改造需要搬迁、拆除的,应报请有关消防管理部门审批。

⑤消火栓上所有部件必须保持良好,平时应做到无漏水、无锈蚀、开启方便、操作灵活。

2. 室内消火栓

(1)室内消火栓的位置

室内消火栓通常设置在具有玻璃门的消火栓箱内,箱内有水枪、水带、水喉、消火栓和报警按钮(水泵启动按钮)等。

(2)室内消火栓的设置要求

①凡设有室内消火栓的建筑物,其各层(无可燃物的设备层除外)均应设置消火栓,并应设置在明显的、经常有人出入、使用方便的地方。为了使在场人员能及时发现和使用消火栓,室内消火栓应有明显的标志。消火栓应涂成红色,且不应被伪装或遮挡。

②室内消火栓栓口离地面高度应为1.1 m。为减少局部水头损失并便于操作,栓口出水方向宜向下或与设置消火栓的墙面成90°。

③消防电梯前室是消防人员进入室内扑救火灾的桥头堡。为便于消防人员向火场发起进攻或开辟通路,在消防电梯前室应设室内消火栓。

④冷库内的室内消火栓为防止冻结损坏,一般应设在常温的厅堂或楼梯间内。冷库进入闷顶的入口处应设有消火栓,以便于扑救顶部保温层的火灾。

⑤同一建筑物内应采用统一规格的消火栓、水带和水枪,以利管理和使用。每根水带的长度不应超过25 m。每个消火栓外应设消防水带箱。消防水带箱宜采用玻璃门,不应采用封闭的铁皮门,以便在火灾情况下敲碎玻璃使用消火栓。

⑥消火栓栓口处的出水压力超过0.5 MPa时,应设置减压设施。

⑦高层工业与民用建筑,以及水箱不能满足最不利于消火栓水压要求的其他低层建筑中,每个消火栓处应设置直接启动消防水泵的按钮,以便及时启动消防水泵,供应火场用水。按钮应设有保护设施,如放在消防水带箱内,或放在有玻璃保护的小壁龛内,以防止误操作。

⑧设有室内消火栓给水系统的建筑物,其屋顶应设置试验和检查用的消火栓。

(3)室内消火栓的使用

发生火灾后,首先用消火栓箱钥匙打开箱门或硬物击碎箱门上的玻璃打开箱门,然后迅速取下挂架上的水带和弹簧架上的水枪,将水带接口连接在消火栓接口上,按动紧急报警按钮,此时消火栓箱上的红色指示灯亮,给控制室和消防泵房送出火灾信号(有的消火栓箱可以直接启动消防水泵供水),沿开启方向旋转消火栓手轮,即可出水灭火。

(4)室内消火栓的检查和维护

室内消火栓给水系统至少每半年或按当地消防救援机构的规定要进行一次全面的检查。检查的项目如下:

①室内消火栓及水枪、水带是否齐全完好,有无生锈、漏水,接口垫圈是否完整无缺。

②消防水泵在火警后 5 min 内能否正常供水。

③报警按钮、指示灯及报警控制线路功能是否正常,有无故障。

④检查消火栓箱及箱内配装的消防部件外观有无损坏,涂层是否脱落,箱门玻璃是否完好无缺。

对室内消火栓给水系统的维护,应做到使各组成设备经常保持清洁、干燥、防止锈蚀或损坏。为防止生锈,消火栓手轮丝杆处转动的部位应经常加注润滑油。设备如有损坏,应及时修复或更换。

二、安全疏散设施

民用建筑应根据其建筑高度、规模、使用功能和耐火等级等因素合理设置安全疏散和避难设施。安全出口和疏散出口的位置、数量、宽度及疏散楼梯间的形式,应满足人员安全疏散的要求。

(一)安全出口和疏散出口

1. 安全出口和疏散出口布置的原则

建筑内的安全出口和疏散出口应分散布置,且建筑内每个防火分区或一个防火分区的每个楼层、每个住宅单元每层相邻两个安全出口以及每个房间相邻两个疏散出口最近边缘之间的水平距离不应小于 5 m。

2. 安全出口的数量

公共建筑内每个防火分区或一个防火分区的每个楼层,其安全出口的数量应经计算确定,且不应少于两个。

(二)疏散楼梯间

1. 疏散楼梯间的一般规定

(1)楼梯间应能天然采光和自然通风,并宜靠外墙设置。靠外墙设置时,楼梯间、前室及合用前室外墙上的窗口与两侧门、窗、洞口最近边缘的水平距离不应小于1.0 m。

(2)楼梯间内不应设置烧水间、可燃材料储藏室、垃圾道。

(3)楼梯间内不应有影响疏散的凸出物或其他障碍物。

(4)封闭楼梯间、防烟楼梯间及其前室,不应设置卷帘。

(5)楼梯间内不应设置甲、乙、丙类液体管道。

(6)封闭楼梯间、防烟楼梯间及其前室内禁止穿过或设置可燃气体管道。敞开楼梯间内不应设置可燃气体管道,当住宅建筑的敞开楼梯间内确需设置可燃气体管道和可燃气体计量表时,应采用金属管和设置切断气源的阀门。

2. 封闭楼梯间的规定

封闭楼梯间除应符合疏散楼梯间的一般规定外,还应符合以下规定:

(1)不能自然通风或自然通风不能满足要求时,应设置机械加压送风系统或采用防烟楼梯间。

(2)除楼梯间的出入口和外窗外,楼梯间的墙上不应开设其他门、窗、洞口。

(3)高层建筑、人员密集的公共建筑、人员密集的多层丙类厂房、甲、乙类厂房,其封闭楼梯间的门应采用乙级防火门,并应向疏散方向开启;其他建筑,可采用双向弹簧门。

(4)楼梯间的首层可将走道和门厅等包括在楼梯间内形成扩大的封闭楼梯间,但应采用乙级防火门等与其他走道和房间分隔。

3. 防烟楼梯间的规定

防烟楼梯间除应符合疏散楼梯间的一般规定外,还应符合以下规定:

(1)应设置防烟设施。

(2)前室可与消防电梯间前室合用。

(3)前室的使用面积:公共建筑、高层厂房(仓库),不应小于6.0 m^2;住宅建筑,不应小于4.5 m^2。与消防电梯间前室合用时,合用前室的使用面积:公共建筑、高层厂房(仓库),不应小于10.0 m^2;住宅建筑,不应小于6.0 m^2。

(4)疏散走道通向前室以及前室通向楼梯间的门应采用乙级防火门。

(5)除楼梯间和前室的出入口、楼梯间和前室内设置的正压送风口和住宅建筑的楼梯间前室外,防烟楼梯间和前室的墙上不应开设其他门、窗、洞口。

(6)楼梯间的首层可将走道和门厅等包括在楼梯间前室内形成扩大的前室,但应采用乙级防火门等与其他走道和房间分隔。

三、救生器材与装置

（一）救生器材

1. 安全绳

有的高层建筑和超高层建筑中备有安全绳。需用时，可把安全绳的一头挂在窗口或阳台里侧的牢固物体上，人可沿安全绳以 1 m/s 的速度下降，其救生高度可达 40 层楼。

在紧急情况下，如果没有安全绳，可将室内的窗帘、床单、被罩等拧在一起作为安全绳，也能顺利逃生。如果限于长度难以到达地面，也可借助绳索转移至下一层，然后再逃离起火层。

2. 救生袋

救生袋的形状就像一只袋子，逃生者只要钻进这只长口袋，周围的摩擦力足以使人安全地滑落到地面。救生袋在一些高层建筑中很常见。

3. 网式救生通道

网式救生通道是一种固定在高层建筑上像网一样的救生滑道，其形状有方体形、圆柱形等，使用时有的成一定斜度，有的与地面垂直，主要用于楼层逃生。当发生火灾时，被困者在上面将预先设置好的救生网放下，由下面的工作人员将下面的一端固定在地面上，被困者进入网中顺势滑下，即可获救。网式救生通道一般预先设置在楼层中，做应急使用。

4. 防火毯

防火毯可装在与灭火器相似的圆筒里，如遇火灾，取出筒里浸满了水冻胶的防火毯披在身上，可以从熊熊火海中穿行而过，安全脱险。但遇浓烟时，还需用毛巾捂住口鼻。

5. 缓降器

缓降器是一种用于高层建筑的单人救生装置，种类很多。下面以一种由固定钢缆、悬吊钢缆、操作盘和缓降衣组成的缓降器为例进行说明。发生火灾时，先把固定钢缆像套马索一样系在室内牢固物体上，穿上降落衣，把悬吊钢缆端头降落伞式的钩扣与固定钢缆端头扣牢，人便可翻出窗外，手握操纵盘，旋转操纵盘上的手柄，使人体缓缓降至地面。这种缓降器的质量仅为 5 kg 左右，平时可放在窗外、抽屉里，外出旅行还可放在行李包中。

6. 防烟逃生面罩

防烟逃生面罩适用范围很广。使用时，扭开胶罐盖，面罩即弹出，打开面罩；戴上面罩，用嘴巴咬紧呼吸器，夹实鼻子；锁紧头部软带；蹲低身体，爬行逃离；离开火场，除去面罩。

下列情况下禁止使用防烟逃生面罩：超过有效日期；火灾过后；罐盖已被拆封；缺氧及毒气泄漏。

（二）应急照明和疏散指示标志

建筑物发生火灾时，正常电源往往被切断，为了便于人员在夜间或浓烟中疏散，需要在建筑物中安装应急照明和疏散指示标志。

1. 设置应急照明和疏散指示标志的场合

除建筑高度小于 27 m 的住宅建筑外,民用建筑、厂房和丙类仓库的下列部位应设置疏散照明:

(1)封闭楼梯间、防烟楼梯间及其前室、消防电梯间的前室或合用前室、避难走道、避难层(间)。

(2)观众厅、展览厅、多功能厅和建筑面积大于 200 m^2 的营业厅、餐厅、演播室等人员密集的场所。

(3)建筑面积大于 100 m^2 的地下或半地下公共活动场所。

(4)公共建筑内的疏散走道。

(5)人员密集的厂房内的生产场所及疏散走道。

2. 建筑内应急照明的地面最低水平照度

(1)对于疏散走道,不应低于 1.0 lx。

(2)对于人员密集场所、避难层(间),不应低于 3.0 lx;对于病房楼或手术部的避难间,不应低于 10.0 lx。

(3)对于楼梯间、前室或合用前室、避难走道,不应低于 5.0 lx。

(4)消防控制室、消防水泵房、自备发电机房、配电室、防排烟机房以及发生火灾时仍需正常工作的消防设备房应设置备用照明,其作业面的最低照度不应低于正常照明的照度。

3. 应急照明和疏散指示标志灯具的安装要求

应急照明灯具应设置在出口的顶部、墙面的上部或顶棚上;备用照明灯具应设置在墙面的上部或顶棚上。

公共建筑、建筑高度大于 54 m 的住宅建筑、高层厂房(库房)和甲、乙、丙类单、多层厂房,应设置灯光疏散指示标志灯具,并应符合下列规定:

(1)应设置在安全出口和人员密集的场所的疏散门的正上方。

(2)应设置在疏散走道及其转角处距地面高度 1.0 m 以下的墙面或地面上。疏散指示标志灯具的间距不应大于 20 m;对于袋形走道,不应大于 10 m;在走道转角区,不应大于 1.0 m。

四、防火门、防火窗与防火卷帘

为保证防火墙的阻火性能,在防火墙上不应开设门和窗。但有时为满足使用上的需要,在防火墙上开门或窗,这就在防火墙上造成了薄弱的部位,因此必须利用防火门、防火窗来弥补这一不足。其中,防火门除了具有普通门的作用外,还应具有防火、隔烟的特殊功能。

(一)防火门

1. 防火门的分类

(1)按材质分类

①木质防火门,代号为 MFM。

②钢质防火门,代号为 GFM。
③钢木质防火门,代号为 GMFM。
④其他材质防火门,代号为＊＊FM(＊＊代表其他材质)。
(2)按门扇数量分类
①单扇防火门,代号为 1。
②双扇防火门,代号为 2。
③多扇防火门(含有两个以上门扇的防火门),代号为门扇数量。
(3)按结构型式分类
①门扇上带防火玻璃的防火门,代号为 b。
②有门框防火门,门框双槽口的代号为 s,门框单槽口的代号为 d。
③带亮窗防火门,代号为 l。
④带玻璃带亮窗防火门,代号为 bl。
⑤无玻璃防火门,代号略。
(4)按耐火性能分类
防火门按耐火性能分类见表 2-5-5。

表 2-5-5　　　　　　　　　　防火门按耐火性能分类

名　称	耐火性能	代　号
隔热防火门 (A类)	耐火隔热性≥0.50 h,耐火完整性≥0.50 h	A0.50(丙级)
	耐火隔热性≥1.00 h,耐火完整性≥1.00 h	A1.00(乙级)
	耐火隔热性≥1.50 h,耐火完整性≥1.50 h	A1.50(甲级)
	耐火隔热性≥2.00 h,耐火完整性≥2.00 h	A2.00
	耐火隔热性≥3.00 h,耐火完整性≥3.00 h	A3.00
部分隔热 防火门(B类)	耐火隔热性 ≥0.50 h	耐火完整性≥1.00 h	B1.00
		耐火完整性≥1.50 h	B1.50
		耐火完整性≥2.00 h	B2.00
		耐火完整性≥3.00 h	B3.00
非隔热防火门(C类)	耐火完整性≥1.00 h	C1.00
	耐火完整性≥1.50 h	C1.50
	耐火完整性≥2.00 h	C2.00
	耐火完整性≥3.00 h	C3.00

(5)其他代号

①有下框的防火门,代号为 k。

②平开防火门:门扇顺时针方向关闭,代号为 5;门扇逆时针方向关闭,代号为 6。双扇防火门关闭方向以安装锁的门扇关闭方向表示。

2.防火门的设置规定

(1)设置在建筑内经常有人通行处的防火门宜采用常开防火门。常开防火门应能在火灾时自行关闭,并应具有信号反馈的功能。

(2)除允许设置常开防火门的位置外,其他位置的防火门均应采用常闭防火门。常闭防火门应在其明显位置设置"保持防火门关闭"等提示标志。

(3)除管井检修门和住宅的户门外,防火门应具有自行关闭功能。双扇防火门应具有按顺序自行关闭的功能。

(4)除规定外,防火门应能在其内、外两侧手动开启。

(5)设置在建筑变形缝附近时,防火门应设置在楼层较多的一侧,并应保证防火门开启时门扇不跨越变形缝。

(6)防火门关闭后应具有防烟性能。

(7)甲、乙、丙级防火门应符合国家标准《防火门》(GB 12955—2008)的规定。

(二)防火窗

1.防火窗的产品命名

防火窗产品采用其窗框和窗扇框架的主要材料命名,具体名称见表 2-5-6。

表 2-5-6　　　　　　　　　　防火窗产品名称

名　称	含　义	代　号
钢质防火窗	窗框和窗扇框架采用钢材制造的防火窗	GFC
木质防火窗	窗框和窗扇框架采用木材制造的防火窗	MFC
钢木复合防火窗	窗框采用钢材、窗扇框架采用木材制造或窗框采用木材、窗扇框架采用钢材制造的防火窗	GMFC

注:其他材质防火窗的命名和代号表示方法,按照具体材质名称,参照执行表注。

2.防火窗的分类

(1)防火窗按使用功能分类见表 2-5-7。

表 2-5-7　　　　　　　　　防火窗按使用功能分类

名　称	代　号
固定式防火窗	D
活动式防火窗	H

(2)防火窗按耐火性能分类见表 2-5-8。

表 2-5-8　　　　　　　　　防火窗按耐火性能分类

名　称	耐火等级代号	耐火性能
隔热防火窗,A	A0.50(丙级)	耐火隔热性≥0.50 h,耐火完整性≥0.50 h
	A1.00(乙级)	耐火隔热性≥1.00 h,耐火完整性≥1.00 h
	A1.50(甲级)	耐火隔热性≥1.50 h,耐火完整性≥1.50 h
	A2.00	耐火隔热性≥2.00 h,耐火完整性≥2.00 h
	A3.00	耐火隔热性≥3.00 h,耐火完整性≥3.00 h
非隔热防火窗,C	C0.50	耐火完整性≥0.50 h
	C1.00	耐火完整性≥1.00 h
	C1.50	耐火完整性≥1.50 h
	C2.00	耐火完整性≥2.00 h
	C3.00	耐火完整性≥3.00 h

3.防火窗的设置规定

设置在防火墙、防火隔墙上的防火窗,应采用不可开启的窗扇或具有火灾时能自行关闭的功能。防火窗应符合国家标准《防火窗》(GB 16809－2008)的有关规定。

(三)防火卷帘

防火分隔部位设置防火卷帘时,应符合下列规定:

(1)除中庭外,当防火分隔部位的宽度不大于 30 m 时,防火卷帘的宽度不应大于 10 m;当防火分隔部位的宽度大于 30 m 时,防火卷帘的宽度不应大于该部位宽度的三分之一,且不应大于 20 m。

(2)不宜采用侧式防火卷帘。

(3)除另有规定外,防火卷帘的耐火极限不应低于对所设置部位墙体的耐火极限要求。

当防火卷帘的耐火极限符合国家标准《门和卷帘的耐火试验方法》(GB/T 7633－2008)有关耐火完整性和耐火隔热性的判定条件时,可不设置自动喷水灭火系统保护。

当防火卷帘的耐火极限仅符合国家标准《门和卷帘的耐火试验方法》(GB/T 7633－2008)有关耐火完整性的判定条件时,应设置自动喷水灭火系统保护。自动喷水灭火系统的设计应符合国家标准《自动喷水灭火系统设计规范》(GB 50084－2017)的规定,但在火灾时的延续时间不应短于该防火卷帘的耐火极限。

(4)防火卷帘应具有防烟性能,与楼板、梁、墙、柱之间的空隙应采用防火封堵材料封堵。

(5)需在火灾时自动降落的防火卷帘,应具有信号反馈的功能。

(6)其他要求,应符合国家标准《防火卷帘》(GB 14102—2005)的规定。

思考题

1. 什么是燃烧?
2. 燃烧的条件是什么?
3. 简述闪点、燃点、爆炸极限的定义。
4. 简述烟气的危害性。
5. 简述危险化学品的定义。
6. 危险化学品分为哪几类?
7. 简述各类常用危险化学品的危险特性。
8. 民用建筑按其使用性质、火灾危险性、疏散和扑救难度等分为哪几类?
9. 工业建筑按生产类别及储存物品类别的火灾危险性特征分为哪几类?
10. 何为建筑构件耐火极限?
11. 简述何为防火分区及其划分原则。
12. 简述何为防烟分区及其划分原则。
13. 简述灭火器的配置。
14. 灭火器的设置要求有哪些?
15. 简述灭火器的日常管理。
16. 救生器材有哪些?
17. 防火门按耐火性能如何分类?
18. 防火窗按耐火性能如何分类?

第三章 消防安全教育

知识目标
- 了解消防安全宣传教育的作用和形式,掌握消防安全宣传教育的内容和要求。
- 了解消防安全培训教育的形式,掌握消防安全培训教育的内容和要求。
- 了解消防咨询的范围和内容。

能力目标
- 能够针对宣传教育的对象,合理选择宣传内容,有效开展消防安全宣传教育。
- 能够针对培训对象,合理选择培训内容和形式,开展消防安全培训教育。
- 初步具备开展消防安全咨询的能力。

素质目标
- 理解团队在消防工作中的重要性,培养团结协作精神。
- 认识消防工作的社会价值,培养学生的奉献精神。

消防安全教育是消防工作中的一项重要的基础工作,通过消防安全教育,把消防安全知识与技能传授给公民,使公民充分认识火灾的危害,懂得预防火灾的基本措施和扑灭火灾的基本方法,培养公民消防安全素养,提高防火警惕性和同火灾做斗争的自觉性。按教育的手段、内容和性质,消防安全教育可分为消防安全宣传教育、消防安全培训教育和消防安全咨询三种类型。

第一节　消防安全宣传教育

消防安全宣传教育是指对公众讲解消防安全常识,让公众认识火灾的危害,提高防火警惕性和消防安全意识,使公众掌握基本的消防知识和灭火自救能力的教育工作。《消防法》第六条规定:各级人民政府应当组织开展经常性的消防宣传教育,提高公民的消防安全意识。机关、团体、企业、事业等单位,应当加强对本单位人员的消防宣传教育。应急管理部门及消防救援机构应当加强消防法律、法规的宣传,并督促、指导、协助有关单位做好消防宣传教育工作。对全民进行消防安全宣传教育是各级人民政府以及其他机关、团体、企业、事业等单位的一项重要职责。

一、消防安全宣传教育的意义

从全国的火灾统计看,大多数火灾的发生是消防安全管理不善,企业、事业单位领导、职工、重点岗位操作人员及社会公民消防意识淡薄,缺乏消防常识引起的。其惨重的人员伤亡和重大的财产损失,大多是人们不懂基本的消防安全常识所致。所以,要保证社会各单位及公民的消防安全,就必须要提高全民的消防安全素质,对全体公民进行广泛的消防安全宣传教育。消防安全宣传教育的意义主要表现在以下几个方面。

(一)消防安全宣传教育是消防安全管理的重要措施

消防安全管理是一项重要的社会性工作,涉及各行各业和千家万户。消防工作的群众性和社会性,决定了要做好消防安全管理工作必须首先做好消防安全宣传工作。消防安全管理工作做得如何,在一定意义上说,取决于广大职工群众对消防安全管理工作重要性的认识,取决于广大职工群众的消防安全意识和消防知识水平。只有广大职工群众确实感到做好消防安全工作是自己的利益所在,是自己义不容辞的责任时,才能积极地行动起来,自觉地参与到消防安全管理工作中,消防安全管理工作才能做好。

(二)开展消防安全宣传教育是贯彻消防工作路线的重要举措

消防工作的路线是:专门机关与群众相结合。不论是在火灾预防方面,还是在灭火救援方面,以及社会单位消防安全管理方面,都应当充分发挥职工群众的作用。要充分调动职工群众做好消防安全工作的积极性,提高其消防安全意识和遵守消防安全规章制度的自觉性,提高其火灾预防、灭火和逃生自救的能力,就必须通过消防安全宣传教育这一途径来实现。所以,消防安全宣传教育是贯彻消防工作路线的重要举措。

(三)开展消防安全宣传教育可以普及消防知识,提高公民消防安全素质

开展消防安全宣传教育可以提高全体公民对火灾的防范意识,掌握必备的消防知识和技能,使人们在生产、生活中自觉地遵守各项防火安全制度,自觉地检查生产、生活中的火灾隐患,并及时消除这些隐患,从根本上预防和减少火灾的发生。

(四)开展消防安全宣传教育可促进全社会精神文明和社会的稳定

消防安全工作的任务是保护公民生命、财产安全,保卫国家建设成果、维护社会秩序。从造成的危害看,火灾会造成人员伤亡和经济损失,使人民群众的生命、健康受到伤害;同时,严重的火灾往往导致生产的停滞、企业的破产,影响经济的发展,影响社会的稳定和繁荣。因此,通过广泛的消防安全宣传教育,使职工群众人人都重视防火安全、人人都懂得防火措施、人人都能够自觉做好消防安全工作,可以创造良好的消防安全环境,从而提高公民的精神文明程度,促进社会的稳定和繁荣。

二、消防安全宣传教育的对象

公民是消防安全实践的主体,抓好公民的消防安全宣传教育对提升全社会的消防安全能力至关重要。消防安全宣传教育的目的就是提高公民消防安全意识,普及消防安全

知识,提高广大人民群众的消防安全素质,增强社会消防安全能力和社会的整体消防安全素质。因此,消防安全宣传教育的对象主要是广大的社会民众。这也是由消防安全宣传教育的特点决定的。

在对公民的消防安全宣传教育中,进城务工人员、社区群众、单位职工应当是重点,而老年人、妇女、儿童更是消防安全宣传教育的重中之重。随着改革开放的不断深入和社会经济的不断发展,城镇居民社区和农村人口的结构都发生了显著变化,大量青壮年外出务工,农村部分家庭只剩下妇女、儿童和老年人留守。由于这种弱势群体的自防自救能力相对较弱,一旦发生火灾,将面临严重的威胁,因此,老年人、妇女、儿童等弱势群体是消防安全宣传教育的重中之重。

三、消防安全宣传教育的内容

开展消防安全宣传教育,应根据不同的教育对象,选取不同的教育内容。由于消防安全宣传教育是一种消防知识普及性教育,教育的对象主要是广大人民群众,因此内容要相对简单、适用、通俗易懂。例如,火灾案例教育,可以使公民充分认识到火灾的危害;公民的消防安全义务教育,可以使人们知道作为一个公民在消防方面应该履行的义务;消防工作二十条教育,可以使人们懂得日常生活中,哪些事情不该做,做了可能会引起火灾等。另外,用火用电基本常识、常见火灾预防措施和扑救方法、常见灭火器材的使用方法、火场自救与逃生方法等内容都是消防安全宣传教育的可选内容。

四、消防安全宣传教育的形式

消防安全宣传教育的形式有多种,不同单位或部门可根据宣传教育的主题和对象有针对性地选择。

(一)报纸、杂志、文学创作

根据社会消防安全宣传教育的需要和报纸自身的特点,结合消防安全工作的实际情况,在报纸上开设相关宣传栏目,使其成为开展消防安全宣传教育的阵地;有条件的地方和单位,还可以在当地或本单位的报纸上专门开设消防安全宣传专栏,进行定期或不定期的消防安全宣传教育。如报道火灾新闻、火灾案例,介绍消防常识,表扬消防安全工作中的好人好事,刊载火灾事故处理情况、曝光火灾隐患等。

根据杂志的特点,可以专门创办消防安全期刊,如目前已有的《中国消防》《消防技术与产品信息》《消防科学与技术》等,或利用相关期刊,连续刊载消防安全报道、消防安全技术、消防科研成果和消防安全管理方面的经验等,以达到宣传消防安全知识的目的。

文学创作是反映社会生活的一种文化形式,可以利用这种形式进行消防安全宣传教育,如创作消防内容的小说、诗歌、散文、报告文学等。另外,宣传消防知识的少儿读物、儿童防火拍手歌谣、儿童防火三字经等题材的文学作品,都起到了很好的宣传教育作用。

(二)广播、电影、电视

根据广播听众多、传播面广的特点,可通过消防新闻播报、消防专题广播等栏目开展消防安全宣传教育活动,如《消防进社区》《消防卫士》等栏目。另外,当无线广播由于时间等因素不能满足消防安全宣传教育需要时,则可利用有线广播在一个区域或单位进行宣传教育,这种方式具有听众相对集中、没有栏目时间限制、教育的内容可长可短、随时随地可以播出等优势。

电影是一种可以容纳悲喜剧与文学戏剧、摄影、绘画、音乐、舞蹈、文字等多种艺术的综合艺术。利用电影进行消防安全宣传教育,具有受众面大、宣传教育效果好的优势。如河南影视集团拍摄的我国首部消防安全教育系列电影科教片《全民消防 生命至上》、人民公安报社与北京法宣影视文化有限公司联合摄制的《火海逃生》等电影都取得了很好的社会效益。

电视是开展消防宣传教育、传递消防安全知识的重要且有效的手段。在电视消防安全宣传教育中,可以根据不同的宣传内容,选择不同的宣传形式。对一些比较严肃的消防话题,可以通过新闻、专题、访谈类等节目形式,及时传递给观众;对于一般的消防安全知识,可以采用戏剧、曲艺、音乐、舞蹈等舞台艺术,使教育内容更加丰富多彩和寓教于乐;有条件的地方还可以在当地电视台开办消防安全宣传教育专栏,建立固定的电视消防安全宣传教育阵地。另外,一些大型企业、大型宾馆等公众聚集场所以及社区等,可以针对不同行业、不同季节消防安全工作的实际需要制作消防安全宣传光盘,通过有线电视网,随时、经常地播放,加深观众对消防安全知识的了解和掌握,增强消防安全宣传教育的效果。

(三)互联网

互联网是一种公用信息的载体,是大众传媒的一种,具有快捷性、普及性,是现今流行、受欢迎的传媒之一。因此互联网是开展消防安全宣传教育的重要平台。通过互联网,可以将最新的消防安全信息向全世界发布,可以将文字、图片、视频多媒体等各种内容集中在一起展示;可以通过消防知识有奖竞答、消防安全问卷调查、友情链接消防网页、消防论坛互动等形式进行消防安全宣传教育;可以建立消防数据资源库,把消防标准、规范、专利等消防数据资源整合到互联网上,可极大地丰富消防数据的可访问性;通过互联网,访问者在网上可以在线观看火灾案例、消防实战片段甚至消防文艺电影;还可以利用远程教育网络开展消防安全宣传教育等。好的网站,如中国消防在线、应急管理部消防救援局网站、中国消防协会网站、中国消防产品信息网等,对消防安全宣传教育和消防安全管理等工作的开展发挥了重要的作用。

(四)消防主题宣传活动

消防主题宣传活动是指通过开展具有独立鲜明主题的活动对公民进行消防安全宣传教育的专项工作,通常是由当地的消防救援机构,在每年春节、元旦、"五一"国际劳动节、国庆节和全国消防安全日(每年11月9日)等日子,以政府名义组织,或由机关、团体、企业、事业单位在本单位组织。

消防主题宣传活动应当结合当地或本单位的消防安全形势,有针对性地对当地民众或单位职工进行消防安全宣传教育。宣传教育的内容和形式可在以上所述的方式中选择,也可采取以下各种形式:

(1)组织群众或单位职工举办消防运动会,开展消防知识竞赛、灭火竞赛、消防故事演讲比赛、消防摄影书画比赛等活动。

(2)结合消防主题班会、少先队活动、社会实践活动等对儿童、青少年开展消防安全宣传教育;组织儿童、青少年开展消防夏令营、冬令营等活动。

(3)在城市广场、街道等公共场所举行活动仪式,张贴标语口号,悬挂过街条幅,出动宣传车辆,设立宣传咨询点,发放宣传图书和资料,回答群众咨询提问。

(4)组织群众观看《火海逃生》《消防安全常识二十条》《防患于未燃》等消防专题片;组织职工群众进行灭火与疏散演练、体验消防官兵生活等亲身体验活动。

(5)组织职工、学生等教育对象到消防教育基地、消防博物馆参观学习,参加展览厅或其他公共场所举办的各类消防科普教育展示活动。

(五)其他方式

1. "鸣锣喊寨"

在农村,尤其是少数民族地区,村寨与乡(镇)政府之间、村寨与村寨之间相对分布较分散,乡(镇)政府很难组织开展经常性的消防安全宣传教育。而"鸣锣喊寨"等民间的传统方式较适合于农村特点,村民委员会可以就这种方式,明确专人在村寨里巡逻,提醒村民们注意用火、防火,宣传消防安全常识,提高村民的防火警惕性。

2. 运用居民防火公约、乡规民约

居民防火公约和乡规民约也是较为传统的教育和约束方式,对于城镇居民和农村村民的行为具有一定的约束和指导作用。可以适当地把消防安全知识纳入乡规民约中,让村民了解和掌握一些必备的防火常识,从而达到消防安全宣传教育的目的。

3. 设置流动式消防宣传栏

城镇街道、居民社区、乡(镇)政府、村民委员会可以制作一些有关消防安全知识性的流动式宣传栏和消防画廊,在村民的赶集日、全国消防安全日、火灾多发季节和当地的民俗节日,大张旗鼓地开展消防安全宣传教育活动。

五、消防安全宣传教育的要求

为使消防安全宣传教育工作能够持久、深入、扎实地开展,且能够取得明显的成效,在利用各种形式开展教育的同时,还应注意以下几点要求。

(一)要有针对性

消防安全宣传教育的首要要求就是要有针对性。所谓针对性就是在选择消防安全宣传教育的内容和形式时,要考虑宣传教育的对象、宣传时间和地点,针对具体的宣传教育对象和时间地点合理选择宣传内容和形式,这样才能达到良好的效果。因为不同时期针对不同人群消防工作的要求和重点不同,如春季和秋季不同,城市和农村不同,化工企业和轻纺企业不同,电焊工和仓库保管员不同,消防安全教育的内容也是有区别的。所以,在进行消防安全教育时,要注意区别这些不同特点,抓住其中的主要矛盾,有针对性、有重点地进行。

(二)要讲究时效性

任何火灾都是在某种条件下发生的,它往往反映某个时期消防工作的特点。所以,消防安全宣传教育,应特别注意利用一切机会,抓住时机进行。例如,某地发生一起校园的火灾,各院校就要及时利用这一火灾案例对学生进行宣传教育,分析起火和成灾的直接原因与间接原因,讨论应该从中吸取什么教训,如何防止此类火灾的发生等。如果时过境迁再去宣传这个案例,其效果会差些。另外消防安全教育的内容应和季节相吻合,如夏季宜宣传危险物品防热、防自燃等知识,冬季宜宣传炉火取暖防火、防燃气泄漏爆炸等。

(三)要有知识性

任何事物的发生、发展都有其必然的原因和规律,火灾也不例外。要让人们知道预防火灾措施、灭火的基本方法等知识,在进行消防安全教育时就必须设法让人们知道火灾发生、发展的原因和规律。这就要求在选择消防安全宣传教育的内容时要有知识性。例如,在进行消防安全宣传教育时,经常会讲到不能用铜丝或铁丝代替保险丝、不能随地乱扔烟头、不能携带易燃易爆物品乘坐交通工具等,在强调这些违禁行为的同时,还要讲明为什么不能这样做,这样做可能会造成什么样的后果,带来什么样的危害,将原因和道理寓于其中。这样,人们通过知识性的宣传教育,就能自然掌握消防安全知识,自觉注意消防安全。

(四)要有趣味性

消防安全教育的内容和方法还应具有趣味性。所谓趣味性,就是通过对宣传教育内容的加工,针对不同的对象、时间、地点、内容,用形象、生动、活泼的艺术性手法或语言,将不同的听者、看者的注意力都聚集于所讲的内容上的一种方式。同样的内容、同一件事物,不同的宣传手法会产生不同的效果。所以要掌握趣味性的方式,形式要新颖、不拘一格,语言要生动活泼、引人入胜。要让受教育者如闻其声、如观其行、如睹其物、如临其境,使所宣讲内容对听者、看者具有吸引力,使人想听、想看,达到启发群众、教育群众的目的。

(五)要通俗易懂

由于消防安全宣传教育的对象大多是普通群众,故其内容应当通俗易懂且贴近实际、贴近群众、贴近生活。应注重现场感和群众参与感,语言要通俗、口语化,达到准确、通顺、精练、健康,应该是提炼过后高层次的口头语言,不宜讲大话、套话、空话和泛论,要做到读来顺口、听来顺耳、标准规范、具体形象。如果消防安全宣传教育的内容涉及国计民生的大事,就更应当准确无误,坚持正面宣传,不能以主观感受代替国家的法律、法规。对一些消防热点、难点和重大消防事件的宣传教育,特别是在曝光一些重大火灾隐患或进行批评性消防报道时,应该把握事件的主线,不能把非主线的、不够准确的内容也"有闻必录"地宣传出去。

第二节　消防安全培训教育

消防安全培训教育是指培养和训练消防安全技术工人、专业干部和业务骨干的教育工作,也是培养职工消防安全素质和消防安全业务能力的一个重要途径,有一定的专业技术性。

一、消防安全培训教育的管理职责

公安部第109号令《社会消防安全培训教育规定》第三条规定：公安（修订和修正后的《消防法》将其调整为应急管理）、教育、民政、人力资源和社会保障、住房和城乡建设、文化、广电、安全监管、旅游、文物等部门应当按照各自的职能，依法组织和监督管理消防安全培训教育工作，并纳入相关工作检查、考评。各部门应当建立协作机制，定期研究、共同做好消防安全培训教育工作。该规定明确了各部门在开展消防安全培训教育工作中的管理职能。

（一）应急管理部门消防救援机构的职责

应急管理部门在消防安全培训教育工作中应当履行下列职责，并由消防救援机构具体实施：

(1)掌握本地区消防安全培训教育工作情况，向本级人民政府及相关部门提出工作建议。

(2)协调有关部门指导和监督社会消防安全培训教育工作。

(3)会同教育行政部门、人力资源和社会保障部门对消防安全专业培训机构实施监督管理。

(4)定期对社区居民委员会、村民委员会的负责人和专（兼）职消防队、志愿消防队的负责人开展消防安全培训。

（二）教育行政部门的职责

教育行政部门在消防安全培训教育工作中应当履行下列职责：

(1)将学校消防安全培训教育工作纳入培训教育规划，并进行教育督导和工作考核。

(2)指导和监督学校将消防安全知识纳入教学内容。

(3)将消防安全知识纳入学校管理人员和教师在职培训内容。

(4)依法在职责范围内对消防安全专业培训机构进行审批和监督管理。

（三）民政部门的职责

民政部门在消防安全培训教育工作中应当履行下列职责：

(1)将消防安全培训教育工作纳入减灾规划并组织实施，结合救灾、扶贫济困和社会优抚安置、慈善等工作开展消防安全培训教育。

(2)指导社区居民委员会、村民委员会和各类福利机构开展消防安全培训教育工作。

(3)负责消防安全专业培训机构的登记，并实施监督管理。

（四）人力资源和社会保障部门的职责

人力资源和社会保障部门在消防安全培训教育工作中应当履行下列职责：

(1)指导和监督机关、企业和事业单位将消防安全知识纳入干部、职工教育、培训内容。

(2)依法在职责范围内对消防安全专业培训机构进行审批和监督管理。

(五)安全生产监督管理部门的职责

安全生产监督管理部门在消防安全培训教育工作中应当履行下列职责:

(1)指导、监督矿山、危险化学品、烟花爆竹等生产经营单位开展消防安全培训教育工作。

(2)将消防安全知识纳入安全生产监管监察人员和矿山、危险化学品、烟花爆竹等生产经营单位主要负责人、安全生产管理人员及特种作业人员培训考核内容。

(3)将消防法律法规和有关技术标准纳入注册安全工程师及职业资格考试内容。

(六)其他行政部门的职责

住房和城乡建设部门应当指导和监督勘察设计单位、施工单位、工程监理单位、施工图审查机构、城市燃气企业、物业服务企业、风景名胜区经营管理单位和城市公园绿地管理单位等开展消防安全培训教育工作,将消防法律法规和工程建设消防技术标准纳入建设行业相关职业人员的培训教育和从业人员的岗位培训及考核内容。

文化、文物部门应当积极引导创作优秀消防安全文化产品,指导和监督文物保护单位、公共娱乐场所和公共图书馆、博物馆、文化馆、文化站等文化单位开展消防安全培训教育工作。

广电部门应当指导和协调广播影视制作机构和广播电视播出机构,制作、播出相关消防安全节目,开展公益性消防安全宣传教育、指导和监督电影院开展消防安全培训教育工作。

旅游部门应当指导和监督相关旅游企业开展消防安全培训教育工作,督促旅行社加强对游客的消防安全宣传教育,并将消防安全条件纳入旅游饭店、旅游景区等相关行业标准,将消防安全知识纳入旅游从业人员的岗位培训及考核内容。

二、消防安全培训教育的对象

消防安全培训教育的对象应当是消防安全工作实践的主体。

(一)单位领导干部

单位消防安全管理工作的推进有两个原动力,一个是领导自上而下的规划推动力,另一个是职工自下而上的需求拉动力。这两个动力相互作用、缺一不可。而各级领导对消防安全管理工作的重视和支持是发挥这两个原动力的关键。如果各级领导以及职工都能从消防安全管理的作用、任务和根本价值取向上取得共识,在实际工作中,建筑消防安全管理的分歧和矛盾就仅仅是具体方法、形式、进度以及所涉及利益关系上的调整。要做好单位消防安全管理工作,就必须加强领导,统筹规划,精心组织,全面实施。只有这样才能切实落实消防安全管理措施和管理制度,保障单位的消防安全。因此,对单位领导进行消防安全法律法规教育、火灾案例教育等方面的培训,提高其消防安全意识是十分必要的。

(二)单位消防安全管理人员

企业、事业单位的消防安全管理人员长期从事单位消防安全管理的实际工作,是普及消防安全知识不可缺的力量，其个人消防安全素质的高低、消防安全管理能力的强弱，将影响到整个单位消防安全管理的质量，因此，对企业事业单位消防安全管理人员的培训应该采取较为专业的方式，主要由消防救援机构对其进行专业知识和技能的培训教育，使其掌握一定的消防安全知识、消防技能和消防安全管理方法，以对本单位进行更加有效的消防安全管理。

（三）单位职工

企业、事业单位的职工是单位消防安全实践的主体，其个人消防安全素质将直接影响企业事业单位的安全。单位应当根据本单位的特点，建立健全消防安全培训教育制度，明确机构和人员，保障培训工作经费。定期开展形式多样的消防安全宣传教育。对新上岗和进入新岗位的职工进行上岗前的消防安全培训。对在岗的职工每年至少进行一次消防安全培训。消防安全重点单位每半年至少组织一次灭火和应急疏散演练，其他单位每年至少组织一次演练。

（四）重点岗位的专业操作人员

单位重点岗位的专业操作人员是单位消防安全培训的重点，其操作的每一个阀门、安装的每一个螺丝、敷设的每一根电线、按动的每一个按钮、添加的每一种物料等都可能成为事故的来源，如若不具有一定的事业心，不掌握一定的消防安全知识和专业操作技术，就有可能出现差错，会带来事故隐患，甚至造成事故。而一旦造成事故将直接影响到职工的生命安全和单位的财产。所以，必须对重点岗位的专业操作人员进行消防安全培训，使其了解和掌握消防法律法规及消防安全规章制度和劳动纪律；熟悉本职工作的概况，生产、使用、贮存物资的火险特点，危险场所和部位，消防安全注意事项；了解本岗位工作流程及工作任务，熟悉岗位安全操作规程、重点防火部位和防火措施、紧急情况的应对措施和报警方法等。

三、消防安全培训教育的形式

消防安全培训教育的形式是由消防安全培训教育的对象、内容以及各单位消防安全工作的具体情况决定的，按培训教育的集中程度和层次可归纳为以下几种：

（一）按培训教育的集中程度分类

消防安全培训教育按培训教育的集中程度，分为集中培训教育和个别培训教育两种形式。

1. 集中培训教育

集中培训教育就是将有关人员集中在一起，根据特定的情况和内容进行培训。集中培训教育又可分为授课式和会议式两种情况。

（1）授课式

授课式主要是以办培训班或学习班的形式，将培训教育对象集中，在一段时间内由教员在课堂上讲授消防安全知识。这种方式一般是有计划进行的一种消防安全培训教育方式,如成批的新工人入厂时进行的消防安全培训教育、消防救援机构或其他有关部门组织的消防安全培训教育等多采用此种方式。

(2)会议式

会议式就是根据一个时期消防安全工作的需要,采取召开消防安全工作会、消防专题研讨会、火灾事故现场会等形式,进行消防安全培训教育。

例如,根据消防工作的需要,定期召开消防安全工作会议,研究解决消防安全工作中存在的问题。针对消防安全管理工作的疑难问题或单位存在的重大消防安全隐患,召开专题研讨会,研究解决问题的方法,同时又对管理人员进行了消防安全培训教育。火灾现场会教育是用反面教训进行消防安全教育的方式,本单位或其他单位发生了火灾,及时组织职工或领导干部在火灾现场召开会议,用活生生的事实进行教育,效果应该是最好的。在会上领导干部要引导分析导致火灾的原因,认识火灾的危害,提出今后预防类似火灾的措施和要求。

2. 个别培训

个别培训教育就是针对岗位的具体情况,对培训教育对象进行个别指导,纠正错误之处,使其逐步达到消防安全的要求。个别培训教育主要有岗位培训教育、技能督察教育两种。

(1)岗位培训教育

岗位培训教育是根据岗位的实际情况和特点而进行的。通过培训使培训教育对象能正确掌握消防安全应知应会的内容和要求。

(2)技能督查教育

技能督查教育是指消防安全管理人员在深入具体岗位督促检查消防安全培训教育结果时发现问题,要弄清原因和理由,提出措施和要求,根据各人的不同情况,采取个别指导或其他更恰当的方法进行教育。

(二)按培训教育的层次分类

在企业、事业单位,消防安全培训教育按层次,可分为厂(单位)、车间(部门)、班组(岗位)三级。要求新职工,包括从其他单位新调入的职工,都要进行三级消防安全培训教育。

1. 厂级培训教育

新职工来单位报到后,首先要由消防安全管理人员或有关技术人员对其进行消防安全培训,介绍本单位的特点、重点部位、安全制度、灭火设施等,学会使用一般的灭火器材。从事易燃易爆物品生产、储存、销售和使用的单位,还要组织新职工学习基本的化工知识,了解全部的工艺流程。经消防安全培训教育,考试合格者要填写消防安全培训教育登记卡,然后持卡向车间(部门)报到。未经过厂级消防安全教育的新职工,车间可以拒绝接收。

2. 车间级培训教育

新职工到车间(部门)后,还要进行车间级培训教育,介绍本车间的生产特点、具体的安全制度及消防器材分布情况等。教育后同样要在消防安全培训教育登记卡上登记。

3. 班组级培训教育

班组级消防安全培训教育,主要是结合新职工的具体工种,介绍岗位操作中的防火知识、操作规程及注意事项,以及岗位危险状况紧急处理或应急措施等。对在易燃易爆岗位操作的职工以及特殊工种职工,上岗操作还要先在老职工的监护下进行,在经过一段时间的实习后,经考核确认已具备独立操作的能力时,才可独立操作。

(三)激励教育

在消防安全培训教育中,激励教育是一项不可缺少的教育形式。激励教育有物质激励和精神激励两种,如对在消防安全工作中有突出表现的职工或单位给予表彰或给予一定的物质奖励,而对失职的人员给予批评或扣发奖金、罚款等物质惩罚,并通过公众场合宣布这些奖励或惩罚。这样从正、反两方面进行激励,不仅会使有关人员受到物质和精神上激励,同时对其他人也有很强的辐射作用。因此,激励教育是十分必要的。

四、消防安全培训教育的内容

根据消防安全工作涉及面广、内容多、科技性强等特点,消防安全培训教育的主要内容,可归纳为以下几点:

(一)消防安全工作的方针和政策教育

国家制定的消防工作的法律、法规、路线、方针、政策,对现代国家的消防安全管理起着调整、保障、规范和监督作用,是社会长治久安,人民安居乐业的一种保障。消防安全工作是随着社会经济建设和现代化程度的发展而发展的。预防为主、防消结合的消防工作方针以及各项消防安全工作的具体政策,是保障公民生命和财产安全、社会秩序安全、经济发展安全、企业生产安全的重要措施。所以,进行消防安全教育,首先应当进行消防工作的方针和政策教育,这是调动群众积极性、做好消防安全工作的前提。

(二)消防安全法律法规教育

消防安全法律法规是人人应该遵守的准则。通过消防安全法律法规教育,使广大职工群众懂得哪些事应该做,应该怎样做,哪些事不应该做,为什么不应该做,做了又有什么危害和后果等,从而使各项消防法律法规得到正确地贯彻执行。针对不同层次、不同类型的教育对象,选择不同的消防法律法规进行教育。

(三)消防安全科普知识教育

消防安全科普知识是普通公民都应掌握的消防基础知识,其主要内容应当包括:火灾的危害;生活中燃气、电器防火、灭火的基本方法;日用危险物品使用的防火安全常识;常用电器使用防火安全常识;发生火灾后报警的方法;常见的应急灭火器材的使用;火灾发生后如何自救互救和疏散等。使广大人民群众都懂得这些基本的消防安全科普知识,是有效地控火灾发生或减少火灾损失的重要基础。

(四)火灾案例教育

人们对火灾危害的认识往往是从火灾事故的教训中得到的,要提高人们的消防安全意识和防火警惕性,火灾案例教育是最具说服力的教育方式。分析典型火灾案例的起火原因和成灾原因,使人们意识到日常生活中疏忽就可能酿成火灾,不掌握必要的灭火知识和技能就可能使火灾蔓延,造成更大的生命和财产损失。因此,火灾案例教育可从反面提高人们对防火工作的认识,使大家从中吸取教训,总结经验,采取措施,做好防火工作。

(五)消防安全技能培训

消防安全技能培训主要是对重点岗位操作人员而言的。在一个工业企业中,要达到生产作业的消防安全,操作人员不仅要掌握消防安全基础知识,而且还应具有防火、灭火的基本技能。如果消防安全培训教育只是使培训教育对象拥有消防安全知识,那么还不能完全防止火灾事故的发生。只有操作人员在实践中灵活地运用所掌握的消防知识,并且具有熟练的操作能力和应急处理能力,才能体现消防安全培训教育的效果。

五、消防安全培训教育的要求

为使消防安全培训教育工作取得明显的成效,在利用各种形式开展教育的同时,还应注意以下几点:

(一)充分重视,定期进行

单位领导要充分认识消防安全培训教育的重要性,并将消防安全培训教育列入工作日程,作为单位文化的一个重要组成部分来抓。制定消防安全培训教育制度并督促落实。通过多种形式开展经常性的消防安全培训教育,切实提高职工的消防安全意识和消防安全素质。根据国家有关规定,单位应当对全员进行消防安全培训教育,消防安全重点单位对每名职工应当至少每年进行一次消防安全培训教育,其中公众聚集场所相关单位对职工的消防安全培训教育应当至少每半年进行一次。新上岗和进入新岗位的职工上岗前应再进行消防安全培训教育。

(二)抓住重点,注重实效

培训教育的重点是各级、各岗位的消防安全责任人、消防安全专(兼)职消防管理人员;消防控制室的值班人员、重点岗位操作人员;义务消防人员、保安人员;电工、电气焊工、油漆工、仓库管理员、客房服务员;易燃易爆危险品的生产、储存、运输、销售从业人员等重点工种岗位人员,以及其他依照规定应当接受消防安全培训教育的人员。要求根据不同的培训教育对象,合理选择培训教育内容,不走过场,注重培训教育的实际效果。

(三)三级培训,严格执行

要严格执行厂(单位)、车间(部门)、班组(岗位)三级消防安全培训制度。不仅仅是新进厂的职工要经过三级消防安全培训教育,而且进厂后职工在单位范围内有工作调动时,也要在进入新部门(车间)、新岗位时接受新的消防安全培训教育。岗位的消防安全培训教育应当是经常性的,要不断提高职工预防事故的警惕性和消防安全知识水平。特别是当生产情况发生变化时,更应对职工及时进行培训教育,以适应生产变化的需要。接受过三级消防安全培训教育的职工,因违章而造成事故的,本人负主要责任;如果未对职工进行三级消防安全培训教育,若因职工不懂消防安全知识而造成事故,则有关单位的领导要承担主要责任。

(四)针对性、真实性、知识性、时效性和趣味性并重

消防安全培训教育同消防安全宣传教育一样,要有较强的针对性、真实性、知识性、时效性和趣味性。尤其是消防安全培训教育内容的选择,一定要具有针对性。要充分考虑到培训教育对象的身份、特点、所在行业、从事的工种等各种情况。同时也要考虑到培训教育的目的、要求、时间、地点等,根据具体的情况,合理选择培训教育的内容和形式,使消防安全培训教育有重点、有针对性地进行,取得良好的培训效果,切实达到培训的目的。

(五)不同层次、多种形式进行

要根据单位和培训教育对象的实际情况采取不同层次、多种形式进行培训教育。对于大中型企业或单位的法定代表人,消防控制室操作人员,消防工程的设计、施工人员,消防产品生产、维修人员和易燃易爆危险物品生产、使用、储存、运输、销售的专业人员,宜由省一级的消防安全培训教育机构组织培训教育;对于一般的企业法定代表人,企业消防安全管理人员,特种行业的电工、焊工等,宜分别由省辖市一级的消防安全培训教育机构或区、县级的消防安全培训教育机构组织培训教育;对于机关、团体、企业、事业单位普通职工,宜由单位的消防安全管理部门组织培训教育。培训教育的形式可以多种多样,根据具体情况从上述形式中选择。

(六)要加强对消防安全培训教育机构的管理

国家机构以外的社会组织或个人,利用非国家财政性经费,或者其他依法设立的职业培训教育机构、职业学院及其他培训教育机构,面向社会从事消防安全专业培训教育的,应当经过省级人力资源和社会保障部门批准,取得消防安全职业培训教育批准书。消防安全专业培训教育机构应当按照国家有关法律法规和应急管理部会同教育部、人力资源和社会保障部等共同制定、编制的全国统一的消防安全培训教育大纲开展消防安全专业培训教育,以保证培训教育质量。

第三节 消防安全咨询

咨询是指单位或个人,就某些问题向特定社会组织或个人所进行的询问活动,其目的是获得某些信息,或某一问题的解决意见和建议,以便进行决策。这种专门提供某一领域的信息或提出某一问题的解决意见和建议的社会活动,就是咨询服务。消防咨询就是指消防救援机构人员或本单位消防管理人员在日常的消防安全管理活动中,运用自己拥有的知识、信息、技能和经验为群众或某个部门提供解决问题的建议性意见或方案的活动。

各级应急管理部门消防救援机构和机关、团体、企业、事业单位必须从适应社会和本单位的需要出发,为群众提供消防安全管理知识与消防技术服务。同时还要为群众提供消防咨询服务。通过向群众提供消防安全与产品信息、预防火灾的措施与建议、消防法律

法规方面的疑问答复,可以加强群众自身消防安全防范建设,提高抵御火灾的能力。

一、消防咨询的目的与作用

消防咨询的根本目的是通过向社会各单位、个人提供优质的消防安全咨询服务,使广大群众能够准确理解和把握国家政策和法律法规对消防工作的有关规定,自觉遵守消防安全管理规定和管理制度,更好地运用法律维护单位或个人的利益;加强各单位的消防安全管理工作,落实各项安全防范措施和安全规章制度,提高发现、控制、制止各种火灾事故的能力,为国家经济建设和人民群众的生活,提供一个良好的消防安全环境,维护社会主义经济建设秩序和社会治安秩序,确保国家、集体、个人财产不遭受损害。消防安全咨询在消防安全管理工作中的作用具体体现在以下几个方面:

(一)消防咨询可以宣传消防安全知识

群众对消防安全知识的了解大多是通过消防知识短期培训、消防知识讲座、消防安全宣传获得的,因此对有些知识不能很好地掌握,甚至一知半解。而通过消防安全咨询,可使公众都能比较全面地掌握消防安全知识,提高群众预防和扑救火灾的能力。另外,消防咨询的主要内容是向广大单位和个人提供有关消防安全的建议、意见、信息和方案。消防救援机构和机关、团体、企业、事业单位,要在开展消防宣传教育的活动中,针对不同的单位和个人提出的不同的安全防范问题,提供有关信息,或提出看法、见解和工作方案,以便单位和公民在消防安全管理和防范、处理火灾事故时,做出正确的决策和采取适当的措施。

(二)消防咨询可以为单位和个人的消防安全问题提供法律依据

消防咨询可以向社会单位和个人宣传和解读我国关于消防安全管理的法律法规规定,使单位和个人自觉地运用法律法规来解决问题,维护自身的合法权益,避免用非法手段解决问题。在咨询过程中,消防安全管理人员必须遵守国家的政策和法律规定,做出准确的解答。

(三)消防咨询可以提供消防业务知识

在消防咨询过程中,可根据单位和个人的需要,对消防机构管理的消防业务内容,特别是消防机构审批的业务进行解释,告知单位和个人办理哪些事务需要哪些条件、手续,需要经过怎样的程序、多长的时间,并指导其到具体的消防机构去办理。同时,也可为单位消防安全管理人员提供解决消防安全管理难点问题的方法,火灾隐患整改措施,消防产品性能、质量、使用方法等方面的问题。

二、消防咨询的特征

(一)针对性

消防咨询是消防救援机构监督人员或单位消防安全管理人员对社会组织、公民或职工群众的消防问题进行解答的服务。因此,进行消防咨询服务时,一定要针对咨询者提出的问题,结合单位和个人的周围环境及人力、物力、财力等因素,以国家政策和法律的有关规定为依据,经过综合分析后,对问题进行解答,做到所答为所问,切实解决咨询者提出的问题。对于消防安全管理制度、消防安全防范措施及消防设施设置等方面的问题,消防监督机构及单位消防安全管理人员只有针对社会组织和公民现已制定的安全防范措施及消防设施提出建议和意见,才能使之成为十分有效的消防安全防范体系,消除火灾隐患,防止或减少火灾事故的发生。

(二)广泛性

消防咨询的广泛性是指咨询人员的广泛性、询问问题的广泛性和涉及消防知识的广泛性。在消防安全咨询的人员中,有机关、团体、企业、事业单位等社会组织的成员,也有公民个人,因此其成员具有一定的广泛性。同时,咨询的问题也具有广泛性,既可能涉及消防安全防范规章制度和国家的法律法规、方针政策,又可能涉及消防产品的性能、规格、使用方法等问题,还可能涉及消防常识、火灾事故的责任认定等问题。咨询问题的广泛性,决定了被咨询人员应具备的消防知识的广泛性,被咨询人员必须具备丰富的消防知识、技能、和经验,才能为咨询者做出满意的回答。

(三)复杂性

消防咨询的广泛性决定了消防咨询的复杂性。消防安全咨询者可能来自各行各业、各种层次,所提出的问题也是繁简不一、各种各样。要准确回答这些问题,就需要被咨询者根据单位和群众的需要,依照现行的法律法规和相关的政策精神,结合自己的实际工作经验,提出建设性的意见和方案。同时又要根据国内外的有关消防安全管理情况,对单位和群众提出的询问进行解答。

(四)指导性

消防咨询的指导性是指解答、解释或参考意见是根据国家的政策、法律法规和被咨询者消防知识及经验而提供的,因此具有一定的指导性。特别是消防知识、防范措施方法与技巧,多属于被咨询者的理解或经验性总结,符合客观情况的建议、意见,对咨询者的决策和行动同样具有很大的影响力和权威性。机关、团体、企业、事业单位及职工群众在采纳这些意见和建议时,要结合本单位的实际情况。

三、消防咨询的范围

根据消防咨询服务的实践,消防咨询的范围除解答消防安全管理的法律法规和消防行政管理的许可、程序、方法外,主要有以下几个方面:

(一)消防安全常识咨询

消防安全常识咨询是最低层次的消防咨询,也是消防安全宣传教育的特殊形式,对被咨询者的知识水平、技能和经验没有太高的要求,咨询者一般也是普通的群众。咨询的问题涉及消防安全管理的规定、火灾的预防、初起火灾的扑救方法、用火用电用气的安全常识、逃生技巧等方面。这种咨询一般以口头解答为主,以书面解答为辅。在听取咨询者叙述的过程中,弄清咨询者所问问题的情节和细节,明确其目的和要求,以及与此相关的各种情况,然后有针对性地进行回答。

(二)消防产品咨询

消防产品咨询,主要是指消防监督管理人员或消防技术人员向咨询者提供有关消防产品的种类、性能、价格、使用规则及注意事项等方面的信息和情况,便于咨询者准确无误地选择和正确使用消防产品。不同种类的消防产品有不同的适应范围和工作环境,不能随意乱用。否则会影响使用的效果,甚至造成严重后果,给国家和个人带来巨大损失。消防技术人员只有详细、准确地向咨询者介绍消防产品的种类、性能、用途、使用过程中的注意事项等,才能使其了解消防产品的基本特点、工作原理,掌握消防器材的使用方法,准确选择符合实际要求的消防产品,有效地预防或减少火灾损害和及时扑灭火灾。

(三)消防防范措施咨询

消防防范措施咨询是指消防救援机构及消防安全管理人员为了保障单位的生产、科研的安全以及居民生活的安全,维护正常的工作秩序和生活秩序,在各级各类消防管理机构建设、消防安全规章制度制定、消防安全技术措施等方面提出建议和意见,使各单位能够在以上各方面工作中得到正确的指导,更好地完成消防安全管理工作,消除单位内部及居民生活中的不安全因素,降低潜在危险。

消防组织机构包括单位的保卫组织、安全检查组织、志愿消防队等各种组织。消防安全规章制度包括消防安全责任制度,消防安全培训制度,消防安全检查与防火巡查制度,易燃、易爆、剧毒、放射性物质等危险物品的出入登记和管理制度,用电、用火和用气的管理制度等。消防安全技术措施主要是消防器材的安装和使用。对咨询者在以上几个方面提出的问题,要依据国家的政策和法律的有关规定进行综合分析,确定问题的答案及解决方案。同时,要根据社会组织和公民个人的实际情况,做出准确、切实可行的回答或提出建设性意见和修改方案。

(四)公共消防能力评估和消防规划咨询

消防咨询的最高层次是公共消防能力评估和消防规划咨询。这种咨询可通过有资格的消防技术咨询机构来完成。在公共消防能力建设过程中,如果单纯基于本地区历史火灾情况进行评估或判断公共消防服务需求,可能会忽略尚未发现的风险,将会不利于本地区公共消防能力水平的有效提升。为了能够有的放矢、合理地配置有限的公共消防资源,掌握地区公共消防能力水平信息至关重要。因此可以由有资格的消防技术咨询机构提供消防能力评估服务,科学、合理地判断社区公共消防在预防和控制火灾方面的能力,促进公共消防能力建设与城乡发展相匹配。

消防规划是对城乡消防资源进行时空安排的重要文件,是涉及公共安全的重要专项规划之一,是消防资源投资、建设的基础。因此,消防规划是否科学、是否切合本地实际、是否能够做到与本地社会经济发展相适应都是城乡消防设施建设的重要问题。因此城乡建设管理部门应当在制定规划的过程中,向消防救援机构、设计院等权威部门的权威专家进行咨询,以制定出高质量、高水平的消防设施建设专项规划。

四、消防咨询的形式

消防咨询,无论对于提高单位和公民的消防安全防范能力,还是对于检验消防宣传工作质量,都具有重要的意义。咨询的形式有多中,归纳为以下几个方面:

(一)开展消防安全宣传教育的同时,提供咨询服务

这是消防咨询的最常见的形式。在开展消防安全宣传教育的过程中,通常采用制作消防安全宣传教育专栏、发放全民消防安全宣传资料、讲解消防安全知识、播放消防安全视频等方式进行。以上各种形式的宣传内容,群众并不一定都能够理解,会有不懂或存在疑问的地方,因此,可在进行多种形式的消防安全教育的同时,为群众提供消防咨询服务。

(二)开展"消防安全咨询日"活动

根据城市消防安全工作的需要,结合当前消防安全形式,开展"消防安全咨询日"活动。活动地点可设在全市主要广场、社区、商场、学校等繁华地段或人员密集场所。在活动现场设置咨询台,接受市民的咨询和投诉;播放消防安全宣传片,组织模拟疏散逃生演示;现场讲解消防器材的使用方法;组织消防志愿者服务队队员向群众发放消防宣传资料,宣传消防安全常识。通过多种形式,提高群众消防安全意识和素质。

(三)设置固定或移动的消防咨询站

目前,有许多地区的消防救援机构在所辖区域内的不同地点设置了固定或移动的消防咨询站。有的消防救援机构专门在农村设立了消防咨询站,深入农村宣传消防安全知识,为农民提供消防安全咨询服务。

(四)通过互联网提供咨询服务

通过各地区的消防网站为广大人民群众提供消防咨询服务,这是消防咨询的便捷方式。应急管理部消防救援局网站以及很多地区的消防网站都设置了"在线咨询"栏目,可以通过实时咨询,解决单位和群众消防方面的各种难题。

思考题

1. 简述消防安全培训教育的形式。
2. 消防安全培训教育的对象主要有哪几类人员?
3. 针对不同的培训教育对象,确定消防安全培训教育的内容。
4. 消防安全宣传教育与培训教育在内容上有哪些区别?
5. 简述消防安全咨询的范围。
6. 简述消防安全咨询的内容。

第四章
消防安全行政许可

知识目标

- 理解消防安全行政许可的概念,掌握需要进行消防安全行政许可的几种情况。
- 了解建设工程消防安全审查与验收许可的范围,掌握审查与验收的程序及内容。
- 了解各种情况下消防安全审查与验收的程序及需要提交的材料。

能力目标

- 通过学习,充分理解和掌握几种情况下消防安全审查许可的申报程序、准备材料及相关法律规定等,具备为单位或个人提供该方面咨询服务的能力。
- 具备正确指导大型群众性活动主办单位进行前期消防措施制定及申请行政许可的能力。
- 具备甄别各种消防安全审查许可违法行为的能力。

素质目标

- 理解消防工程安全对社会安全的影响,增强社会责任感。
- 认识消防工程审核验收对工程质量的责任,培养职业责任感。

消防安全行政许可是根据公民、法人或者其他组织提出的消防安全申请产生的准予相对人从事特定消防安全活动的行政管理手段。它是国家授予政府消防行政机关在社会消防安全管理事务中的一种管理控制的手段。在中国,消防行政许可是住房和城乡建设主管部门或消防救援机构对社会单位实施消防安全管理的具体行政行为。根据《消防法》的规定,消防安全行政许可主要包括对规定的特殊建设工程的消防设计和施工质量是否达到国家消防技术标准的消防安全审查,对公众聚集场所在投入使用、开业前是否达到特定的消防安全要求所进行的消防安全检查认可,对开展大型群众性活动的承办人或承办单位是否履行消防安全职责、做好活动前的消防安全工作进行检查认可,以及对新建的专职消防队是否具备应有条件、达到特定的要求进行验收许可等。消防安全行政许可的目的是把好建筑设计、施工关,把好建筑消防系统、设施使用关,从源头上消除火灾隐患,加强对建筑工程、公共聚集场所消防安全及专业消防队建设的管理,降低火灾危险,提高消防服务能力,保证建筑消防安全。

第一节　建设工程消防安全审查许可

建设工程消防安全审查许可主要是对规定的特殊建设工程在消防系统设计及施工质量方面是否达到国家消防技术标准的审查和验收,也包括对按照国家工程建设消防技术标准需要进行消防设计的建设工程进行登记、备案和抽查。

一、建设工程消防安全审查许可概述

(一)建设工程消防安全审查许可的目的和意义

建设工程消防安全审查许可的目的是在城乡建设规划和建筑设计与施工过程中贯彻预防为主、防消结合的消防工作方针,加强建设工程消防监督管理,保证建设工程设计、施工质量,落实消防安全职责,规范消防监督管理行为,严把建筑消防设计与施工关,从源头上消除火灾隐患,从根本上防止火灾发生。而一旦发生火灾,建筑消防系统或设施能够有效地发挥作用,为及时阻止火灾的蔓延扩大、迅速扑救火灾提供有利条件,把受灾区域和损失控制在最小范围。如果在建设工程竣工之后,才发现不符合消防安全要求,这时再去采取补救措施就为时已晚,不但会影响工程的投产使用,而且在资金、材料等方面也会造成巨大浪费,甚至根本无法挽回,只能停用拆毁。所以,建设工程消防安全审查许可对保障建筑消防安全具有重要的意义。

(二)建设工程消防安全审查许可的依据

住房和城乡建设部发布的《建设工程消防设计审查验收管理暂行规定》第三条规定:国务院住房和城乡建设主管部门负责指导监督全国建设工程消防设计审查验收工作。县级以上地方人民政府住房和城乡建设主管部门(以下称为消防设计审查验收主管部门)依职责承担本行政区域内建设工程的消防设计审查、消防验收、备案和抽查工作。跨行政区域建设工程的消防设计审查、消防验收、备案和抽查工作,由该建设工程所在行政区域消防设计审查验收主管部门共同的上一级主管部门指定负责。

《消防法》对建设工程消防设计审查和施工质量验收做出了明确的规定。《消防法》第九条规定:建设工程的消防设计、施工必须符合国家工程建设消防技术标准。建设、设计、施工、工程监理等单位依法对建设工程的消防设计、施工质量负责。《消防法》第十一条规定:国务院住房和城乡建设主管部门规定的特殊建设工程,建设单位应当将消防设计文件报送住房和城乡建设主管部门审查,住房和城乡建设主管部门依法对审查的结果负责。《消防法》第十二条规定:特殊建设工程未经消防设计审查或者审查不合格的,建设单位、施工单位不得施工;其他建设工程,建设单位未提供满足施工需要的消防设计图纸及技术资料的,有关部门不得发放施工许可证或者批准开工报告。这是住房和城乡建设主管部门对建设工程进行消防安全审查许可最明确的法律依据。

二、特殊建设工程的消防安全审查与验收

(一)特殊建设工程消防安全审查与验收的范围

《消防法》第十一条规定:国务院住房和城乡建设主管部门规定的特殊建设工程,建设单位应当将消防设计文件报送住房和城乡建设主管部门审查。根据《建设工程消防设计审查验收管理暂行规定》第十四条规定,具有下列情形之一的建设工程是特殊建设工程:

(1)总建筑面积大于二万平方米的体育场馆、会堂,公共展览馆、博物馆的展示厅。

(2)总建筑面积大于一万五千平方米的民用机场航站楼、客运车站候车室、客运码头候船厅。

(3)总建筑面积大于一万平方米的宾馆、饭店、商场、市场。

(4)总建筑面积大于二千五百平方米的影剧院,公共图书馆的阅览室,营业性室内健身、休闲场馆,医院的门诊楼,大学的教学楼、图书馆、食堂,劳动密集型企业的生产加工车间,寺庙、教堂。

(5)总建筑面积大于一千平方米的托儿所、幼儿园的儿童用房,儿童游乐厅等室内儿童活动场所,养老院、福利院,医院、疗养院的病房楼,中小学校的教学楼、图书馆、食堂,学校的集体宿舍,劳动密集型企业的员工集体宿舍。

(6)总建筑面积大于五百平方米的歌舞厅、录像厅、放映厅、卡拉OK厅、夜总会、游艺厅、桑拿浴室、网吧、酒吧,具有娱乐功能的餐馆、茶馆、咖啡厅。

(7)国家工程建设消防技术标准规定的一类高层住宅建筑。

(8)城市轨道交通、隧道工程,大型发电、变配电工程。

(9)生产、储存、装卸易燃易爆危险物品的工厂、仓库和专用车站、码头,易燃易爆气体和液体的充装站、供应站、调压站。

(10)国家机关办公楼、电力调度楼、电信楼、邮政楼、防灾指挥调度楼、广播电视楼、档案楼。

(11)设有本条第一项至第六项所列情形的建设工程。

(12)本条第十项、第十一项规定以外的单体建筑面积大于四万平方米或者建筑高度超过五十米的公共建筑。

(二)特殊建设工程消防设计的安全审查

1. 特殊建设工程消防设计的安全审查申请

《建设工程消防设计审查验收管理暂行规定》第十五条规定:对特殊建设工程实行消防设计审查制度。特殊建设工程的建设单位应当向消防设计审查验收主管部门申请消防设计审查,消防设计审查验收主管部门依法对审查的结果负责。特殊建设工程未经消防设计审查或者审查不合格的,建设单位、施工单位不得施工。

2. 特殊建设工程消防设计安全审查应当申报的材料

建设单位在申请特殊建设工程设计消防安全审查时应当提供以下材料:

(1)消防设计审查申请表。
(2)消防设计文件。
(3)依法需要办理建设工程规划许可的,应当提交建设工程规划许可文件。
(4)依法需要批准的临时性建筑,应当提交批准文件。

3. 建设工程消防设计安全审查合格的条件

消防设计审查验收主管部门收到建设单位提交的消防设计审查申请后,对申请材料齐全的,应当出具受理凭证;申请材料不齐全的,应当一次性告知需要补正的全部内容。补正全部内容后即可受理。

消防设计审查验收主管部门自受理消防设计审查申请后应当及时依照消防法律法规和国家工程建设消防技术标准对申报的消防设计文件进行审查,并在受理之日起十五个工作日内出具书面审查意见。对符合下列条件的,消防设计审查验收主管部门应当出具消防设计审查合格意见;对不符合条件的,应当出具消防设计审查不合格意见,并说明理由:

(1)申请材料齐全、符合法定形式。
(2)设计单位具有相应资质。
(3)消防设计文件符合国家工程建设消防技术标准。

4. 特殊建设工程消防设计安全审查过程中特殊情况的处理

特殊建设工程具有下列情形之一的,建设单位除提交前述所要求的材料外,还应当同时提交特殊消防设计技术资料(包括特殊消防设计文件,设计采用的国际标准、境外工程建设消防技术标准的中文文本,以及有关的应用实例、产品说明等资料):

(1)国家工程建设消防技术标准没有规定,必须采用国际标准或者境外工程建设消防技术标准的。
(2)消防设计文件拟采用的新技术、新工艺、新材料不符合国家工程建设消防技术标准规定的。

对具有以上情形之一的建设工程,消防设计审查验收主管部门应当自受理消防设计审查申请之日起五个工作日内,将申请材料报送省、自治区、直辖市人民政府住房和城乡建设主管部门组织专家评审。

省、自治区、直辖市人民政府住房和城乡建设主管部门应当在收到申请材料之日起十个工作日内组织召开专家评审会,对建设单位提交的特殊消防设计技术资料进行评审。评审专家从专家库随机抽取,对于技术复杂、专业性强或者国家有特殊要求的项目,可以直接邀请相应专业的中国科学院院士、中国工程院院士、全国工程勘察设计大师以及境外具有相应资历的专家参加评审;与特殊建设工程设计单位有利害关系的专家不得参加评审。

评审专家应当符合相关专业要求,总数不得少于七人,且独立出具评审意见。特殊消防设计技术资料经四分之三以上评审专家同意即评审通过,评审专家有不同意见的,应当注明。省、自治区、直辖市人民政府住房和城乡建设主管部门应当将专家评审意见,书面通知报请评审的消防设计审查验收主管部门,同时报国务院住房和城乡建设主管部门备案。

建设、设计、施工单位不得擅自修改经审查合格的消防设计文件。确需修改的,建设单位应当依照规定重新申请消防设计审查。

(三)特殊建设工程的消防验收

《建设工程消防设计审查验收管理暂行规定》第二十六条规定:特殊建设工程实行消防验收制度。特殊建设工程竣工验收后,建设单位应当向消防设计审查验收主管部门申请消防验收;未经消防验收或者消防验收不合格的,禁止投入使用。

1. 特殊建设工程的竣工验收

对前面所列特殊建设工程,建设单位应当在建设工程竣工后组织竣工验收,组织竣工验收时应当对建设工程是否符合下列要求进行查验:

(1)完成工程消防设计和合同约定的消防各项内容。

(2)有完整的工程消防技术档案和施工管理资料(含涉及消防的建筑材料、建筑构配件和设备的进场试验报告)。

(3)建设单位对工程涉及消防的各分部分项工程验收合格;施工、设计、工程监理、技术服务等单位确认工程消防质量符合有关标准。

(4)消防设施性能、系统功能联调联试等内容检测合格。

经查验不符合前款规定的建设工程,建设单位不得编制工程竣工验收报告。

2. 特殊建设工程申请消防验收应提交的材料

建设单位组织竣工验收时,如以上各项都符合要求,可向消防设计审查验收主管部门申请消防验收,并应提交下列材料:

(1)消防验收申请表。

(2)工程竣工验收报告。

(3)涉及消防的建设工程竣工图纸。

消防设计审查验收主管部门收到建设单位提交的消防验收申请后,对申请材料齐全的,应当出具受理凭证;申请材料不齐全的,应当一次性告知需要补正的全部内容。

3. 特殊建设工程消防验收合格的条件

消防设计审查验收主管部门受理消防验收申请后,应当按照国家有关规定,对特殊建设工程进行现场评定。现场评定包括对建筑物防(灭)火设施的外观进行现场抽样查看;通过专业仪器设备对涉及距离、高度、宽度、长度、面积、厚度等可测量的指标进行现场抽样测量;对消防设施的功能进行抽样测试、联调联试消防设施的系统功能等内容。并应自受理消防验收申请之日起十五日内出具消防验收意见。对符合下列条件的,应当出具消防验收合格意见:

(1)申请材料齐全、符合法定形式。

(2)工程竣工验收报告内容完备。

(3)涉及消防的建设工程竣工图纸与经审查合格的消防设计文件相符。

(4)现场评定结论合格。

对不符合规定条件的,消防设计审查验收主管部门应当出具消防验收不合格意见,并说明理由。

实行规划、土地、消防、人防、档案等事项联合验收的建设工程,消防验收意见由地方人民政府指定的部门统一出具。

三、其他建设工程消防备案与抽查

为掌控和监督建设单位在工程建设中能否严格按照消防法律法规和消防技术标准的规定进行消防设计和施工，保证工程建设的消防安全和质量，根据《消防法》第十三条的规定，除了对特殊建设工程进行消防安全审核验收外，对特殊建设工程以外的按照国家工程建设消防技术标准要求需要进行消防设计的建设工程实行登记备案、抽查制度。建设单位在验收后应当报住房和城乡建设主管部门备案，住房和城乡建设主管部门应当进行抽查。

（一）其他建设工程消防备案与抽查的程序

根据《建设工程消防设计审查验收管理暂行规定》第三十三条规定，对其他建设工程实行备案抽查制度。对建设工程消防设计和竣工验收的备案与抽查应按照下列程序进行。

1. 备案

建设单位应当在工程竣工验收（所应检查的项目与特殊建设工程相同）合格之日起五个工作日内，报消防设计审查验收主管部门备案。

2. 提供相关资料

建设单位在进行建设工程消防设计或者竣工验收消防备案时，应当提交下列材料：消防验收备案表；工程竣工验收报告；涉及消防的建设工程竣工图纸。

3. 备案受理

消防设计审查验收主管部门收到建设单位备案材料后，对备案材料齐全的，应当出具备案凭证；备案材料不齐全的，应当一次性告知需要补正的全部内容。

4. 抽查与检查

消防设计审查验收主管部门应当对备案的其他建设工程进行抽查。抽查工作推行"双随机、一公开"制度，随机抽取检查对象，随机选派检查人员。抽取比例由省、自治区、直辖市人民政府住房和城乡建设主管部门，结合辖区内消防设计、施工质量情况确定，并向社会公示。

消防设计审查验收主管部门应当自其他建设工程被确定为检查对象之日起十五个工作日内，按照建设工程消防验收有关规定完成检查，制作检查记录。检查结果应当通知建设单位，并向社会公示。

（二）其他建设工程消防设计和竣工验收抽查不合格的处理

在对建设工程消防设计和竣工验收备案与抽查的过程中，对消防设计、竣工验收抽查不合格，或未依法备案的建设工程，应分别做出如下处理。

（1）建设工程消防设计抽查不合格的，消防设计审查验收主管部门应当书面通知建设单位改正；建设单位收到通知后，应当停止施工或者停止使用，组织整改后向消防设计审查验收主管部门申请复查。

(2)消防设计审查验收主管部门应当自收到书面申请之日起七个工作日内进行复查，并出具复查意见。复查合格后方可使用。

(3)建设、设计、施工单位不得擅自修改已经依法备案的建设工程消防设计。确需修改的，建设单位应当重新申报消防设计备案。

四、建设工程消防安全质量责任

建设工程的消防安全审核与竣工验收，不仅是住房和城乡建设主管部门的责任，同时也是规划、设计单位和建设、施工单位的责任。建设单位依法对建设工程消防设计、施工质量负首要责任。设计、施工、工程监理、技术服务等单位依法对建设工程消防设计、施工质量负主体责任。建设、设计、施工、工程监理、技术服务等单位的从业人员依法对建设工程消防设计、施工质量承担相应的个人责任。

(一)建设单位的消防设计、施工质量责任

建设单位应当履行下列消防设计、施工质量责任和义务：

(1)不得明示或者暗示设计、施工、工程监理、技术服务等单位及其从业人员违反建设工程法律法规和国家工程建设消防技术标准，降低建设工程消防设计、施工质量。

(2)依法申请建设工程消防设计审查、消防验收，办理备案并接受抽查。

(3)实行工程监理的建设工程，依法将消防施工质量委托监理。

(4)委托具有相应资质的设计、施工、工程监理单位。

(5)按照工程消防设计要求和合同约定，选用合格的消防产品和满足防火性能要求的建筑材料、建筑构配件和设备。

(6)组织有关单位进行建设工程竣工验收时，对建设工程是否符合消防要求进行查验。

(7)依法及时向档案管理机构移交建设工程消防有关档案。

(二)设计单位的消防设计、施工质量责任

设计单位应当履行下列消防设计、施工质量责任和义务：

(1)按照建设工程法律法规和国家工程建设消防技术标准进行设计，编制符合要求的消防设计文件，不得违反国家工程建设消防技术标准强制性条文。

(2)在设计文件中选用的消防产品和具有防火性能要求的建筑材料、建筑构配件和设备，应当注明规格、性能等技术指标，符合国家规定的标准。

(3)参加建设单位组织的建设工程竣工验收，对建设工程消防设计实施情况签章确认，并对建设工程消防设计质量负责。

(三)施工单位的消防设计、施工质量责任

施工单位应当履行下列消防设计、施工质量责任和义务：

(1)按照建设工程法律法规、国家工程建设消防技术标准，以及经消防设计审查合格或者满足工程需要的消防设计文件组织施工，不得擅自改变消防设计进行施工，降低消防施工质量。

(2)按照消防设计要求、施工技术标准和合同约定检验消防产品和具有防火性能要求的建筑材料、建筑构配件和设备的质量,使用合格产品,保证消防施工质量。

(3)参加建设单位组织的建设工程竣工验收,对建设工程消防施工质量签章确认,并对建设工程消防施工质量负责。

(四)工程监理单位的消防设计、施工质量责任

工程监理单位应当履行下列消防设计、施工质量责任和义务:

(1)按照建设工程法律法规、国家工程建设消防技术标准,以及经消防设计审查合格或者满足工程需要的消防设计文件实施工程监理。

(2)在消防产品和具有防火性能要求的建筑材料、建筑构配件和设备使用、安装前,核查产品质量证明文件,不得同意使用或者安装不合格的消防产品和防火性能不符合要求的建筑材料、建筑构配件和设备。

(3)参加建设单位组织的建设工程竣工验收,对建设工程消防施工质量签章确认,并对建设工程消防施工质量承担监理责任。

五、建设工程消防安全审查许可的法律责任

为约束和惩治建设工程消防安全审查中的违法行为,对于违反规定的,应当依照《消防法》第五十八条、第五十九条、第七十一条条规定给予处罚;构成犯罪的,依法追究刑事责任。

(一)建设、设计、施工、工程监理单位违法应当承担的法律责任

违反《消防法》规定,有下列行为之一的,由住房和城乡建设主管部门、消防救援机构按照各自职权责令停止施工、停止使用或者停产停业,并处三万元以上三十万元以下罚款:

(1)依法应当进行消防设计审查的建设工程,未经依法审查或者审查不合格,擅自施工的。

(2)依法应当进行消防验收的建设工程,未经消防验收或者消防验收不合格,擅自投入使用的。

(3)其他建设工程验收后经依法抽查不合格,不停止使用的。

建设单位未依法在验收后报住房和城乡建设主管部门备案的,由住房和城乡建设主管部门责令改正,处五千元以下罚款。

(二)建设、设计、施工、工程监理单位降低工程质量应当承担的法律责任

在建筑工程消防安全设计审核、竣工验收及备案抽查的过程中,有下列违法行为之一的,由住房和城乡建设主管部门责令改正或者停止施工,并处一万元以上十万元以下罚款:

(1)建设单位要求建筑设计单位或者建筑施工企业降低消防技术标准设计、施工的。

(2)建筑设计单位不按照消防技术标准强制性要求进行消防设计的。

(3)建筑施工企业不按照消防设计文件和消防技术标准施工,降低消防施工质量的。

(4)工程监理单位与建设单位或者建筑施工企业串通,弄虚作假,降低消防施工质量的。

(三)住房和城乡建设主管部门、消防救援机构工作人员违法应当承担的法律责任

住房和城乡建设主管部门、消防救援机构的工作人员滥用职权、玩忽职守、徇私舞弊,有下列行为之一,尚不构成犯罪的,依法给予处分:

(1)对不符合消防安全要求的消防设计文件、建设工程、场所准予审查合格、消防验收合格、消防安全检查合格的。

(2)无故拖延消防设计审查、消防验收、消防安全检查,不在法定期限内履行职责的。

(3)利用职务为用户、建设单位指定或者变相指定消防产品的品牌、销售单位或者消防技术服务机构、消防设施施工单位的。

(4)其他滥用职权、玩忽职守、徇私舞弊的行为。

第二节 公众聚集场所开业的消防安全检查

公众聚集场所是指宾馆、饭店、商场、集贸市场、客运车站候车室、客运码头候船厅、民用机场航站楼、体育场馆、会堂以及公共娱乐场所等。其中,公共娱乐场所是指向公众开放的下列室内场所:影剧院、录像厅、礼堂等演出、放映场所;舞厅、卡拉OK厅等歌舞娱乐场所;具有娱乐功能的夜总会、音乐茶座和餐饮场所;游艺、游乐场所;保龄球馆、旱冰场、桑拿浴室等营业性健身、休闲场所。因其具有人员密集、火灾荷载大、火灾蔓延快等火灾危险性,对其消防安全设施及预防措施的要求与一般场所要求不同。

《消防法》第十五条规定:

公众聚集场所投入使用、营业前消防安全检查实行告知承诺管理。公众聚集场所在投入使用、营业前,建设单位或者使用单位应当向场所所在地的县级以上地方人民政府消防救援机构申请消防安全检查,作出场所符合消防技术标准和管理规定的承诺,提交规定的材料,并对其承诺和材料的真实性负责。消防救援机构对申请人提交的材料进行审查;申请材料齐全、符合法定形式的,应当予以许可。消防救援机构应当根据消防技术标准和管理规定,及时对作出承诺的公众聚集场所进行核查。

申请人选择不采用告知承诺方式办理的,消防救援机构应当自受理申请之日起十个工作日内,根据消防技术标准和管理规定,对该场所进行检查。经检查符合消防安全要求的,应当予以许可。公众聚集场所未经消防救援机构许可的,不得投入使用、营业。消防安全检查的具体办法,由国务院应急管理部门制定。

一、公众聚集场所的火灾危险性

（一）建筑空间大，火灾蔓延快

绝大多数公众聚集场所具有结构复杂、建筑空间大、火灾蔓延快的特点。如大型剧场、电影院等场所建筑空间都比较大，存在着大量流通的空气，加之舞台、观众厅、放映室等相互连通，不仅构成了良好的燃烧条件，也构成了火势蔓延条件。商场营业厅的建筑面积一般也比较大，尤其是多层商场，楼梯上下连通，一旦发生火灾，便会很快蔓延到整个商场。现代宾馆、饭店大多是高层建筑，其建筑内电梯井、管道井、电缆井等竖井林立，如同一座座大烟囱，通风管道纵横交叉，延伸到建筑的各个角落。一旦发生火灾，竖井产生的烟囱效应，便会使火焰沿着竖井和通风管道迅速蔓延而危及全楼。还有集贸市场建筑耐火等级偏低，摊位柜台密度过大，一旦发生火灾就会火烧连营，造成重大的人员伤亡。

（二）可燃物品多，火灾荷载大

公众聚集场所使用的可燃物多，很容易发生火灾。如影剧院、俱乐部等场所舞台上使用的各种布景、道具大多是可燃物。这些物品如果管理不善，遇着火源很容易引起火灾。尤其是现在的夜总会、舞厅、娱乐中心、歌舞茶座等，装修豪华，采用大量木材、塑料、纤维纺织品等可燃材料做成各种装饰物，火灾荷载大，一旦发生火灾，势必猛烈燃烧，迅速蔓延。大中型商场、集贸市场的经营范围广，商品种类多，且大部分是可燃物品，一旦发生火灾，往往会造成巨大损失。

（三）电器用具多，着火源多

公众聚集场所使用电器用具多、着火源多。如影剧院、歌舞厅等场所，在营业过程中使用的布景灯、面光灯、追光灯等各种灯具数量多且功率大，如果使用不当，就可能造成局部过载、线路短路等情况；又如商场内的照明灯、装饰灯多采用分组安装的方式，灯具大多数都安装在吊顶内，镇流器易发热起火。商品窗和柜台内除了荧光灯外，还有各种射灯，表面温度都较高，具有较大的火灾危险性。有的商场为了方便用户，还设有服装加工部、电器维修部等，这些部位常需使用电熨斗、电烙铁等加热器具和酒精灯等明火用具，管理不当，就可能引起火灾。

（四）人员高度集中，疏散难度大

公众聚集场所的最大特点是社会性强、人员集中。在火灾情况下，由于人员高度集中，又惊慌失措、相互拥挤，疏散比较困难。特别是在停电、无照明和烟火威胁的情况下，更容易造成混乱，发生挤伤、踩伤、烧伤等人身事故。

二、公众聚集场所消防安全管理要点

从以上对公众聚集场所火灾危险性分析可以看出，加强公众聚集场所消防安全管理，实行开业前消防安全检查是预防其发生火灾的重要措施。《应急管理部关于贯彻实施新修改〈中华人民共和国消防法〉全面实行公众聚集场所投入使用营业前消防安全检查告知承诺管理的通知》对公众聚集场所消防安全管理要点做了详细的规定。

(一)制定消防安全管理制度和操作规程

公众聚集场所应制定完善的消防安全管理制度和消防安全操作规程,并应根据单位实际情况的变化及时修订完善。

1. 制定完善的消防安全管理制度

公众聚集场所应根据场所具体情况制定消防安全管理制度,包括:用火、用电、用油、用气安全管理制度;消防设施、器材维护管理制度;消防(控制室)值班制度;防火检查、巡查制度;火灾隐患整改制度;消防安全宣传教育培训制度;灭火和应急疏散预案制定及消防演练制度;专职消防队、志愿消防队(微型消防站)的组织管理制度;消防安全工作考评和奖惩制度;其他必要的消防安全内容。

2. 制定消防安全操作规程

公众聚集场所消防安全操作规程主要包括以下内容:消防设施操作和维护保养规程;变配电室操作规程;电气线路、设备安装操作规程;燃油燃气设备使用操作规程;电焊、气焊和明火作业操作规程;特定设备的安全操作规程;火警处置规程;其他必要的消防安全操作规程。

(二)用火、用电、用油、用气安全管理

公众聚集场所应明确用火、动火管理的责任部门和责任人,用火、动火的审批范围、程序和要求,电气焊工的岗位资格及其职责要求等内容。

1. 用火、动火安全管理要求

(1)禁止在具有火灾、爆炸危险的场所吸烟、使用明火;禁止在室内燃放焰火、烟花爆竹等类似物品。

(2)不应使用明火照明或取暖,如特殊情况需要时应有专人看护。

(3)因特殊情况需要进行电、气焊等明火作业的,实施动火的部门和人员应按照制度规定办理动火审批手续,清除明火或散发火花地点周围及下方的易燃、可燃物,配置消防器材,落实现场监护人,在确认无火灾、爆炸危险后方可动火施工。

(4)需要动火施工的区域与使用、营业区之间应进行防火分隔。

(5)商店、公共娱乐场所禁止在营业期间进行动火施工。

2. 用电安全管理要求

(1)电器产品应选用合格产品,并符合消防安全要求。

(2)电器产品的安装使用及其线路的设计、敷设、维护保养、检测,应由专业电工操作。

(3)不得随意乱接电线或超负荷用电。

(4)定期对电气线路、设备进行检查、检测。

(5)电器产品靠近可燃物时,应采取隔热、散热等防火措施。

(6)营业结束时,应切断营业场所的非必要电源。

3. 用油、用气安全管理要求

(1)使用合格正规的气源、气瓶和燃气、燃油器具。

(2)可能散发可燃气体或蒸气的场所,应设置可燃气体探测报警装置。

(3)建筑内以及厨房、锅炉房等部位内的燃油、燃气管道及其法兰接头、阀门,应定期

检查、检测和保养。

（4）营业结束时，应关闭燃油、燃气设备的供油、供气入户阀门。

（5）燃气燃烧器具的安装、使用及其管路的设计、维护、保养、检测，必须符合国家有关标准和管理规定，并由经考核合格的安装、维修人员实施作业。

（三）消防设施、器材维护管理

人员密集场所对建筑消防设施的管理应当明确主管部门和相关人员的责任，建立完善的管理制度，保证消防设施、器材完好有效。

（1）购买和使用质量合格且取得国家规定市场准入资格的消防产品，消防产品的出厂合格证、质量标志等资料应当齐全。

（2）设置消防安全标志，便于识别消防设施、器材的种类、使用方法、注意事项以及火灾时便于使用和引导人员安全疏散。

（3）在明显位置、疏散楼梯入口处应设置本场所（本层）的安全疏散指示图，标明疏散路线、安全出口和疏散门、人员所在位置和必要的文字说明。营业厅、展览厅、歌舞厅等面积较大场所内疏散走道与营业区、展区之间应在地面上设置明显的界线标志。

（4）不得损坏、挪用、擅自拆除消防设施、器材。设有自动消防设施的公众聚集场所，应当每月进行维护保养，确保其完好有效和处于正常运行状态。主要消防设施、器材上应张贴载有维护保养单位和维护保养情况的标志。

（5）展品、商品、货柜、广告箱牌等的设置不得影响防火门、防火卷帘、室内消火栓、灭火剂喷头、机械排烟口和送风口、自然排烟窗、火灾探测器、手动火灾报警按钮、声光报警装置等消防设施的正常使用。

（四）消防安全重点部位管理

人员密集场所应根据场所的具体情况，将容易发生火灾、一旦发生火灾可能严重危及人身和财产安全以及对消防安全有重大影响的部位确定为消防安全重点部位，设置明显的防火标志，实行严格管理。如厨房、仓储场所、油浸式变压器以及燃气、燃油锅炉房、氨制冷储存场所、电动自行车集中存放、充电场所等。消防安全重点部位的管理应符合下列要求：

1. 厨房

厨房工作人员进行加热、油炸等操作时不应离开岗位。排油烟罩应及时擦洗，排油烟管道应至少每季度清洗一次。厨房内应配备灭火毯、干粉灭火器等，并应放置在便于使用的明显部位。

2. 仓储场所

仓储场所内储存物品应分类、分堆、限额存放，严禁违规储存易燃易爆危险化学品。物品与照明灯、供暖管道、散热器之间应保持安全距离。工作人员离开库房时应进行安全检查，确认安全后方可离开，库房内不应停放电动叉车等电动车辆，不应设置充电设施。

3. 配电室

配电室内应设置防火和防止小动物钻入的设施，不得在配电室内堆放杂物。配电室工作人员应当定期对配电设施进行检查维护。

4. 锅炉房

锅炉周围应保持整洁，不应堆放木材、棉纱等可燃物。每年检修一次动力线路和照明线路，明敷线路应穿金属管或封闭式金属线槽，且与锅炉和供热管道保持安全距离。

5. 氨制冷储存场所

氨制冷储存场所应设置明显的安全警示标志和安全告知牌，注明液氨特性、危害防护、处置措施、报警电话等内容。

6. 电动自行车集中存放、充电场所

电动自行车集中存放、充电场所应优先独立设置在室外，与其他建筑、安全出口保持足够的安全距离；确需设置在室内时，应满足防火分隔、安全疏散等消防安全要求，并应加强巡查巡防或采取安排专人值守、加装自动断电、视频监控等措施。

（五）消防控制室

消防控制室是建筑消防设施日常管理和火警应急处理的专用场所。消防控制室管理水平能够体现建筑安全管理水平，是建筑消防设施能否发挥作用的关键。消防控制室管理应符合下列要求：

(1) 制定消防控制室日常管理制度，明确值班操作人员职责，制定接处警操作规程、交接班程序等操作规程或程序。

(2) 消防控制室实行每日二十四小时值班制度，每班不应少于两人，值班操作人员应当持有消防行业特有工种职业资格证书。

(3) 消防控制室内不得堆放杂物，保证其环境满足设备正常运行的要求；保存相应的竣工图纸、各分系统控制逻辑关系说明、设备使用说明书、系统操作规程、消防设施维保记录、灭火和应急疏散预案及值班记录等文件资料。

(4) 正常工作状态下，报警联动控制器及相关消防联动设备应处于自动控制状态；若设置在手动控制状态时，应有确保火灾报警探测器报警后，能迅速确认火警并将手动控制转换为自动控制的措施；不得将消火栓系统、自动喷水灭火系统等自动消防设施设置在手动控制状态。

(5) 消防控制室值班操作人员应当认真记录控制器运行情况，每日检查火灾报警控制器的自检、消音、复位功能以及主、备用电源切换功能，并做好消防控制室的火警、故障和值班记录。消防设施打印记录纸应当粘贴到消防控制室值班记录上备查。

(6) 具有两个或两个以上消防控制室时，应确定主消防控制室和分消防控制室。主消防控制室的消防设备应对系统内共用的消防设备进行控制并能显示各分消防控制室内消防设备的状态信息，并可对分消防控制室内的消防设备及其控制的消防系统和设备进行控制；各分消防控制室之间的消防设备应可以互相传输、显示状态信息，但不应互相控制。

（六）防火巡查和防火检查

公众聚集场所应对执行消防安全制度和落实消防安全管理措施的情况进行日常防火巡查和检查，确定防火检查和巡查的人员、内容、部位、时段、频次。

1. 防火巡查

营业期间的防火巡查应至少每两小时一次；营业结束后应检查并消除遗留火种，并结

合实际组织夜间防火巡查。防火巡查内容如下：

（1）用火、用电有无违章情况。

（2）安全出口、疏散走道是否畅通，有无占用、堵塞、封闭；应急照明和疏散指示标志是否完好。

（3）常闭防火门是否处于关闭状态，防火卷帘下是否堆放物品。

（4）消防设施、器材是否在位、完整有效。消防安全标志是否完好清晰。

（5）消防安全重点部位的人员在岗情况。

（6）其他消防安全情况。

2. 防火检查

每月至少进行一次防火检查，举办展览、展销、演出等大型群众性活动前，应当开展一次防火检查。防火检查内容如下：

（1）消防车通道、消防水源情况。

（2）疏散走道、楼梯，安全出口及其应急照明和疏散指示标志的情况。

（3）消防安全标志的设置情况。

（4）灭火器材配置及其完好情况。

（5）建筑消防设施运行情况。

（6）消防控制室值班情况、消防控制设备运行情况及相关记录。

（7）用火、用电有无违章情况。

（8）消防安全重点部位的管理。

（9）防火巡查落实情况及其记录。

（10）火灾隐患整改以及防范措施的落实情况。

（11）楼板、防火墙和竖井孔洞等重点防火分隔部位的封堵情况。

（12）消防安全重点部位人员及其他职工消防知识的掌握情况。

防火巡查和检查应如实填写巡查和检查记录，及时纠正消防违法违章行为，对不能当场整改的火灾隐患应逐级报告。消防安全管理人或部门消防安全责任人应组织对报告的火灾隐患进行认定，确定整改措施、期限、人员、资金，并对整改完毕的火灾隐患进行确认。

在火灾隐患整改期间，应当落实防范措施，保障安全。不能确保消防安全，随时可能引发火灾或者一旦发生火灾将严重危及人身安全的，应当将危险部位停业整改。

（七）消防安全宣传教育培训

（1）通过张贴图画、广播、视频、网络、举办消防文化活动等形式对公众宣传防火、灭火、应急逃生等常识。重点提示该场所火灾危险性、安全疏散路线、灭火器材位置和使用方法。

（2）对新上岗职工或进入新岗位的职工进行上岗前的消防安全培训。

（3）至少每半年组织一次对全体职工的集中消防安全培训。

（4）消防培训应有培训计划，定期组织考核并做好记录。

（5）职工经培训后，应懂得本岗位的火灾危险性、预防火灾措施、火灾扑救方法、火场逃生方法，会报火警、会使用灭火器材、会扑救初起火灾、会组织人员疏散。

（6）电影院、宾馆、卡拉OK等场所在电影放映或电视开机前，应播放消防宣传片，告知观众防火注意事项、火灾逃生知识和路线。

(八)灭火和应急疏散预案及消防演练

(1)根据建筑规模、职工人数、使用性质、火灾危险性、消防安全重点部位等实际情况,制定灭火和应急疏散预案。

(2)组织职工熟悉灭火和应急疏散预案,确保每名职工熟知预案内容,掌握自身职责。

(3)选择人员集中、火灾危险性较大的重点部位作为消防演练的重点。消防演练前,应事先公告演练的内容、时间并通知场所内的从业人员和顾客或使用人员积极参与;消防演练时,应在显著位置设置"正在消防演练"的标志牌进行公告,并采取必要的管控与安全措施。

(4)公众聚集场所应当按照灭火和应急疏散预案组织演练,演练应有记录,并结合实际不断完善预案。

(九)专职消防队、志愿消防队管理

(1)符合《消防法》第三十九条规定的公众聚集场所应当建立企业专职消防队,企业专职消防队的建设要求应符合国家标准的规定。

(2)公众聚集场所应当依法建立志愿消防队(微型消防站),保证人员值守、器材存放等用房,可与消防控制室合用。根据扑救初起火灾需要,配备必要的个人防护装备和灭火救援器材。结合值班安排和在岗情况编排每班(组)人员,每班(组)不少于两人。

(3)专职消防队、志愿消防队(微型消防站)应定期开展日常业务训练。训练内容包括个人防护装备和灭火救援器材的使用、初起火灾扑救方法、应急救援等。

(十)消防档案管理

公众聚集场所应当依法建立消防档案。消防档案应包括消防安全基本情况、消防安全管理情况、灭火和应急疏散预案。消防档案内容(包括图表)应详实,全面反映消防工作的基本情况,并根据变化及时更新和完善。消防档案应由专人统一管理,按档案管理要求装订成册,并按年度进行分类归档。有条件的可以建立电子档案代替。

三、公众聚集场所投入使用、营业前消防安全检查的内容

公众聚集场所申请投入使用、营业前消防安全检查的,消防救援机构对作出承诺的公众聚集场所进行核查,以及对申请不采用告知承诺方式办理的公众聚集场所进行检查。消防救援机构应当对公众聚集场所的消防安全责任、消防安全技术条件、消防安全管理等有关事项进行抽查,并填写《公众聚集场所投入使用、营业消防安全检查记录表》。

公众聚集场所设置在建筑局部的,对场所消防安全技术条件的检查,包括场所设置位置、场所内部消防安全技术条件,以及场所所在建筑中与场所安全疏散、消防设施联动控制、灭火救援直接相关的消防安全技术条件。

(一)对落实消防安全责任的检查

对落实消防安全责任的检查,一般检查以下方面:

(1)是否明确逐级和岗位消防安全职责,确定各级、各岗位的消防安全责任人员和责任范围。

(2)消防安全责任人是否由该场所单位法定代表人、主要负责人担任,并明确消防安全职责。

(3)公众聚集场所是否依法确定本场所的消防安全管理人负责场所消防工作。

(4)消防安全责任人、消防安全管理人是否熟悉消防法律法规和消防技术标准,具备与本单位所从事的经营活动相应的消防安全知识和管理能力。

(5)公众聚集场所实行承包、租赁或者委托经营、管理时,当事人订立的相关租赁或承包合同是否依照有关法规明确各方的消防安全责任。

(6)公众聚集场所所在建筑由两个以上单位管理或者使用的,应当明确各方的消防安全责任,并确定责任人对共用的疏散通道、安全出口、建筑消防设施和消防车通道进行统一管理。

(二)对消防安全技术条件的检查

对消防安全技术条件的检查,一般检查以下方面:

(1)抽查场所所在建筑防火间距是否符合要求、是否被占用,抽查设置的消防车通道是否被占用、堵塞、封闭,设置的消防扑救面是否被占用;核查场所设置是否符合要求;设置的防火分区和防火分隔是否符合要求;核查电缆井、管道井等是否采用防火封堵材料封堵;抽查室内装修材料燃烧性能等级是否符合要求。

(2)核查疏散通道和安全出口数量、宽度和疏散距离,抽查疏散通道和安全出口有无占用、堵塞、封闭以及其他妨碍安全疏散的情况。对公共娱乐场所全数检查;其他公众聚集场所对抽查到的防火分区或者楼层,进行全数检查。对于设在民用建筑中的电影院、高层民用建筑中的儿童活动场所,以及与住宅部分设置在同一建筑内的公众聚集场所,还要核查是否设置独立安全出口和疏散楼梯。

(3)火灾自动报警系统:对抽查到的防火分区或者楼层,至少抽查2个火灾报警探测器、1处手动报警按钮及其配电线路,检查火灾报警探测器探测、发出信号、主机接收信号以及配电线路防火保护情况;设置消防电话的,应至少抽查1个消防电话,测试通话情况;至少抽查1处火灾应急广播的播放情况。

(4)室内消火栓系统:对抽查到防火分区或者楼层及最不利点,抽查2个室内消火栓,检查器材配备是否完善,水压是否正常,并测试远程启泵或者联动启泵功能。

(5)自动喷水灭火系统:全数检查报警阀,至少抽取1个报警阀组,在最不利点处测试末端试水装置,检查自动喷水灭火系统水压是否正常,并检查水流指示器、压力开关动作情况和喷淋泵联动情况。

(6)消防水源和室外消火栓:对全部消防水池、消防水箱、消防水泵房进行检查。至少抽查1处室外消火栓,进行放水检查。

(7)水泵接合器:查看是否被埋压、圈占、遮挡,是否标明供水区域和供水系统类型。

(8)气体灭火系统:抽查气瓶间的气瓶压力,以及装置运行情况。

(9)防排烟系统:对抽查到的防火分区或者楼层,抽查防排烟风机运行情况;每个至少抽查1个送风口、排烟口以及防火阀、排烟防火阀外观、运行情况。

(10)防火卷帘:对抽查到的防火分区或者楼层,每个全数检查防火卷帘外观、联动、手动升降情况。

(11)防火门:对抽查到的防火分区或者楼层,查看封闭楼梯间、防烟楼梯间及其前室的防火门的外观、开启方向,以及顺序器、闭门器是否完好有效;查看常开防火门是否能联动、手动关闭,启闭状态能否在消防控制室正确显示。

(12)应急照明和疏散指示标志:对抽查到的防火分区或者楼层,每个至少抽查1处疏散路线上的应急照明和疏散指示标志,设置方式、外观、指示方向是否准确,切断主电源后测试是否具备应急功能,抽查数量最多不超过6处。不足6处的,全数检查。

(13)灭火器:对抽查到的防火分区或者楼层,每个至少检查3个灭火器配置点,抽查数量最多不超过6个灭火器配置点;查看配置数量、类型是否正确,压力是否符合要求。不足6个的,全数检查。

(14)消防电梯:对抽查到的防火分区或者楼层,检查消防电梯设置、运行情况。

(15)消防控制室:检查场所所在建筑消防控制室设置和运行情况。

(16)其他消防设施:抽查设置和运行情况。

(三)对消防安全管理的检查

对消防安全管理的检查,一般检查以下方面:

(1)是否制定消防安全制度和操作规程,制度和规程内容是否完整。

(2)用火、用电、用油、用气安全管理是否符合要求。

(3)消防设施、器材标志的设置是否符合要求,是否定期维护保养,是否确保完好有效。

(4)是否确定消防安全重点部位,对消防安全重点部位是否设置明显的防火标志、实行严格管理。

(5)消防控制室是否实行每日二十四小时值班制度,每班是否不少于两人,值班操作人员是否持有相应的消防职业资格证书。

(6)是否对新上岗职工或进入新岗位的职工进行上岗前的消防安全培训。

(7)是否制定灭火和应急疏散预案,是否组织职工熟悉灭火和应急疏散预案并开展演练。

(8)是否按照标准建立专职消防队、志愿消防队(微型消防站)。

(9)公众聚集场所是否依法建立消防档案。

消防救援机构检查人员对消防安全责任、消防安全技术条件、消防安全管理等有关事项进行检查时,逐项记录情况,有一项以上(含本数)重要事项的,判定为消防安全不合格,其他情形判定为消防安全合格。

对判定为消防安全不合格的场所,采用告知承诺方式的,应当依法予以处罚,并制作送达《公众聚集场所消防安全检查责令限期改正通知书》;不采用告知承诺方式的,制作送达《不同意投入使用、营业决定书》。

对判定为消防安全合格的场所,但存在其他消防安全事项的,应当口头责令改正,并在《公众聚集场所投入使用、营业消防安全检查记录表》中注明。

第三节　大型群众性活动的公共安全许可

大型群众性活动具有规模大、参加人员多、危险系数高、安全问题突出等特点。在这类活动中,治安和刑事案件时有发生,有的甚至酿成群体性事件,给人民群众的生命、财产安全带来较为严重的危害。大型活动中的消防安全也是不容忽视的一个问题,公安机关应当重视大型群众性活动公共安全行政许可中的消防安全检查。

一、大型群众性活动的界定

根据国务院发布的《大型群众性活动安全管理条例》的规定,大型群众性活动,是指法人或者其他组织面向社会公众举办的每场次预计参加人数达到1 000人以上的下列活动:
(1)体育比赛活动。
(2)演唱会、音乐会等文艺演出活动。
(3)展览、展销等活动。
(4)游园、灯会、庙会、花会、焰火晚会等活动。
(5)人才招聘会、现场开奖的彩票销售等活动。

随着改革开放的深入及市场经济的发展,全国各地举办大型集会、焰火晚会、灯会等群众性活动越来越多。这些活动的举行是国家政治稳定、经济繁荣、社会祥和昌盛的象征,是人民群众安居乐业、生活水平不断提高的体现。但在这些活动中,往往具有一定的火灾危险性,如果存在火灾隐患,消防措施不得力,就可能发生火灾,且由于参加人员众多且聚集,容易引起混乱,甚至造成人员的重大伤亡、财产的重大损失和不良的政治影响,所以,举办大型群众性活动应当依法向公安机关申请安全许可。

二、大型群众性活动消防安全检查的内容

在大型群众性活动举办前对活动现场进行消防安全检查,应当重点检查下列内容:
(1)室内活动使用的建筑物(场所)是否依法通过消防验收或者进行竣工验收消防备案,公众聚集场所是否通过使用、营业前的消防安全检查。
(2)临时搭建的建筑物是否符合消防安全要求。
(3)是否制定灭火和应急疏散预案并组织演练。
(4)是否明确消防安全责任分工并确定消防安全管理人员。
(5)活动现场消防设施、器材是否配备齐全并完好有效。
(6)活动现场的疏散通道、安全出口和消防车通道是否畅通。
(7)活动现场的疏散指示标志和应急照明是否符合消防技术标准并完好有效。

三、大型群众性活动主办单位的消防安全要求

《消防法》第二十条规定:举办大型群众性活动,承办人应当依法向公安机关申请安全许可,制定灭火和应急疏散预案并组织演练,明确消防安全责任分工,确定消防安全管理人员,保持消防设施和消防器材配置齐全、完好有效,保证疏散通道、安全出口、疏散指示标志、应急照明和消防车通道符合消防技术标准和管理规定。大型群众性活动的主办单位应当以消防法律法规为依据,结合具体活动内容和场所情况,认真制定消防安全措施,保证活动的消防安全。

(一)认真落实消防安全措施

举办大型群众性活动应当认真落实各项消防安全措施,重点应当落实以下措施:

(1)电气线路、照明电器等具有火灾危险性的电器的消防安全措施。

(2)绝对禁止在活动场所储藏、使用易燃易爆危险品,禁止携带易燃易爆危险品进入活动场所。必须施放焰火或使用易燃易爆危险品的,对所施放的焰火物品应当保证质量,安全系数应当达到标准,施放后应当燃烧彻底而不能有阴燃物存在,焰火物品的药剂量应当有所限制,在焰火可能放飞的半径范围内,地面上不得有露天的可燃物资堆场,并严格落实易燃易爆危险品的各项监控措施。

(3)需要搭建临时建筑时,建筑材料的防火性能及临时建筑与周围建筑的间距应满足相关消防安全要求。

(4)活动期间重点部位须有专人值班。要严格控制各种火源,在活动场所内禁止吸烟,禁止动用明火(除施放焰火外),必需的用火或动火须经批准并办理用火或动火安全作业票。

(5)配置必要的消防器材,保证消防水源,落实灭火措施,场所是高层等大型建筑物时,还应有火灾自动监测、报警、联动灭火等自动消防设施。

(6)加强管理,保障疏散通道、安全出口畅通,严格控制活动人员的总量。

(二)积极申请消防监督检查,认真落实整改意见

在举办活动前,主办单位应当积极向公安机关申请消防安全检查,申请应当包括主办单位的名称、地址、负责人,活动的时间、地点、内容、灭火和应急疏散预案,采取的消防安全措施等。当地公安机关在接到申请后,应当对活动场所进行检查,对不满足消防安全要求的,提出整改意见。主办单位应当认真落实整改意见,在整改意见没有落实前,活动不得举办,否则应当承担法律责任。

(三)制定灭火和应急疏散预案

举办大型群众性活动前,主办单位应制定相应灭火和应急疏散预案,明确消防安全责任人。灭火和应急疏散预案应当包括组织领导机构、各行动组的人员组成和职责,报警、灭火、疏散、医疗救护、后勤保障、通信等程序,疏散线路图等。

第四节　专职消防队建立的消防安全验收许可

专职消防队是指在城市新区、经济开发区、工业集中区及经济较为发达的中心乡镇，根据《消防法》的规定，按照质量建队的要求，建立的承担区域性重大灾害事故和其他以抢救人员生命为主的应急救援工作的职业消防队伍。按照所属关系，中国的专职消防队主要有国家综合性消防救援队、专职消防队、志愿消防队。由于其工作任务艰巨、性质特殊且重要，所以，它的建立必须要满足相应的条件。《消防法》第四十条规定：专职消防队的建立，应当符合国家有关规定，并报当地消防救援机构验收。

一、消防队建立的相关规定

国家综合性消防救援队、专职消防队、志愿消防队由各级人民政府、企业事业单位根据消防法律法规，结合本地区、本单位的实际需要组建。

（一）县级以上人民政府建立专职消防队的规定

《消防法》第三十六条规定：县级以上地方人民政府应当按照国家规定建立国家综合性消防救援队、专职消防队，并按照国家标准配备消防装备，承担火灾扑救工作。

（二）企业、事业单位建立专职消防队的规定

企业、事业单位专职消防队是群众性的专业消防队伍，主要承担本单位的火灾扑救及其他事故救援工作，同时也是国家综合性消防队灭火力量的补充，也有扑救邻近企业、事业单位和居民火灾的义务。根据《消防法》第三十九条的规定，下列单位应当建立单位专职消防队：

（1）大型核设施单位、大型发电厂、民用机场、主要港口。
（2）生产、储存易燃易爆危险品的大型企业。
（3）储备可燃的重要物资的大型仓库、基地。
（4）前三项规定以外火灾危险性较大、距离国家综合性消防救援队较远的其他大型企业。
（5）距国家综合性消防救援队较远、被列为全国重点文物保护单位的古建筑群管理单位。

除以上规定外，当地人民政府认为应当组建专职消防队的单位，也应按照要求组建专职消防队。单位专职消防队可由一个单位建立，也可以由几个单位联合建立。

（三）专职消防队建立应当满足的条件

专职消防队建设前，建设单位要将建队的理由和依据、建队的规模、类别与项目构成、规划布局与选址、建设用地、装备配备、人员配备、主要投资估算指标等情况以报告形式和

《专职消防队建队申请表》一并报所在地相应消防救援机构审批。专职消防队建设的条件应符合各地制定的专职消防队建设标准。专职消防队的设立或者撤销,应当符合国家有关规定,并经当地消防救援机构同意,报省(自治区、直辖市)消防救援机构批准。

二、专职消防队的任务

(一)国家综合性消防救援队及专职消防队的任务

国家综合性消防救援队及专职消防队除承担火灾扑救工作外,按照国家规定承担以抢救人员生命为主的危险化学品泄漏、道路交通事故、地震及其次生灾害、建筑坍塌、重大安全生产事故、空难、爆炸及恐怖事件和群众遇险事件的应急救援工作,参加配合处置水旱灾害、气象灾害、地质灾害、森林和草原火灾等自然灾害、矿山和水上事故、重大环境污染、核与辐射事故、突发公共卫生等事件。

(二)企业、事业单位专职消防队的任务

企业、事业单位专职消防队承担本单位重大火灾事故和以抢救人员生命为主的应急救援工作,也负有支援国家综合性消防救援队抢险救援的任务和扑救邻近单位、居民火灾的任务。其具体任务如下:

(1)制定本单位的消防工作计划。
(2)负责领导本单位志愿消防队的工作。
(3)组织防火班或防火员检查消防法律法规和各项消防制度的执行情况。
(4)开展防火检查,及时发现火灾隐患,提出整改意见,并向有关领导汇报。
(5)联合有关部门对本单位职工进行消防安全宣传教育。
(6)维护保养消防设备和器材。
(7)经常进行灭火技术训练,制定灭火作战预案,定期组织灭火演练。
(8)发现火灾立即出动,积极进行扑救,并向公安消防部队报告。
(9)协助本单位有关部门调查火灾原因。
(10)配合专职消防队进行灭火战斗。

三、专职消防队的管理要求

为了加强专职消防队伍建设,提高专职消防队伍火灾预防、火灾扑救和应急救援能力,维护公共消防安全,各省、自治区、直辖市人民政府应根据《消防法》及本省、自治区、直辖市消防安全管理条例等规定,制定政府专职消防队的管理办法,对专职消防队的建设、任务、各类人员的职责、资金、人员、训练等方面的管理作出具体规定,并注重以下几方面的管理要求。

(一)加强对消防队伍的领导

县级以上人民政府应当逐步整合各类应急资源,建立综合性应急救援队伍,充分发挥专职消防队火灾扑救和应急救援专业力量的骨干作用。专职消防队的布局、消防站建

标准和消防装备配备尚不符合国家规定的,县级以上人民政府应当协调、督促有关部门限期加以解决。

(二)加强训练

政府专职消防队应当按照国家规定,开展日常性的消防车辆和器材操作训练,加强高层建筑、地下建筑、石油化工等特殊火灾扑救和危险化学品泄漏、恐怖袭击破坏、地震、建筑物倒塌等灾害事故处置专业训练和演练,全面提高综合应急救援能力。政府应保障应急救援装备、器材和相关设施建设经费。

(三)服从消防救援机构的管理

专职消防队应当纳入消防救援机构指挥调度体系,按照消防救援机构的指令负责辖区火灾的扑救等抢险救援工作。消防救援机构根据扑救火灾的需要,可以调动指挥专职消防队参加火灾扑救工作。专职消防队接到消防救援机构的指令后,应当立即赶赴火灾现场,在消防救援机构的统一指挥下开展工作。

对于在消防监督、灭火救援、消防科技等领域表现突出的消防技术人才,各级人民政府应当给予岗位津贴,并建立人才培养和岗位保障机制,提高政府管理消防工作能力。

政府专职消防队队员的工资、奖金、社会保险和福利待遇列入当地人民政府财政预算。单位专职消防队队员的工资、奖金、社会保险和福利待遇由建队单位保障,并保证与其工作性质、劳动强度相适应。

思考题

1. 简述建设工程消防安全审查许可的意义。
2. 简述特殊建设工程消防设计安全审查许可的过程。
3. 简述公众聚集场所开业前消防安全检查的内容。
4. 简述大型群众性活动举办前对活动现场进行消防安全检查的内容。
5. 专职消防队建设的规定有哪些?

第五章 消防安全重点管理

知识目标

- 了解确定消防安全重点单位的条件和定界标准,掌握消防安全重点单位的管理措施。
- 了解确定消防安全重点部位的原则,掌握消防安全重点部位的管理措施。
- 了解常见的消防安全重点工种及管理措施。了解生活中常见的火源及管理措施。
- 了解易燃易爆设备、易燃易爆危险品的管理方法及消防产品质量监督管理措施。

能力目标

- 通过学习和训练,能够针对不同的重点单位制定单位消防安全管理制度、建立消防安全管理档案,具备对单位进行消防安全管理的基本能力。
- 具备针对不同单位确定消防安全重点部位及制定重点部位管理措施的能力。

素质目标

- 充分认识消防安全管理对社会的意义,增强社会责任感。
- 深刻认识消防安全重点管理的重要性,自觉专研,创新管理方法。

消防安全重点管理,就是根据抓主要矛盾的工作原理,找出消防管理工作中的重点,如重点单位、重点部位、重点工种、易燃易爆品、火源及消防产品质量等,把这些方面作为重点进行管理的一种工作方法。找准消防管理的重点,组织优势力量,确保重点管理万无一失,对节约人力、物力、财力,减少损失和影响,稳定社会具有重要的意义。消防安全重点管理就是用有限的人力、物力资源,达到最好社会效益的最有效途径,是防止和减少火灾事故的有效方法。

第一节 消防安全重点单位管理

消防安全重点单位是指发生火灾可能性较大以及发生火灾可能造成重大的人身伤亡或者财产损失的单位。《消防法》第十七条规定:县级以上地方人民政府消防救援机构应当将发生火灾可能性较大以及发生火灾可能造成重大的人身伤亡或者财产损失的单位,确定为本行政区域内的消防安全重点单位,并由应急管理部门报本级人民政府备案。

一、消防安全重点单位的范围

根据公安部发布的《机关、团体、企业、事业单位消防安全管理规定》,下列范围的单位是消防安全重点单位:

(1)商场(市场)、宾馆(饭店)、体育场(馆)、会堂、公共娱乐场所等公众聚集场所(以下统称为公众聚集场所)。

(2)医院、养老院和寄宿制的学校、托儿所、幼儿园。

(3)国家机关。

(4)广播电台、电视台和邮政、通信枢纽。

(5)客运车站、码头、民用机场。

(6)公共图书馆、展览馆、博物馆、档案馆以及具有火灾危险性的文物保护单位。

(7)发电厂(站)和电网经营企业。

(8)易燃易爆化学物品的生产、充装、储存、供应、销售单位。

(9)服装、制鞋等劳动密集型生产、加工企业。

(10)重要的科研单位。

(11)其他发生火灾可能性较大以及一旦发生火灾可能造成重大人身伤亡或者财产损失的单位。

二、消防安全重点单位的消防安全职责

机关、团体、企业、事业等单位以及对照以上标准确定的消防安全重点单位应当自我约束、自我管理,严格、自觉地履行《消防法》第十六条、第十七条规定的消防安全职责。

(一)社会单位的基本消防安全职责

(1)确定本单位和所属各部门、岗位的消防安全责任人。明确各部门、各岗位及相关责任人的消防安全职责,做到职责明确,责任到人。

(2)落实消防安全责任制,制定消防安全制度、消防安全操作规程,狠抓消防安全制度和消防安全操作规程的贯彻执行,保障单位的消防安全。

(3)针对本单位的特点对职工进行消防宣传教育。

(4)组织防火检查,及时消除火灾隐患。

(5)按照国家有关规定配置消防设施和器材、设置消防安全标志,并定期进行检查、维修,确保消防设施和器材完好有效。

(6)加强对建筑消防设施的管理,定期由建筑消防设施检测、维修企业对本单位消防设施进行检测、维修、保养,确保其完好有效。检测记录应当完整准确,存档备查。

(7)保障疏散通道、安全出口畅通,并设置符合国家规定的消防安全疏散标志。

(8)制定灭火和应急疏散预案,并定期组织演练。

(9)法律法规规定的其他消防安全职责。

(二)消防安全重点单位的消防工作职责

消防安全重点单位是指发生火灾可能性较大以及一旦发生火灾可能造成人身伤亡或

者财产重大损失,由消防救援机构确定,报本级人民政府备案的列管单位。消防安全重点单位,除了要履行社会单位的基本职责外,还应履行下列消防工作职责:

(1)明确承担消防安全管理工作的机构和消防安全管理人并报知当地消防管理部门,组织实施本单位消防安全管理。消防安全管理人应当经过消防培训。

(2)建立消防档案,确定消防安全重点部位,设置防火标志,实行严格管理。

(3)安装、使用电器产品、燃气用具和敷设电气线路、管线必须符合相关标准和用电、用气安全管理规定,并定期维护保养、检测。

(4)组织职工进行岗前消防安全培训,定期组织消防安全培训和疏散演练。

(5)根据需要建立微型消防站,积极参与消防安全区域联防联控,提高自防自救能力。

(6)积极应用消防远程监控、电气火灾监测、物联网技术等技防物防措施。

三、消防安全重点单位管理的基本措施

(一)落实消防安全责任制度

任何一项工作目标的实现,都不能缺少具体负责人和负责部门,否则,该项工作将无从落实。消防安全重点单位的管理工作也不能例外。目前许多单位消防安全管理分工不明,职责不清,使得各项消防安全制度和措施难以真正落实。因此,消防安全重点单位应当按照《机关、团体、企业、事业单位消防安全管理规定》成立消防安全组织机构,明确逐级和岗位消防安全职责,确定各级各岗位的消防安全责任人,做到分工明确,责任到人,各尽其职,各负其责,形成一种科学、合理的消防安全管理机制,确保消防安全责任、消防安全制度和措施落到实处。

(二)制定并落实消防安全管理制度

单位管理制度是要求单位职工共同遵守的行为准则、办事规则或安全操作规程。为加强消防安全管理,各单位应当依据《消防法》的有关规定,从本单位的特点出发,结合单位的实际情况,制定并落实符合单位实际的消防安全管理制度,规范本单位职工的消防安全行为。消防安全重点单位需重点制定并落实以下消防安全管理制度。

1. 消防安全教育培训制度

为普及消防安全知识,增强职工的法制观念,提高其消防安全意识和素质,单位应根据国家有关法律法规和地方消防安全管理的有关规定,制定消防安全教育培训制度,对单位新职工、重点岗位职工、普通职工接受消防安全宣传教育和培训的形式、频次、要求等进行规定,并按规定逐一落实。

2. 防火检查、巡查制度

防火检查、巡查是做好单位消防安全管理工作的重要环节,要想使防火检查和巡查成为单位消防安全管理的一种常态管理,并能够起到预防火灾、消除隐患的作用,就必须有制度的约束。防火检查、巡查制度的内容应包括:单位逐级防火检查制度,规定检查的内容、依据、标准、形式、频次等;明确对检查部门和被检查部门的要求。

3. 火灾隐患整改制度

火灾隐患整改制度应明确规定对当场整改和限期整改的火灾隐患的整改要求,对重

大火灾隐患的整改程序和要求以及整改记录、存档要求等。

4. 消防设施、器材维护管理制度

重点单位应当根据国家及地方相关规定制定消防设施、器材维护管理制度并组织落实。制度应明确消防器材的配置标准、管理要求、维护维修、定期检测等方面的内容,加强对消防设施、器材的管理,确保其完好有效。

5. 用火、用电安全管理制度

用火、用电安全管理制度的内容应包括:确定用火管理范围;划分动火作业级别及其动火审批权限和手续;明确用火、用电的要求和禁止的行为。

6. 消防控制室值班制度

消防控制室值班制度的内容包括:明确规定消防控制室值班人员的岗位职责及能力要求;明确规定二十四小时值班、换班要求、火警处置、值班记录及自动消防设施设备系统运行情况登记等事项。

7. 重点要害部位消防安全制度

重点要害部位消防安全制度要求根据单位的具体情况,明确确定本单位的重点要害部位,制定各重点部位的防火制度,应急处理措施及要求。

8. 易燃易爆危险品管理制度

易燃易爆危险品管理制度的内容包括:易燃易爆危险品的范围;物品储存的具体防火要求;领取物品的手续;使用物品单位和岗位,定人、定点、定容器、定量的要求和防火措施;使用地点明显醒目的防火标志;使用结束剩余物品的收回要求等。

9. 灭火和应急疏散预案演练制度

灭火和应急疏散预案演练制度的内容包括:明确规定灭火和应急疏散预案演练的组织机构;演练参与的人员、演练的频次和要求;演练中出现问题的处理及预案的修正完善等事项。

10. 消防安全工作考评与奖惩制度

消防安全工作考评与奖惩制度的内容包括规定在消防工作中有突出成绩的单位和个人的表彰、奖励的条件和标准;明确实施表彰和奖励的部门,表彰、奖励的程序;规定违反消防安全管理规定应受到惩罚的各种行为及具体罚则等。奖惩要与个人发展和经济利益挂钩。

(三)建立消防安全管理档案并及时更新

消防档案是消防安全重点单位在消防安全管理工作中建立起来的具有保存价值的文字、图标、音像等形态资料,是单位管理档案的重要组成部分。建立健全消防安全管理档案,是消防安全重点单位做好消防安全管理工作的一项重要措施,是保障单位消防安全管理及各项消防安全措施落实的基础,在单位消防安全管理工作中发挥着重要作用。公安部根据《消防法》的有关规定,在《机关、团体、企业、事业单位消防安全管理规定》中专门把《消防档案》作为独立的一章,提出消防安全重点单位要建立健全消防档案。由此可以看出消防档案在消防安全管理工作中的重要性。

1. 单位建立消防安全管理档案的作用

(1)便于单位领导、有关部门、消防救援机构及单位消防安全管理工作有关的人员熟

悉单位消防安全情况，为领导决策和日常工作服务。

(2)消防档案反映单位对消防安全管理的重视程度，可以作为上级主管部门、消防救援机构考核单位开展消防安全管理工作的重要依据。发生火灾时，可以为调查火灾原因、分析事故责任、处理责任者提供佐证材料。

(3)消防档案是对单位各项消防安全工作情况的记载，可以检查单位相关岗位人员履行消防安全职责的情况，评判单位消防安全管理人员的业务水平和工作能力。有利于强化单位消防安全管理工作的责任意识，推动单位的消防安全管理工作朝着规范化方向发展。

2. 消防档案应当包括的主要内容

《机关、团体、企业、事业单位消防安全管理规定》规定了消防档案的内容主要应当包括消防安全基本情况和消防安全管理情况两个方面。

(1)消防安全基本情况

消防安全重点单位的消防安全基本情况主要包括以下几个方面：

①单位基本概况。主要包括单位名称、地址、电话号码、邮政编码、防火责任人，保卫、消防或安全技术部门的人员情况和上级主管机关、经济性质、固定资产、生产和储存物品的火灾危险性类别及数量，总平面图、消防设备和器材情况，水源情况等。

②消防安全重点部位情况。主要包括火灾危险性类别、占地和建筑面积、主要建筑的耐火等级及重点要害部位的平面图等。

③建筑物或者场所施工、使用或者开业前的消防设计审核、消防验收以及消防安全检查的文件、资料。

④消防管理组织机构和各级消防安全责任人。包括职责。

⑤消防安全管理制度。

⑥消防设施、灭火器材情况。

⑦专职消防队、志愿消防队人员及其消防装备配备情况。

⑧与消防安全有关的重点工种人员情况。

⑨新增消防产品、防火材料的合格证明材料。

⑩灭火和应急疏散预案等。

(2)消防安全管理情况

消防安全重点单位的消防安全管理情况主要包括以下几个方面：

①消防救援机构填发的各种法律文书。

②消防设施定期检查记录、自动消防设施全面检查测试的报告以及维修保养记录。

③火灾隐患及其整改情况记录。

④防火检查、巡查记录。

⑤有关燃气、电气设备检测情况。（包括防雷、防静电）等记录资料。

以上②、③、④、⑤项记录应当记明检查的人员、时间、部位、内容，发现的火灾隐患（特别是重大火灾隐患情况）以及处理措施等。

⑥消防安全培训记录。应当记明培训的时间、参加人员、内容等。

⑦灭火和应急疏散预案的演练记录。应当记明演练的时间、地点、内容、参加部门以

及人员等。

⑧火灾情况记录。包括历次发生火灾的损失、原因及处理情况等。

⑨消防奖惩情况记录。

3. 建立消防档案的要求

(1)凡是消防安全重点单位都应当建立健全消防档案。

(2)消防档案的内容应当全面、详实，全面而真实的反映单位消防工作的基本情况，并附有必要的图表。

(3)单位应根据发展变化的实际情况经常充实、变更档案内容，使消防档案及时、正确地反映单位的客观情况。

(4)单位应当对消防档案统一保管、备查。

(5)消防安全管理人员应当熟悉掌握本单位消防档案情况。

(6)非消防安全重点单位应当将本单位的基本概况、消防救援机构填发的各种法律文书、与消防工作有关的材料和记录等统一保管备查。

（四）实行每日防火巡查

防火巡查就是指定专门人员负责防火巡视检查，以便及时发现火灾苗头，扑救初起火灾。《消防法》第十七条规定，消防安全重点单位应实行每日防火巡查，并建立巡查记录。

1. 防火巡查的主要内容

(1)用火、用电有无违章情况。

(2)安全出口、疏散通道是否畅通，疏散指示标志、应急照明是否完好。

(3)消防设施、器材和消防安全标志是否在位、完整。

(4)常闭式防火门是否处于关闭状态，防火卷帘下是否堆放物品影响使用。

(5)消防安全重点部位的人员在岗情况。

(6)其他消防安全情况。

2. 防火巡查的要求

(1)公众聚集场所在营业期间的防火巡查应当至少每两小时一次。营业结束时应当对营业现场进行检查，消除遗留火种。

(2)医院、养老院、寄宿制学校、托儿所、幼儿园应当加强夜间防火巡查(其他消防安全重点单位可以结合实际组织夜间防火巡查)。

(3)防火巡查人员应当及时纠正违章行为，妥善处置火灾危险，无法当场处置的，应当立即报告。发现初起火灾应当立即报警并及时扑救。

(4)防火巡查应当填写巡查记录，巡查人员及其主管人员应当在巡查记录上签名。

（五）定期开展消防安全检查

消防安全重点单位，除了接受消防救援机构及上级主管部门的消防安全检查外，还要根据单位消防安全检查制度的规定，进行消防安全自查，以日常检查、防火巡查、定期检查和专项检查等多种形式对单位消防安全进行检查，及时发现并整改火灾隐患，做到防患于未然。

（六）定期对职工进行消防安全培训

消防安全重点单位应当定期对全体职工进行消防安全培训。其中公众聚集场所对职工的消防安全培训应当至少每半年进行一次。新上岗和进入新岗位的职工应进行三级培训,重点岗位的职工上岗前还应再进行消防安全培训。消防安全责任人或管理人应当到由消防救援机构指定的培训机构进行培训,并取得培训证书,单位重点工种人员要经过专门的消防安全培训并获得相应岗位的资格证书。

通过教育和训练,使每个职工达到"四懂""四会"要求:懂得本岗位生产过程中的火灾危险性,懂得预防火灾的措施,懂得扑救火灾的方法,懂得逃生的方法;会报警,会使用消防器材,会扑救初起火灾,会自救。

(七)制定灭火和应急疏散预案并定期演练

为切实保证消防安全重点单位的安全,在抓好防火工作的同时,还应做好的灭火准备,制定周密的灭火和应急疏散预案。

成立火灾应急预案组织机构,明确各行动组的职责分工,明确报警和接警处置程序、应急疏散的组织程序、人员疏散引导路线、通信联络和安全防护救护的程序以及其他特定的防火灭火措施和应急措施等。应当按照灭火和应急疏散预案定期进行实际的操作演练,消防安全重点单位通常至少每半年进行一次演练,并结合实际不断完善预案。其他单位应当结合本单位实际,参照制定相应的应急方案,至少每年组织一次演练。

第二节　消防安全重点部位管理

消防安全管理工作的重点不仅仅是消防安全重点单位的管理,在单位内部的管理上,同样也要遵循"抓重点、带一般"的原则。单位的重点管理要从重点部位着手,抓好重点部位的管理就抓住了工作的重点。不管是消防安全重点单位还是一般单位,都要加强对重点部位的防火管理。

一、消防安全重点部位的确定

确定消防安全重点部位应根据其火灾危险性、火灾发生后扑救的难易程度及造成的损失和影响来确定。一般来说,下列部位应确定为消防安全重点部位。

(一)容易发生火灾的部位

单位容易发生火灾的部位:生产企业的油罐区;易燃易爆物品的生产、使用、贮存部位;生产工艺流程中火灾危险性较大的部位。例如,生产易燃易爆危险品的车间,储存易燃易爆危险品的仓库,化工生产设备间、化验室、油库、化学危险品库,可燃液体、气体和氧化性气体的钢瓶、贮罐库,液化石油气贮配站、供应站,氧气站、乙炔站、煤气站,油漆、喷漆、烘烤、电气焊操作间、木工间、汽车库等。

（二）一旦发生火灾，局部受损会影响全局的部位

这是指单位内部与火灾扑救密切相关的部位。如变配电所（室）、生产总控制室、消防控制室、信息数据中心、燃气（油）锅炉房、档案资料室、贵重仪器设备间等。

（三）物资集中场所

物资集中场所指储存各种物资的场所。如各种库房、露天堆场，使用或存放先进技术设备的实验室、精密仪器室、贵重物品室、生产车间、储藏室等。

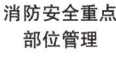

（四）人员密集场所

人员密集场所指人员聚集的厅、室，弱势群体聚集的区域，一旦发生火灾，人员疏散不利的场所。如礼堂（俱乐部、文化宫、歌舞厅）、托儿所、幼儿园、养老院、医院病房等。

二、消防安全重点部位的管理措施

各单位要根据自身的具体情况，将具备上述特征的部位确定为消防安全的重点部位，并采取严格的措施加强管理，确保重点部位的消防安全。

（一）建立消防安全重点部位档案

单位领导要组织安全保卫部门及有关技术人员，共同研究和确定单位的消防安全重点部位，并填写重点部位情况登记表，存入消防档案，并报上级主管部门备案。

（二）落实重点部位防火责任制

重点部位应有防火责任人，并有明确的职责。建立必要的消防安全规章制度，任用责任心强、业务技术熟练、懂得消防安全知识的人员负责消防安全工作。

（三）设置"消防安全重点部位"的标志

消防安全重点部位应当设置"消防安全重点部位"的标志，根据需要设置"禁烟""禁火"的标志，在醒目位置设置消防安全管理责任标牌，明确消防安全管理的责任部门和责任人。

（四）加强对重点部位工作人员的培训

定期对重点部位的工作人员进行消防安全知识的"应知应会"教育和防火安全技术培训。对重点部位的重点工种人员，应加强岗位操作技能及火灾事故应急处理的培训。

（五）设置必要的消防设施并定期维护

对消防安全重点部位的管理，要做到定点、定人、定措施，根据场所的危险程度，采用自动报警、自动灭火、自动监控等消防技术设施，并确定专人进行维护和管理。

（六）加强对重点部位的防火巡查

单位消防安全管理部门在工作期间应加强对重点部位的防火巡查，做好巡查记录。并及时归档。

（七）及时调整和补充重点部位

随着企业的改革与技术革新和工艺条件、原料、产品的变更等客观情况的变化，重点

部位的火灾危险程度和对全局的影响也会因之发生变化,所以,对重点部位也应及时进行调整和补充,防止失控漏管。

第三节　消防安全重点工种管理

消防安全重点工种是指因生产操作不当,就可能造成严重火灾危害的生产工种。一般是指电工、电焊工、气焊工、油漆工、热处理工、熬炼工等。这些工种的操作人员在工作中如果麻痹大意或缺乏必要的消防安全知识,特别是在生产、储存操作中使用燃烧性能不同的物质和产生可导致火灾的各种着火源等,一旦违反了安全操作规程或不掌握安全防火防事故的措施,就可能导致火灾事故的发生。所以,加强对此类岗位操作人员的消防安全管理是防止和减少火灾的重要措施。

一、消防安全重点工种的分类和火灾危险性特点

(一)消防安全重点工种的分类

根据不同岗位的火灾危险性程度和岗位的火灾危险特点,消防安全重点工种可大致分为以下三级:

1. A级工种

A级工种是指引起火灾的危险性极大,在操作中稍有不慎或违反操作规程极易引起火灾事故的岗位。如可燃气体、液体设备的焊接、切割,超过液体自燃点的熬炼,使用易燃溶剂的机件清洗、油漆喷涂、液化石油气、乙炔气的灌瓶、高温、高压、真空等易燃易爆设备的操作等。

2. B级工种

B级工种是指引起火灾的危险性较大,在操作过程中不慎或违反操作规程容易引起火灾事故的岗位。如从事烘烤、熬炼、热处理,氧气、压缩空气等乙类危险品仓库保管等岗位。

3. C级工种

C级工种是指在操作过程中不慎或违反操作规程有可能造成火灾事故的岗位。如电工、木工、丙类仓库保管等岗位。

(二)消防安全重点工种的火灾危险性特点

消防安全重点工种的火灾危险性主要有以下特点:

(1)所使用的原料或产品具有较大的火灾危险性。消防安全重点工种在生产中所使用的原料或产品具有较大的火灾危险性,安全技术复杂,操作规程要求严格,一旦出现事故,将会造成不堪设想的后果。如乙炔、氢气生产,盐酸的合成,硝酸的氧化制取,乙烯、氯

乙烯、丙烯的聚合等。

（2）工作岗位分散，流动性大，时间不规律，不便管理。一些工种，如电工、焊工、切割工、木工等都属于操作时间、地点不定、灵活性较大的工种。这些工种的工作时间和地点都是根据需要而定的，这种灵活性给管理工作带来了难度。

（3）生产、工作的环境和条件较差，技术比较复杂，安全工作难度大。对 A 级和 B 级工种来说，这种特点尤其明显。如在沥青的熬炼和稀释过程中，温度超过允许的温度、沥青中含水过多或加料过多过快以及稀释过程违反操作规程，都有发生火灾的危险。

（4）操作实践岗位人员少，发生火灾时不利于迅速扑救。有些岗位分散，流动性大的工种，如电工、电焊工、气焊工，在操作过程中一般人员都很少，有时甚至只有一个人进行操作，一旦发生火灾，可能会因扑救缓慢而贻误扑救时机。

二、消防安全重点工种的管理

由于消防安全重点工种岗位具有较大的火灾危险性，消防安全重点工种人员的工作态度、防火意识、操作技能和应急处理能力是决定其岗位消防安全的重要因素。因此，消防安全重点工种人员既是消防安全管理的重点对象，也是消防安全工作的依靠力量，对其管理应侧重以下几个方面：

（一）制定和落实岗位消防安全责任制度

建立消防安全重点工种岗位责任制度是企业消防安全管理的一项重要内容，也是企业责任制度的重要组成部分。建立岗位责任制的目的是使每个消防安全重点工种岗位的人员都有明确的职责，做到各司其事，各负其责。建立起合理、有效、文明、安全的生产和工作秩序，消除无人负责的现象。消防安全重点工种岗位责任制要同经济责任制相结合，并与奖惩制度挂钩，有奖有惩，赏罚分明，以使消防安全重点工种人员更加自觉地担负起岗位消防安全的责任。

（二）严格持证上岗制度

严格持证上岗制度是做好消防安全重点工种管理的重要措施。消防安全重点工种人员上岗前，要对其进行专业培训，使其全面地熟悉岗位操作规程，系统地掌握消防安全知识，通晓岗位消防安全的"应知应会"内容。对操作复杂、技术要求高、火灾危险性大的岗位作业人员，企业生产和技术部门应组织他们实习和进行技术培训，经考试合格后方能上岗。电气焊工、炉工、热处理等工种人员，要经考试合格取得操作合格证后才能上岗。平时对消防安全重点工种人员要进行定期考核、抽查或复试，对持证上岗的人员可建立发证与吊销证件相结合的制度。

（三）建立消防安全重点工种人员工作档案

为加强消防安全重点工种队伍的建设，提高消防安全重点工种人员的安全作业水平，应建立消防安全重点工种人员的工作档案，对消防安全重点工种人员的人事概况、培训经历以及工作情况进行记载，工作情况主要对消防安全重点工种人员的作业时间、作业地点、工作完成情况、作业过程是否安全、有无违章现象等情况进行详细的记录。这种档案有助于对消防安全重点工种人员的评价、选用和有针对性地再培训,有利于不断提高他们的业务素质。所以,要充分发挥档案的作用,将档案作为考查、评价、选用、撤换消防安全重点工种人员的基本依据;档案记载的内容必须有严格手续。安全管理人员可通过档案分析和研究消防安全重点工种人员的状况,为改进管理工作提供依据。

(四)抓好消防安全重点工种人员的日常管理

要制定切实可行的学习、训练和考核计划,定期组织消防安全重点工种人员进行技术培训和消防知识学习;研究和掌握消防安全重点工种人员的心理状态和不良行为,帮助他们克服吸烟、酗酒、上班串岗、闲聊等不良习惯,养成良好的工作习惯;不断改善消防安全重点工种人员的工作环境和条件,做好消防安全重点工种人员的劳动保护工作;合理安排其工作时间和劳动强度。

三、常见消防安全重点工种岗位防火要求

消防安全重点工种岗位都必须制定严格的岗位操作规程或防火要求,操作人员必须严格按照操作规程进行操作,下面简单介绍几种常见消防安全重点工种岗位的防火要求。

(一)电焊工

(1)电焊工须经专业知识和技能培训,考核合格,持证上岗,无操作证,不能进行焊接和焊割作业。

(2)电焊工在禁火区进行电、气焊操作,必须按动火审批制度的规定办理动火安全作业票。

(3)各种焊机应在规定的电压下使用,电焊前应检查焊机的电源线的绝缘是否良好,焊机应放置在干燥处,避开雨雪和潮湿的环境。

(4)焊机、导线、焊钳等接点应采用螺栓或螺母拧接牢固;焊机二次线路及外壳须接地良好,接地电阻不小于 $1\ M\Omega$。

(5)开启电开关时要一次推到位,然后开启电焊机;停机时先关焊机再关电源;移动焊机时应先停机断电。焊接中突然停电,应立即关好电焊机;焊条头不得乱扔,应放在指定的安全地点。

(6)电弧切割或焊接有色金属及表面涂有油品等物件时,作业区环境应良好,人要在上风处。

(7)作业中注意检查电焊机及调节器,温度超过 60 ℃ 时应冷却。发现故障,如电线破损、熔丝烧断等现象应停机维修,电焊时的二次电压不得偏离 60~80 V。

(8)盛装过易燃液体或气体的设备,未经彻底清洗和分析,不得动焊;有压的管道、气瓶(罐)、槽)不得带压进行焊接作业;焊接管道和设备时,必须采取防火安全措施。

(9)对靠近天棚、木板墙、木地板以及通过板条抹灰墙时的管道等金属构件,不得在没有采取防火安全措施的情况下进行焊割和焊接作业。

(10)电气焊作业现场周围的可燃物以及高空作业时地面上的可燃物必须清理干净或者施行防火保护;在有火灾危险的场所进行焊接作业时,现场应有专人监护,并配备一定

数量的应急灭火器材。

(11)需要焊接输送汽油、原油等易燃液体的管道时,通常必须拆卸下来,经过清洗处理后才可进行作业;没有绝对安全措施,不得带液焊接。

(12)焊接作业完毕,应检查现场,确认没有遗留火种后,方可离开。

(二)电工

电工是指从事电气、防雷、防静电设施的设计、安装、施工、维护、测试等人员。电气从业人员素质的高低与电气火灾密切相关,故该工种人员必须是经过消防安全培训合格后持证上岗的正式人员,无证不得上岗操作。工作中必须严格按照电气操作规程进行操作。

(1)定期和不定期地对电源部分、线路部分、用电部分及防雷和防静电情况等进行检查,发现问题及时处理,防止各种电气火源的形成。

(2)增设电气设备、架设临时线路时,必须经有关部门批准;各种电气设备和线路不许超过安全负荷,发现异常应及时处理。

(3)敷设线路时,不准用钉子代替绝缘子,通过木质房梁、木柱或铁架子时要用磁套管,通过地下或砖墙时要用铁管保护,改装或移装工程时要彻底拆除线路。

(4)电开关箱要用铁皮包镶,其周围及箱内要保持清洁,附近和下面不准堆放可燃物品。

(5)保险装置要根据电气设备容量选用,不得使用不合格的保险装置或保险丝(片)。

(6)要经常检查变配电所(室)和电源线路,做好设备运行记录,变电室内不得堆放可燃杂物。

(7)电气线路和设备着火时,应先切断电源,然后用干粉或二氧化碳等不导电的灭火器扑救。

(8)工作时间不准脱离岗位,不准从事与本岗位无关的工作,并严格交接班手续。

(三)气焊工

(1)气焊作业前,应将施焊场地周围的可燃物清理干净,或进行覆盖隔离;气焊工应穿戴好防护用品,检查乙炔、氧气瓶、橡胶软管接头、阀门等可能泄漏的部位是否良好,焊炬上有无油垢,焊(割)炬的射吸能力如何。

(2)乙炔发生器不得放置在电线的正下方,与氧气瓶不得同放一处,距易燃易爆物品和明火的距离不得小于10 m,氧气瓶、乙炔气瓶应分开放置,间距不得小于5 m。作业点宜备清水,以备及时冷却焊嘴。

(3)使用的胶管应为经耐压试验合格的产品,不得使用代用品、变质、老化、脆裂、漏气和沾有油污的胶管,发生回火倒燃应更换胶管,可燃气体和氧气胶管不得混用。

(4)焊(割)炬点火前,应用氧气吹风,检查有无风压及堵塞、漏气现象,检验是否漏气要用肥皂水,严禁用明火。

(5)作业中当乙炔管发生脱落、破裂、着火时,应先将焊机或割炬的火焰熄灭,然后停止供气。

(6)当气焊(割)炬由于高温发生炸鸣时,必须立即关闭乙炔供气阀,将焊(割)炬放入水中冷却,同时也应关闭氧气阀。

(7)对于射吸式焊割炬,点火时应先微开焊炬上的氧气阀,再开启乙炔气阀,然后点燃调节火焰。

(8)使用乙炔切割机时,应先开乙炔气,再开氧气;使用氢气切割机时,应先开氢气,后开氧气。此顺序不可颠倒。

(9)当氧气管着火时,应立即关闭氧气瓶阀,停止供氧。禁止用弯折的方法断气灭火。

(10)当发生回火,胶管或回火防止器上喷火,应迅速关闭焊炬或割炬上的氧气阀和乙炔气阀,再关上一级氧气阀和乙炔气阀门,然后采取灭火措施。

(11)进入容器内焊割时,点火和熄灭均应在容器外进行。

(12)熄灭火焰、焊炬,应先关乙炔气阀,再关氧气阀;割炬应先关氧气阀,再关乙炔及氧气阀门。

(13)橡胶软管应和高热管道、高热体及电源线隔离,不得重压。气管和电焊用的电源导线不得敷设、缠绕在一起。

(14)工作完毕,应将氧气瓶气阀关好,拧上安全罩。乙炔浮桶提出时,头部应避开浮桶上升方向,拔出后要卧放,禁止扣放在地上,检查操作场地,确认无着火危险方可离开。

(四)仓库保管员

(1)仓库保管员要牢记公安部发布的《仓库防火安全管理规则》,坚守岗位,尽职尽责,严格遵守仓库的入库、保管、出库、交接班等各项制度,不得在库房内吸烟和使用明火。

(2)对外来人员要严格监督,防止将火种和易燃品带入库内;提醒进入储存易燃易爆危险品库房的人员不得穿带钉鞋和化纤衣服,搬动物品时要防止摩擦和碰撞,不得使用能产生火星的工具。

(3)应熟悉和掌握所存物品的性质,并根据物资的性质进行储存和操作;不准超量储存;堆垛应留有主要通道和检查堆垛的通道,垛与垛和垛与墙、柱、屋架之间的距离应符合《仓库防火安全管理规定》中所要求的防火间距。

(4)易燃易爆危险品要按类、项标准和特性分类存放,贵重物品要与其他材料隔离存放,遇水或受潮能发生化学反应的物品,不得露天存放或存放在低洼易受潮的地方;遇热易分解自燃的物品,应储存在阴凉通风的库房内。

(5)对爆炸品、剧毒品的管理,要严格落实双人保管、双本账册、双把门锁、双人领发、双人使用的"五双"制度。

(6)经常检查物品堆垛、包装,发现洒漏、包装损坏等情况时应及时处理,并按时打开门窗或通风设备进行通风。

(7)掌握仓库内灭火器材、设施的使用方法,并注意维护保养,使其完整好用。

(8)仓库保管员在每日下班之前,应对经管的库房巡查一遍,确认无火灾隐患后,拉闸断电,关好门窗,上好门锁。

(五)消防控制室操作人员

1. 值班要求

消防控制室的日常管理应符合国家标准《建筑消防设施的维护管理》(GB 25201—2010)的有关要求,确保火灾自动报警系统和灭火系统处于正常工作状态。消防控制室必须实行每日二十四小时专人值班制度,每班不应少于两人。

2. 知识和技能要求

熟知本单位火灾自动报警和联动灭火系统的工作原理,各主要部件、设备的性能、参数及各种控制设备的组成和功能;熟知各种报警信号的作用,熟悉各主要设备的位置,能够熟练操作消防控制设备,遇有火情能正确使用火灾自动报警及灭火联动系统。

3. 交接班要求

当班人员交班时,应向接班人员讲明当班时的各种情况,对存在的问题要认真向接班人员交代并及时处置,难以处理的问题要及时报告领导解决。接班人员每次接班都要对各系统进行巡检,看有无故障或问题存在,并及时排除;值班期间必须坚守岗位,不得擅离职守,不准饮酒,不准睡觉。

4. 消防设施、系统管理要求

应确保火灾自动报警系统和灭火系统处于正常工作状态,确保高位消防水箱、消防水池、气压水罐等消防储水设施水量充足;确保消防泵出水管阀门、自动喷水灭火系统管道上的阀门常开;确保消防水泵、防排烟风机、防火卷帘等消防用电设备的配电柜开关处于自动(接通)位置。

5. 火警处置要求

接到火灾警报后,必须立即以最快方式确认。火灾确认后,必须立即将火灾报警联动控制开关转入自动状态(处于自动状态的除外),同时拨打"119"火警电话报警。立即启动单位内部灭火和应急疏散预案,并应同时报告单位负责人。

第四节 火源管理

着火源是使可燃物与氧化剂发生燃烧反应的激发能源,是燃烧得以发生的条件之一。由于在人们的生产和生活中,可燃物和氧化剂(空气中的氧气)两要素往往是难以分离和消除的,故加强对火源的管理是消防安全管理的重要措施。

一、生产和生活中常见的火源

(一)明火

明火是指敞开的火焰,如火炉、油灯、电焊、气焊、火柴与烟火等产生的火焰。绝大多数明火的温度都超过700 ℃,而绝大多数可燃物的燃点都低于700 ℃。在一般情况下,只要明火焰与可燃物接触(有助燃物存在),可燃物经过一定的延迟时间便会被点燃。当明火与爆炸性混合气体接触时,气体分子会因明火中的自由基和离子的碰撞及明火的高温而引发连锁反应,瞬间导致燃烧或爆炸。

(二)高温物体

高温物体是最常见的火源之一,作为火源的高温物体很多,如铁皮烟囱、电炉子、电烙铁、白炽灯、汽车排气管等。另外微小体积的高温物体有烟头、发动机排气管排出的火星、焊割作业的金属熔渣等。当可燃物接触到高温物体足够时间,聚集足够热量,温度达到燃点以上就会引起燃烧。

(三)静电放电火花

如在物料输送过程中因物料摩擦产生的静电放电、操作人员穿化纤衣服产生的静电放电等,这种静电聚积起来可达到很高的电压。静电放电时产生的火花能点燃可燃气体、蒸汽或粉尘与空气的混合物,也能引爆火药。

(四)撞击摩擦产生火花

钢铁、玻璃、瓷砖、花岗石、混凝土等一类材料,在相互摩擦撞击时能产生温度很高的火花,如装卸机械打火,机械设备的冲击、摩擦打火,转动机械进入石子、钉子等杂物打火等。在易燃易爆场合应避免这种现象发生。

(五)电气火花

如电气线路、设备的漏电、短路、过负荷、接触电阻过大等引起的电火花、电弧、电缆燃烧等。电气动力设备要选用防爆型或封闭式的;启动和配电设备要安装在另一房间;引入易燃易爆场所的电线应绝缘良好,并敷设在铁管内。

(六)雷电火花

雷电产生的火花温度之高可以熔化金属,是引起燃烧爆炸事故的祸源之一。雷电对建筑物的危害也很大,必须采取排除措施,即在建筑物上或易燃易爆场所周围安装足够数量的避雷针,并经常检查,保持其有效。

二、火源的管理

(一)生产和生活中常见火源的管理

1. 严格管理生产用火

禁止在具有火灾、爆炸危险的场所使用明火,因特殊情况需要使用明火作业的,应当按照规定事先办理审批手续。作业人员应当遵守消防安全规定,并采取相应的消防安全措施。甲、乙、丙类生产车间、仓库及厂区和库区内严禁动用明火,若因生产需要必须动火,应经单位的安全保卫部门或防火责任人批准,并办理动火安全作业票,落实各项防范措施。对于烘烤、熬炼、锅炉、燃烧炉、加热炉、电炉等固定用火地点,必须远离甲、乙、丙类生产车间和仓库,满足防火间距要求,并办理动火安全作业票。

2. 加强对高温物体的防火管理

(1)照明灯:60 W 灯泡温度为 137~180 ℃;100 W 灯泡温度为 170~216 ℃;400 W 高压汞灯玻璃壳表面温度为 180~250 ℃。在有易燃物品的场所,照明灯下不得堆放易燃物品。在散发可燃气体和可燃蒸汽的场所,应选用防爆照明灯具。

(2)焊割作业金属熔渣:在动火焊接检修设备时,应办理动火证,动火前应撤除或遮盖焊接点下方和周围的可燃物品及设备,以防焊接飞散出去的熔渣点燃可燃物。

(3)烟头:在生产、储存易燃易爆物品的场所,应采取有效的管理措施,设置"禁止吸烟"的标志,严禁吸烟和乱扔烟头的行为。

(4)无焰燃烧的火星:煤炉烟囱、汽车和拖拉机排气管飞出的火星,一般处于无焰燃烧状态,温度可达350 ℃以上,应禁止与易燃的棉、麻、纸张及可燃气体、蒸汽、粉尘等接触。汽车进入具有火灾爆炸危险的场所时,排气管上应安装火星熄灭器。

3. 采取防静电措施

运输或输送易燃物料的设备、容器、管道,都必须有良好的接地措施,防止静电聚积放电。在具有爆炸危险的场所,可向地面洒水或喷水蒸气等,使该场所相对湿度大于65%,通过增湿法防止电介质物料带静电。场所中的设备和工具应尽量选用导电材料制成。进入甲、乙类场所的人员,不准穿戴化纤衣服。

4. 控制各种机械打火

生产过程中的各种转动的机械设备、装卸机械、搬运工具应有可靠的防止冲击、摩擦打火的措施,有可靠的防止石子、金属杂物进入设备的措施。对提升、码垛等机械设备易产生火花的部位,应设置防护罩。进入甲、乙类和易燃原材料的厂区、库区的汽车、拖拉机等机动车辆,排气管必须加戴防火罩。

5. 防止电气火花

(1)经常检查绝缘层,保证其良好的绝缘性。

(2)防止裸露电线与金属体相接触,以防短路。

(3)在有易燃易爆液体和气体的房间内,要安装防爆或密闭隔离式的照明灯具、开关及保险装置。如果确无这种防爆设备,也可将开关、保险装置、照明灯具安装在屋外或单独安装在一个房间内。禁止在带电情况下更换灯泡或修理电器。

6. 采取防雷和防太阳光聚焦措施

甲、乙类生产车间和仓库以及易燃原材料露天堆场、贮罐等,都应安设符合要求的避雷装置,引导雷电进入大地,使建筑物、设备、物资及人员免遭雷击,预防火灾爆炸事故的发生。甲、乙类车间和库房的门窗玻璃应为毛玻璃或普通玻璃涂以白色漆,以防止太阳光聚焦。

(二)生产动火的管理

1. 动火、用火的定义

动火是指在直接或间接产生明火的工艺设施以外的禁火区内从事可能产生火焰、火花或炽热表面的非常规作业。如熬沥青、烘砂、烤板等明火作业和打墙眼、电气设备的耐压试验、电烙铁锡焊等易产生火花或高温的作业等都属于动火。

用火是指持续时间比较长,甚至是长期使用明火或炽热表面的作业,一般为正常生产或与生产密切相关的辅助性使用明火的作业。如生产或工作中经常使用酒精炉、茶炉、煤气炉、电热器具等都属于用火。

2. 固定动火区和禁火区

工业企业应当根据本企业的火灾危险程度和生产、维修、建设等工作的需要,经使用单位提出申请,企业的消防安全管理部门审批登记,划定出固定动火区和禁火区。

(1)固定动火区

固定动火区是指在非火灾爆炸危险场所划出的专门用于动火的区域。单位应根据动火区应满足的条件划定固定动火区。在固定动火区内进行的动火作业,可不办理动火安全作业票。

(2)禁火区

在易燃易爆工厂、仓库区内固定动火区之外的区域一律为禁火区。固定动火区、禁火区均应在厂区地图上标示清楚。

根据国家有关规定,凡是在禁火区内因检修、试验及正常的生产动火、用火等,均要办理动火或用火安全作业票,落实各项安全措施。

3. 动火的分级

根据《危险化学品企业特殊作业安全规范》(GB 30871—2022)规定,固定动火区外的动火作业分为特级、一级、二级三个级别。

(1)特级动火

特级动火是指在处于运行状态的易燃易爆生产装置和罐区等重要部位的具有特殊危险的动火作业。一般是指在装置区、厂房内包括设备、管道上的作业。所谓特殊危险是相对的,而不是绝对的。如果有绝对危险,必须坚持生产服从安全的原则,绝对不能动火。凡是在特级动火区内的动火必须办理特级动火安全作业票。

(2)一级动火

一级动火是指在甲、乙类火灾危险区域内的动火。如在甲、乙类生产厂房、生产装置区、储罐区、库房等与明火或散发火花地点规定的防火间距内的动火均为一级动火。其区域为 30 m 半径的范围,所以,凡是在这 30 m 半径范围内的动火,均应办理一级动火安全作业票。

(3)二级动火

二级动火是指特级动火及一级动火以外的动火作业。即指化工厂区内除一级和特级动火区域外的动火和其他单位的丙类火灾危险场所范围内的动火。凡是在二级动火区内的动火作业均应办理二级动火安全作业票。

以上分级方法可随企业生产环境变化而变化,根据动火区火灾危险性,其动火的管理级别也应做相应的变化。原来为一级动火管理的,若动火区火灾危险性减小,可降为二级动火管理。

4. 用火、动火安全作业票的签发

(1)用火安全作业票的签发

凡是在禁火区内进行的用火作业,均须办理用火安全作业票。用火安全作业票上应明确负责人、有效期、用火区及防火安全措施等内容。用火安全作业票一律由企业防火安全管理部门审批,有效期最多不许超过一年。在用火时,应将用火安全作业票悬挂在用火点附近。

(2)动火安全作业票的签发

①动火安全作业票的主要内容　凡是在禁火区内进行的动火作业,均须办理动火安全作业票。动火安全作业票应清楚地标明动火级别、动火有效期、申请办证单位、动火详细位置、作业内容、作业时间、动火手段、防火安全措施,以及动火分析的取样时间、地点、结果,各项责任人和各级审批人的签名及意见。

②动火安全作业票的有效期　动火安全作业票的有效期根据动火级别而确定。特级动火和一级动火,许可证的有效期不应超过 8 h;二级动火,许可证的有效期可为 72 h。时间均应从火灾危险动火分析后不超过 30 min 的动火时算起。

③动火安全作业票的审批程序　为严格对动火作业的管理,明确不同动火级别的管理责任,对动火安全作业票的审批应按以下程序进行。

特级动火:由动火部门申请,单位防火安全管理部门复查后报主管领导终审批准。

一级动火:由动火部位的部门主任复查后,报防火安全管理部门终审批准。

二级动火:由动火部位所属基层单位报主管部门主任终审批准。

5. 动火管理中各级责任人的职责

从动火申请到终审批准,各有关人员不是签字了事,而应负有一定的责任,必须按各级的职责认真落实各项措施和规程,确保动火作业的安全。

(1)动火项目负责人

动火项目负责人对执行动火作业负全责,必须在动火之前详细了解作业内容、动火部位及其周围的情况,参与动火安全措施的制定,并向作业人员交代任务和防火安全注意事项。

(2)动火执行人

动火执行人在接到动火安全作业票后,要详细核对各项内容是否落实,审批手续是否完备。若发现不具备动火条件,有权拒绝动火,并向单位防火安全管理部门报告。动火执行人要随身携带动火安全作业票,严禁无证作业及审批手续不完备作业。

(3)动火监护人

动火监护人一般由动火作业所在部位(岗位)的操作人员担任,但必须是责任心强、有经验、熟悉现场、掌握灭火方法的操作工。动火监护人负责动火现场的防火安全检查和监护工作,检查合格,应当在动火安全作业票上签字认可。动火监护人在动火作业过程中不准离开现场,当发现异常情况时,应立即下令停止作业,及时联系有关人员采取措施。作业完成后,要会同动火项目负责人、动火执行人进行现场检查,消除残火,确定无遗留火种后方可离开现场。

(4)动火分析人

动火分析人要对分析结果负责,根据动火安全作业票的要求及现场情况亲自取样分析,在动火安全作业票上如实填写取样时间和分析结果,并签字认可。

(5)各级审查批准人

各级审查批准人,必须对动火作业的审批负全责,必须亲自到现场详细了解动火部位及周围情况,审查并确定动火级别、防火安全措施等,在确认符合安全条件后,方可签字批准动火。

(6)两个以上单位共同使用建筑物局部施工的责任

公众聚集场所或者两个以上单位共同使用的建筑物局部施工需要使用明火时,施工单位和使用单位应当共同采取措施,将施工区和使用区进行防火分隔,清除动火区内所有可以燃烧的物质,配置消防器材,专人监护,保证施工及使用范围的消防安全。

6.执行动火的操作要求

(1)动火执行和监护人应由经安全考试合格的人员担任,压力容器的焊补工作应由经考试合格的锅炉压力容器焊工担任,无合格证者不得独自从事焊补工作。

(2)动火作业时要注意火星的飞溅方向,可采用不燃或难燃材料做成的挡板控制火星的飞溅,防止火星落入有火灾危险区域。

(3)在动火作业中遇到生产装置紧急排空或设备、管道突然破裂、可燃物质外泄时,动火监护人应立即指令停止动火,待恢复正常,重新分析合格,并经原批准部门批准,才可重新动火。

(4)高处动火应遵守高处作业的安全规定,五级以上大风不准安排室外动火,已进行动火作业时,应立即停止。

第五节 易燃易爆物品防火管理

本章所指易燃易爆物品主要是易燃易爆设备和易燃易爆危险品。易燃易爆设备是指生产、储存、输送诸如煤气、液化气、石油气、天然气等各种燃气设备和其他用于生产、贮存和输送易燃易爆物质的设备。易燃易爆危险品是指具有强还原性,参与空气或其他氧化剂遇火源能够发生着火或爆炸,或者具有强氧化性,遇可燃物可着火或爆炸的危险品,如易燃气体、氧化性气体、易燃液体、易燃固体、自燃物品、遇湿易燃物品、氧化剂和有机过氧化物等。随着企业机械化和自动化水平的不断提高,易燃易爆设备和易燃易爆危险品对企业消防安全的影响越来越大。因此,加强易燃易爆设备和易燃易爆危险品的管理是企业消防安全管理的一个重点。

一、易燃易爆设备的管理

易燃易爆设备的管理主要包括设备的选购、进厂验收、安装调试、使用维护、改造更新等,其基本要求是合理地选择、正确地使用、安全地操作、经常维护保养、及时维修和更新,通过设备管理制度和技术、经济、组织等措施的落实,达到经济合理和安全生产的目的。

(一)易燃易爆设备的分类

易燃易爆设备按其使用性能分为以下四类:

(1)化工反应设备。如反应釜,反应罐、反应塔及其管线等。

（2）可燃、氧化性气体的储罐、钢瓶及其管线。如氢气罐、氧气罐、液化石油气储罐及其钢瓶、乙炔瓶、氧气瓶、煤气罐等。

（3）可燃的、强氧化性的液体储罐及其管线。如油罐、酒精罐、苯罐、二硫化碳罐、过氧化氢罐、硝酸罐、过氧化二苯甲酰罐等。

（4）易燃易爆物料的化工单元设备。如易燃易爆物料的输送、蒸馏、加热、干燥、冷却、冷凝、粉碎、混合、熔融、筛分、过滤、热处理设备等。

（二）易燃易爆设备的火灾危险特点

1. 生产装置、设备日趋大型化

为获得更好的经济效益，工业企业的生产装置、设备正朝着大型化的方向发展。如生产聚乙烯的聚合釜已由普遍采用的 $7\sim13.5\ m^3$/台发展到了 $100\ m^3$/台；已经制造出了直径 12 m 以上的精馏塔和直径 15 m 的填料吸收塔，塔高超过 100 m；生产设备的处理量增多也使储存设备的规模相应加大，我国 50 000 t 以上的油罐已有十余座。由于这些设备所加工储存的都是易燃易爆的物料，所以规模的大型化使得设备的火灾危险性大大增大。

2. 生产和储存过程中承受高温高压

为了提高设备的单机效率和产品回收率，获得更佳的经济效益，许多生产工艺过程都采用了高温、高压、高真空等手段，使设备的质量及操作要求更为严格、困难，增大了火灾危险性。如以石脑油为原料的乙烯装置，其高温稀释蒸气裂解法的蒸汽温度高达 1 000 ℃，加氢裂化的温度也在 800 ℃ 以上；以轻油为原料的大型合成氨装置，其一段、二段转化炉的管壁温度在 900 ℃ 以上；普通的氨合成塔的压力为 32 MPa，合成酒精、尿素的压力都在 10 MPa 以上，高压聚乙烯装置的反应压力达 275 MPa 等。生产工艺过程中的高温、高压使物料的自燃点降低，爆炸范围变宽，且对设备的强度提出了更高的要求，操作过程中稍有失误，就可能造成大范围、毁灭性破坏。

3. 生产和储存过程中易产生跑、冒、滴、漏

易燃易爆设备在生产和储存过程中承受高温、高压，很容易产生疲劳、强度降低，加之多与管线连接，连接处很容易发生跑、冒、滴、漏；有些操作温度超过了物料的自燃点，一旦跑漏便会着火；有的物料具有腐蚀性，设备易被腐蚀而使强度降低，造成跑、冒、滴、漏，这些又增大了设备的火灾危险性。

（三）易燃易爆设备使用的消防安全要求

1. 合理配备设备

要根据企业生产的特点、工艺过程和消防安全要求，选配安全性能符合规定要求的设备，设备的材质、耐腐蚀性、焊接工艺及其强度等应能保证其整体强度，设备的消防安全附件如压力表、温度计、安全阀、阻火器、紧急切断阀、过流阀等应齐全合格。

2. 严格试车程序

易燃易爆设备启动时，要严格试车程序，详细观察设备运行情况并记录各项试车数据，保证各项安全性能达到规定指标。试车启用过程要有安全技术和消防管理部门的人员共同参加。

3. 加强操作人员的消防安全培训教育

对易燃易爆设备应安排具有一定专业技能的人员操作。操作人员在上岗前要进行严

格的消防安全教育和操作技能培训，经考试合格才能独立操作。并应做到"三好、四会"，即管好设备、用好设备、修好设备和会保养、会检查、会排除故障、会应急灭火和逃生。

4. 设备涂以明显的颜色标记

易燃易爆设备应当有明显的颜色标记，给人以醒目的警示。并在适当的位置粘贴醒目的易燃易爆设备等级标签，悬挂易燃易爆设备管理责任标牌，明确管理责任人和管理职责，以便于检查管理。

5. 为设备创造良好的工作环境

易燃易爆设备的工作环境对其能否安全工作有较大的影响。如果环境温度较高，会影响设备内气、液物料的蒸气压；如果环境潮湿，会加快设备的腐蚀，甚至影响设备的机械强度。因此，对使用易燃易爆设备的场所，要严格控制温度、湿度、灰尘、振动、腐蚀等条件。

6. 严格操作规程

严格操作规程是易燃易爆设备消防安全管理的一个重要环节。在工业生产中，如果不按照设备操作规程进行操作，如颠倒了投料次序、错开了一个开关或阀门都可能酿成大祸。所以，操作人员必须严格按照操作规程进行操作，严格把握投料和开关程序，每一阀门和开关都应有醒目的标记、编号和高压、中压或低压的说明。

7. 保证双路供电

对易燃易爆设备，要有保证其安全运行的双路供电措施。对自动化程度较高的设备，还应备有手动操作机构。设备上的各种安全仪表，都必须反应灵敏、动作准确无误。

8. 严格交接班制度

为保证设备安全使用，操作人员下班时要把当班的设备运转情况全面、准确地向接班人员交代清楚，并认真填写交接班记录。接班的人员要做上岗前的全面检查，并认真填写检查记录，以使在班的操作人员对设备的运行情况有比较清楚的了解，对设备状况做到心中有数。

9. 切实落实设备维护保养与检查维修制度

设备操作人员每日要对设备进行维护保养，其主要内容包括班前、班后检查，设备各个部位的擦拭，班中认真观察听诊设备运转情况，及时排除故障，定期对设备进行安全检查，对检查出的故障设备及时维修，不得使设备带病运行。

10. 建立设备档案

加强对易燃易爆设备的管理，建立设备档案，及时掌握设备的运行情况。易燃易爆设备档案的内容主要包括性能、生产厂家、使用范围、使用时间、事故记录、维修记录、维护人、操作人、操作要求、应急方法等。

（四）易燃易爆设备的安全检查、维修与更新

1. 易燃易爆设备的安全检查

易燃易爆设备的安全检查是指对设备的运行情况、密封情况、受压情况、仪表灵敏度、各零部件的磨损情况和开关、阀门的完好情况等进行检查。该检查可针对单位生产的具体情况确定检查的频次，按时间可以分为日检查、周检查、月检查、年检查等几种；从技术上来讲，还可以分为机能性检查和规程性检查两种。

(1)日检查是指操作人员在交接班时进行的检查。此种检查一般都由操作人员进行。

(2)周检查和月检查是指班组或车间、工段的负责人按周或月的安排进行的检查。

(3)年检查是指由厂部组织的对全厂或全公司的易燃易爆设备进行的检查。年检查应成立由设备、技术、安全保卫部门联合组成的检查小组,时间一般安排在本厂、公司生产或经营的淡季。在年检时,要编制检查标准书,确定检查项目。

2. 易燃易爆设备的维修

易燃易爆设备在使用一定时间后,会因物料的腐蚀性和膨胀性而使设备出现裂纹、变形或焊缝、受压元件、安全附件等出现泄漏现象,如果不及时检查修复,就可能发生着火或爆炸事故。所以,对易燃易爆设备要定期进行检修,及时发现和消除事故隐患。设备检修按每次检修内容的多少和时间的长短,分为小修、中修和大修三种。

(1)小修

小修是指只对设备的外观表面进行的检修。一般设备的小修一年进行一次。检修的内容主要包括设备的外表面有无裂纹、变形、局部过热等现象,防腐层、保温层及设备的铭牌是否完好,设备的焊缝、连接管、受压元件等有无泄漏,紧固螺栓是否完好,基础有无下沉、倾斜等异常现象,设备的各种安全附件是否齐全、灵敏、可靠等。

(2)中修

中修是指设备的中、外部检修。中修一般三年进行一次,但对使用期已达十五年的设备应每隔两年中修一次,对使用期超过二十年的设备应每隔一年中修一次。中修的内容除外部检修的全部内容外,还应对设备的外表面、开孔接管处有无介质腐蚀或冲刷磨损等现象和对设备的所有焊缝、封头过渡区和其他应力集中的部位有无断裂或裂纹等进行检查。

(3)大修

大修是指对设备的内外进行全面的检修。大修应由技术总负责人批准,并报上级主管部门备案。大修至少每六年进行一次。大修除包括中修的全部内容外,还应对设备的主要焊缝或壳体进行无损探伤抽查。抽查长度为设备或壳体面积焊缝总长的20%。易燃易爆设备大修合格后,应严格进行水压试验和气密性试验。在正式投入使用之前,还应进行惰性气体置换或抽真空处理。

3. 易燃易爆设备的更新

衡量易燃易爆设备是否需要更新,主要看两个性能:一是机械性能;二是安全可靠性能。机械性能和安全可靠性能是不可分割的,安全可靠性能的好坏依赖于机械性能。易燃易爆设备的机械性能和安全可靠性能低于消防安全规定的要求时,应立即更新。如当易燃易爆设备的壁厚小于最小允许壁厚,强度核算不能满足最高许用压力时,就应考虑设备的更新问题。更新设备应考虑两个问题:一是经济性,就是在保证消防安全的基础上花最少的钱;二是先进性,就是替换的新设备防火防爆安全性能应当先进、可靠。

二、易燃易爆危险品的管理

由于易燃易爆危险品火灾危险性极大,且一旦发生火灾往往带来巨大的人员伤亡和财产损失,故《消防法》第二十三条规定:生产、储存、运输、销售、使用、销毁易燃易爆危险品,必须执行消防技术标准和管理规定。

(一)易燃易爆危险品安全管理职责和要求

1.政府部门对易燃易爆危险品安全管理的职责

根据国家对易燃易爆危险品安全管理的社会分工和《危险化学品安全管理条例》的规定,政府有关部门负责对易燃易爆危险品的生产、经销、储存、运输、使用和对废弃易燃易爆危险品处置实施安全监督管理,具体职责如下:

(1)国务院和省、自治区、直辖市人民政府安全生产监督管理部门,负责危险品安全监督的综合管理。包括易燃易爆危险品生产、储存企业的设立及其改建、扩建的审查,易燃易爆危险品包装物、容器专业生产企业的定点和审查,易燃易爆危险品经营许可证的发放,易燃易爆危险品的登记,易燃易爆危险品事故应急救援的组织和协调以及前述事项的监督检查。市县级易燃易爆危险品安全监督综合管理部门的职责由该级人民政府确定。

(2)公安部门负责易燃易爆危险品的公共安全管理,剧毒品购买凭证和准购证的发放、审查,核发剧毒品公路运输通行证,对易燃易爆危险品道路运输安全实施监督以及前述事项的监督检查。

(3)质检部门负责易燃易爆危险品及其包装物生产许可证的发放,对易燃易爆危险品包装物或容器的产品质量实施监督检查。质检部门应当将颁发易燃易爆危险品生产许可证的情况通报国务院经济贸易综合管理部门、环境保护部门和公安部门。

(4)环境保护部门负责废弃易燃易爆危险品处置的监督管理、重大易燃易爆危险品污染事故和生态破坏事件的调查、毒害性易燃易爆危险品事故现场的应急监测和进口易燃易爆危险品的登记,并负责前述事项的监督检查。

(5)铁路、民航部门负责易燃易爆危险品的铁路、航空运输和易燃易爆危险品铁路、民航运输单位及其运输工具的管理和监督检查。交通部门负责易燃易爆危险品公路、水路运输单位及其运输工具的管理和监督检查,负责易燃易爆危险品公路、水路运输单位、驾驶人员、船员、装卸员和押运员的资质认定。

(6)卫生行政部门负责易燃易爆危险品的毒性鉴定和易燃易爆危险品事故伤亡人员的医疗救护工作。

(7)工商行政管理部门依据有关部门批准、许可文件,核发易燃易爆危险品生产、经销、储存、运输单位的营业执照,并监督管理易燃易爆危险品市场经营活动。

(8)邮政部门负责邮寄易燃易爆危险品的监督检查。

2.政府部门对易燃易爆危险品监督检查的权限和要求

为保证对易燃易爆危险品的监督检查工作能够正常、有序、顺利进行,政府有关部门在进行监督检查时,应当根据法律法规授权的范围和国家对易燃易爆危险品安全管理的职责分工,依法行使下列职权:

(1)进入易燃易爆危险品作业场所进行现场检查,向有关人员了解情况,调取相关资料,给易燃易爆危险品单位提出整改措施和建议。

(2)发现易燃易爆危险品事故隐患时,责令立即或限期排除。

(3)对不符合有关法律法规规定和国家标准要求的设施、设备、器材和运输工具,责令立即停止使用。

(4)发现违法行为,当场予以纠正或者责令限期改正。

有关部门工作人员依法进行监督检查时,应出示证件。易燃易爆危险品单位应当接受有关部门依法实施的监督检查,不得拒绝或阻挠。

3. 易燃易爆危险品单位的安全管理要求

易燃易爆危险品单位应当具备有关法律、行政法规和国家标准或行业标准规定的安全生产条件,不具备条件的,不得从事易燃易爆危险品的生产经营活动。

单位应当设置安全管理机构,确定安全管理主要负责人,配备专职的安全管理人员并按照以下管理要求对本单位进行安全管理:

(1)单位安全管理主要负责人必须具备与本单位所从事的生产经营活动相应的安全生产知识和管理能力,并由有关主管部门对其安全生产知识和管理能力进行考核,考核合格后方可任职。

(2)单位安全管理主要负责人应当以国家有关法律法规为依据,建立健全本单位安全责任制;制定单位安全规章制度和重点岗位安全操作规程;定期督促检查单位的安全工作,及时消除隐患;组织制定并实施本单位的事故应急救援预案;发生安全事故应及时、如实向上级报告。

(3)单位安全管理机构应当对易燃易爆危险品从业人员进行安全教育和培训,保证从业人员具备必要的安全知识,熟悉有关规章制度和安全操作规程,掌握本岗位的安全操作技能。

(4)单位专职安全管理人员应当具备与本单位所从事的生产经营活动相适应的安全生产知识和管理能力,并应当由有关主管部门对其安全知识和管理能力进行考核合格后才能任职。

(5)从事生产、储存、运输、销售、使用或者处置废弃易燃易爆危险品工作的人员,应当接受有关法律法规和安全知识、专业技术、人体健康防护和应急救援等知识和技能的培训,并经考核合格才能上岗作业。对特种作业操作人员,应按照国家有关规定经专门的特种作业安全培训,取得特种作业操作资格证书后才能上岗作业。

(6)易燃易爆危险品单位应当具备安全生产条件和所必需的资金投入,生产经营单位的决策机构、主要负责人或者个人经营的投资人应对资金投入予以保证,并对安全生产所必需的资金投入不足导致的后果承担责任。

(二)易燃易爆危险品生产、储存、使用的消防安全管理

由于易燃易爆危险品在生产和使用过程中都是散状存在于生产工艺设备、装置和管线之中,处于运动状态,跑、冒、滴、漏的机会很多,加之生产、使用中的危险因素也很多,因而危险性很大;而易燃易爆危险品在储存过程中,量大而集中,是重要的危险源,一旦发生事故,后果不堪设想,因此加强对易燃易爆危险品生产、储存和使用的安全管理是非常重要的。

1. 易燃易爆危险品生产、储存企业应当具备的消防安全条件

国家对易燃易爆危险品的生产和储存实行统一规划、合理布局和严格控制的原则,并实行审批制度。在编制总体规划时,市级人民政府应当根据当地经济发展的实际需要,按照确保安全的原则,规划出专门用于易燃易爆危险品生产和储存的适当区域,生产、储存易燃易爆危险品时应当满足下列条件：

（1）生产工艺、设备或设施、存储方式符合国家相关标准。

（2）企业周边的防护距离符合国家标准或者国家有关规定。

（3）生产、使用易燃易爆危险品的建筑和场所必须符合《建筑设计防火规范》(GB 50016－2014)(2018年版)和有关专业防火规范。

（4）生产、使用易燃易爆危险品的场所必须按照有关规范安装防雷保护设施。

（5）生产、使用易燃易爆危险品场所的电气设备必须符合国家电气防爆标准。

（6）生产设备与装置必须按国家有关规定设置消防安全设施，定期保养、校验。

（7）易产生静电的生产设备与装置，必须按规定设置静电导除设施，并定期进行检查。

（8）从事生产易燃易爆危险品的人员必须经主管部门进行消防安全培训，经考试取得合格证，方准上岗。

（9）消防安全管理制度健全。

（10）符合国家法律法规规定和国家标准要求的其他条件。

2.易燃易爆危险品生产、储存企业设立的申报和审批要求

为了严格管理，易燃易爆危险品生产、储存企业在设立时，应当向设区的市级人民政府安全监督综合管理部门提出申请；剧毒性易燃易爆危险品还应当向省、自治区、直辖市人民政府经济贸易管理部门提出申请，但无论哪一级申请，都应当提交下列文件：

（1）企业设立的可行性研究报告。

（2）原料、中间产品、最终产品或者储存易燃易爆危险品的自燃点、闪点、爆炸极限、氧化性、毒害性等理化性能指标。

（3）包装、储存、运输的技术要求。

（4）安全评价报告。

（5）事故应急救援措施。

（6）符合易燃易爆危险品生产、储存企业必须具备条件的证明文件。

省、自治区、直辖市人民政府经济贸易管理部门设区的市级人民政府安全监督综合管理部门，在收到申请和提交的文件后，应当组织有关专家进行审查，提出审查意见，并报本级人民政府批准。本级人民政府予以批准的，由省、自治区、直辖市人民政府经济贸易管理部门设区的市级人民政府安全监督综合管理部门颁发批准书，申请人凭批准书向工商行政管理部门办理登记注册手续；不予批准的，应当书面通知申请人。

3.易燃易爆危险品包装的消防安全管理要求

易燃易爆危险品包装是否符合要求，对保证易燃易爆危险品的安全非常重要，如果不能满足运输储存的要求，就有可能在运输、储存和使用过程中发生事故。因此，易燃易爆危险品在包装上应符合下列安全要求：

（1）易燃易爆危险品的包装应符合国家法律法规的规定和国家标准的要求。包装的材质、形式、规格、方法和单件质量应当与所包装易燃易爆危险品的性质和用途相适应，并便于装卸、运输和储存。

（2）易燃易爆危险品的包装物、容器应当由省级人民政府经济贸易管理部门审查合格的专业生产企业定点生产，并经国务院质检部门的专业检测、检验机构检测、检验合格，方可使用。

(3)重复使用的易燃易爆危险品包装物(含容器)在使用前,应当进行检查,并做记录;检查记录至少应保存两年。质监部门应当对易燃易爆危险品的包装物(含容器)的产品质量进行定期或不定期的检查。

4. 易燃易爆危险品储存的消防安全管理要求

由于储存易燃易爆危险品仓库通常都是重大危险源,一旦发生事故往往带来重大损失和危害,所以对易燃易爆危险品的储存管理应更加严格。易燃易爆化学物品的储存应当遵守《仓库防火安全管理规则》,同时还应当符合下列条件:

(1)易燃易爆危险品必须储存在专用仓库或储存室。储存方式、方法、数量必须符合国家标准。由专人管理,出入库应当进行核查登记。

(2)易燃易爆危险品应当分类、分项储存,性质相互抵触,灭火方法不同的易燃易爆危险品不得混存,垛与垛、垛与墙、垛与柱、垛与顶以及垛与灯之间的距离应符合要求,要定期对仓库进行检查、保养,注意防热和通风散潮。

(3)剧毒品、爆炸品以及储存数量构成重大危险源的其他易燃易爆危险品必须在专用仓库内单独存放,实行双人收发、双人保管制度。储存单位应当将剧毒品以及构成重大危险源的其他易燃易爆危险品的数量、地点以及管理人员的情况报当地公安部门和负责易燃易爆危险品安全监督综合管理工作部门备案。

(4)易燃易爆危险品专用仓库,应当符合国家标准中对安全、消防的要求,设置明显标志。应当定期对易燃易爆危险品专用仓库的储存设备和安全设施进行检查。

(5)对废弃易燃易爆危险品处置时,应当严格按照固体废物污染环境防治法和国家有关规定进行。

(三)易燃易爆危险品经销的消防安全管理

易燃易爆危险品在采购、调拨和销售等经销活动中,受外界因素的影响最多,因而事故隐患也最多,所以应加强易燃易爆危险品经销的安全管理。

1. 经销易燃易爆危险品必须具备的条件

国家对易燃易爆危险品的经销实行许可制度。未经许可,任何单位和个人都不能经销易燃易爆危险品。经销易燃易爆危险品的企业必须具备下列条件:

(1)经销场所和储存设施符合国家标准。

(2)主管人员和业务人员经过专业培训,并取得上岗资格。

(3)有健全的安全管理制度。

(4)符合法律法规规定和国家标准要求的其他条件。

2. 易燃易爆危险品经销许可证的申办

(1)经销剧毒性易燃易爆危险品的企业,应当分别向省、自治区、直辖市人民政府的经济贸易管理部门或者设区的市级人民政府的负责易燃易爆危险品安全监督综合管理工作的部门提出申请,并附送易燃易爆危险品经销企业条件的相关证明材料。

(2)省、自治区、直辖市人民政府的经济贸易管理部门或者设区的市级人民政府负责易燃易爆危险品安全监督综合管理工作的部门接到申请后,应当依照规定对申请人提交的证明材料和经销场所进行审查。

(3)经审查,符合条件的,颁发危险品经销(营)许可证,并将颁发危险品经销(营)许可证的情况通报同级公安部门和环境保护部门,申请人凭危险品经销(营)许可证向工商行政管理部门办理登记注册手续。不符合条件的,书面通知申请人并说明理由。

3. 易燃易爆危险品经销的消防安全管理要求

(1)企业在采购易燃易爆危险品时,不得从未取得易燃易爆危险品生产或经销许可证的企业采购;生产易燃易爆危险品的企业也不得向未取得易燃易爆危险品经销许可证的单位或个人销售易燃易爆危险品。

(2)经销易燃易爆危险品的企业不得经销国家明令禁止的易燃易爆危险品,也不得经销没有安全技术说明书和安全标签的易燃易爆危险品。

(3)经销易燃易爆危险品的企业储存易燃易爆危险品时,应遵守国家易燃易爆危险品储存的有关规定。经销商店内只能存放民用小包装的易燃易爆危险品,其总量不得超过国家规定的限量。

(四)易燃易爆危险品运输的消防安全管理

国家对易燃易爆危险品的运输实施资质认定制度,未经资质认定,不得运输易燃易爆危险品。易燃易爆危险品的运输必须符合相关管理要求。

1. 易燃易爆危险品运输消防安全管理的基本要求

(1)运输、装卸易燃易爆危险品,应当依照有关法律法规的规定和国家标准的要求,按照易燃易爆危险品的危险特性,采取必要的安全防护措施。

(2)用于易燃易爆危险品运输的槽、罐及其他容器,应当由符合规定条件的专业生产企业定点生产,并经检测、检验合格方可使用。质检部门对定点生产的槽、罐及其他容器的产品质量进行定期或不定期检查。

(3)易燃易爆危险品运输企业,应当对其驾驶员、船员、装卸管理员、押运员进行有关安全知识培训,使其掌握易燃易爆危险品运输的安全知识并经所在地设区的市级人民政府交通部门(船员经海事管理机构)考核合格,取得上岗资格证方可上岗作业。

(4)运输易燃易爆危险品的驾驶员、船员、装卸管理员、押运员应当了解所运载易燃易爆危险品的性质、危险、危害特性包装容器的使用特性和发生意外时的应急措施。在运输易燃易爆危险品时,应当配备必要的应急处理器材和防护用品。

(5)托运易燃易爆危险品时,托运人应当向承运人说明所托运易燃易爆危险品的品名、数量、危害、应急措施等情况。所托运的易燃易爆危险品需要添加抑制剂或稳定剂的,托运人交付托运时应当将抑制剂或稳定剂添加充足,并告知承运人。托运人不得在托运的普通货物中夹带易燃易爆危险品,也不得将易燃易爆危险品匿报或谎报为普通货物托运。

(6)运输易燃易爆危险品的槽罐以及其他容器必须封口严密,能够承受正常运输条件下产生的内部压力和外部压力,保证易燃易爆危险品在运输中不因温度、湿度或压力的变化而发生任何渗漏。

(7)任何单位和个人不得邮寄或者在邮件内夹带易燃易爆危险品,也不得将易燃易爆危险品匿报或者谎报为普通物品邮寄。

(8)通过铁路、航空运输易燃易爆危险品的,应符合国务院铁路、民航部门的有关专门规定。

2. 易燃易爆危险品公路运输的消防安全管理要求

易燃易爆危险品在公路运输时,由于受驾驶技术、道路状况、车辆状况、天气情况的影响很大,因而所带来的危险因素也很多,且一旦发生事故救援难度较大,往往会造成重大经济损失和人员伤亡,所以,应当严格管理要求。

(1)通过公路运输易燃易爆危险品时,必须配备押运人员,并随时处于押运人员的监管之下。不得超装、超载,不得进入易燃易爆危险品运输车辆禁止通行的区域;确需进入禁止通行区域的,应当事先向当地公安部门报告,并由公安部门为其指定行车时间和路线,且运输车辆必须遵守公安部门为其指定的行车时间和路线。

(2)通过公路运输易燃易爆危险品的,托运人只能委托有易燃易爆危险品运输资质的运输企业承运。

(3)剧毒性易燃易爆品在公路运输途中发生被盗、丢失、流散、泄漏等情况时,承运人及押运人员应当立即向当地公安部门报告,并采取一切可能的警示措施。公安部门接到报告后,应当立即向其他有关部门通报情况;有关部门应采取必要的安全措施。

(4)易燃易爆危险品运输车辆禁止通行的区域,由设区的市级人民政府公安部门划定,并设置明显的标志。运输烈性易燃易爆危险品途中需要停车住宿或者遇有无法正常运输的情况时,应当向当地公安部门报告。

3. 易燃易爆危险品水路运输的消防安全管理要求

易燃易爆危险品在水路运输时,一旦发生事故往往会造成水道的阻塞或对水域形成污染,给人民的生命和财产带来更大的危害,且往往扑救比较困难。故在水路运输易燃易爆危险品时应当有比在陆地运输更加严格的要求。

(1)禁止利用内河以及其他封闭水域等航运渠道运输剧毒性易燃易爆危险品。

(2)利用内河以及其他封闭水域等航运渠道运输禁运以外的易燃易爆危险品时,只能委托有易燃易爆危险品运输资质的水运企业承运,并按照国务院交通部门的规定办理手续,接受有关交通港口部门、海事管理机构的监督管理。

(3)运输易燃易爆危险品的船舶及其配载的容器应当按照国家关于船舶检验的规范进行生产,并经海事管理机构认可的船舶检验机构检验合格,方可投入使用。

(五)易燃易爆危险品销毁的消防安全管理

易燃易爆危险品如因质量不合格,或因失效、变态废弃时,要及时进行销毁处理,以防止管理不善而引发火灾、中毒等灾害事故的发生。为了保证安全,禁止随便弃置堆放和排入地面、地下及任何水系。

1. 销毁易燃易爆危险品应具备的消防安全条件

由于废弃的易燃易爆危险品稳定性差、危险性大,故销毁处理时必须要有可靠的安全措施,并须经当地公安和环保部门同意才可进行销毁,其基本条件如下:

(1)销毁场地的四周和防护措施,均应符合安全要求。

(2)销毁方法选择正确,适合所要销毁物品的特性,安全、易操作、不会污染环境。

(3)销毁方案无误,防范措施周密、落实。

(4)销毁人员经过安全培训合格,有法定许可的证件。

2. 易燃易爆危险品销毁的基本要求

易燃易爆危险品的销毁,要严格遵守国家有关安全管理的规定,严格遵守安全操作规程,防止着火、爆炸或其他事故的发生。

(1)正确选择销毁场地

销毁场地的安全要求因销毁方法的不同而不同。当采取爆炸法或者燃烧法销毁时,销毁场地应选择在远离居住区、生产区、人员聚集场所和交通要道的地方,最好选择在有天然屏障或较隐蔽的地区。销毁场地边缘与场外建筑物的距离不应小于200 m,与公路、铁路等交通要道的距离不应小于150 m。当四周没有天然屏障时,应设有高度不小于3 m的土堤防护。

销毁爆炸品时,销毁场地最好是无石块、瓦块的泥土或沙地。专业性的销毁场地,四周应砌筑围墙,围墙距作业场地边沿不应小于50 m;临时性销毁场地四周应设警戒或者铁丝网。销毁场地内应设人身掩体和点火引爆掩体。掩体的位置应在常年主导风向的上风方向,掩体之间的距离不应小于30 m,掩体的出入口应背向销毁场地,且距作业场地边沿的距离不应小于50 m。

(2)严格培训作业人员

执行销毁操作的作业人员,要经严格的操作技术和安全培训,并经考试合格才能执行销毁的操作任务。执行销毁操作的作业人员应具备以下条件:

①身体强壮,智能健全。
②具有一定的专业知识。
③工作认真负责,责任心强。
④经安全培训合格。

(3)严格进行消防安全管理

销毁易燃易爆危险品的单位应当严格遵守有关消防安全的规定,认真落实具体的消防安全措施,当大量销毁时应当认真研究,作出具体方案(包括一旦引发火灾时的应急灭火预案)。并向相关部门申报,经审查并经现场检查合格方可进行,确保销毁安全。

(六)易燃易爆危险品的登记与事故紧急救援管理

1. 易燃易爆危险品的登记管理

为了进一步加强对易燃易爆危险品的管理,国家对易燃易爆危险品实行登记制度,并为易燃易爆危险品安全管理、事故预防和应急救援提供技术、信息支持。

(1)易燃易爆危险品生产、储存企业以及使用的数量构成重大危险源的其他易燃易爆危险品使用单位,应当向国务院经济贸易综合管理部门负责易燃易爆危险品登记的机构办理易燃易爆危险品登记。易燃易爆危险品登记的具体办法应按照国务院经济贸易综合管理部门的有关要求进行。

(2)负责易燃易爆危险品登记的机构应当向环境保护、公安、质检、卫生等有关部门提供易燃易爆危险品登记的资料。

2. 易燃易爆危险品事故的紧急救援管理

易燃易爆危险品一旦发生事故往往会造成重大的人员伤亡和经济损失。为了最大限度地减少人员伤亡和经济损失,必须采取积极的救援措施。

（1）易燃易爆危险品事故紧急救援管理的基本要求

①县级以上地方各级人民政府，应当在本辖区域内配备、训练具有一定专业技术水平的紧急抢险救援队伍，并保证这支队伍的人员、设备和训练的经费。

②县级以上地方各级人民政府负责易燃易爆危险品安全监督综合管理的部门，应当会同同级其他有关部门制定易燃易爆危险品事故应急救援预案，报经本级人民政府批准。

③易燃易爆危险品单位应当制定本单位的事故应急救援预案，配备应急救援人员和必要的应急救援器材、设备，并定期组织演练。

④易燃易爆危险品事故应急救援预案应当报设区的市级人民政府负责易燃易爆危险品安全监督综合管理的部门备案。

⑤发生易燃易爆危险品事故，事故单位主要负责人应当按照本单位制定的应急救援预案，立即组织救援，并立即报告当地负责易燃易爆危险品安全监督综合管理的部门和公安、环境保护、质检部门。

（2）易燃易爆危险品事故紧急救援的实施

发生易燃易爆危险品事故，有关地方人民政府应当做好指挥、领导工作。负责易燃易爆危险品的安全监督综合管理的部门和环境保护、公安、卫生等有关部门，应当按照当地应急救援预案组织实施救援，不得拖延、推诿。有关地方人民政府及其有关部门应当按照下列要求，采取必要措施，减少事故损失，防止事故蔓延、扩大。

①立即组织营救受害人员，组织撤离或者采取其他措施保护危害区域内的其他人员。

②迅速控制危害源，并对易燃易爆危险品造成的危害进行检验、监测，测定事故的危害区域、易燃易爆危险品性质及危害程度。

③针对事故对人体、动植物、土壤、水源、空气造成的现实危害和可能产生的危害，迅速采取封闭、隔离、洗消等措施。

④对易燃易爆危险品事故造成的危害进行监测、处置，直至符合国家环境保护标准。

⑤易燃易爆危险品生产企业必须为易燃易爆危险品事故应急救援提供技术指导和必要的协助。

⑥易燃易爆危险品事故造成环境污染的信息，由环境保护部门统一公布。

第六节　消防产品质量监督管理

消防产品是指经过加工、制作，具有特定物理化学性能的专门用于火灾预防、灭火救援、火灾防护、避难逃生的专用器材和设备。它广泛应用于社会的各个领域、各种可能发生火灾的场所，装备着每一支专职、志愿消防队伍，应用于火灾发生的危急时刻，所以，其质量、数量、使用性能等与消防安全关系都十分重大。如果质量优异，则功效显著，遇警启用能化险为夷；如果质量不好，临警失效，则会贻误战机，不但起不了防止和扑救火灾的作用，反而会造成更大的经济损失，使小火酿成重灾，甚至危及生命安全。因此，消防产品的生产必须坚持质量第一的方针,遵循企业负责、行业自律、中介评价、政府监管的原则,切实加强对消防产品的质量监督管理。

一、消防产品质量监督管理职责

公安部发布的《消防产品监督管理规定》规定:国家市场监督管理总局、国家工商行政管理总局和消防救援机构按照各自职责对生产、流通和使用领域的消防产品质量实施监督管理。县级以上地方质量监督部门、工商行政管理部门和消防救援机构按照各自职责对本行政区域内生产、流通和使用领域的消防产品质量实施监督管理。

(一)产品质量监督部门的监督管理职责

产品质量监督部门负责消防产品生产领域产品质量的监督检查,并依法履行以下职责:

(1)组织开展消防产品生产领域产品质量的监督抽查。
(2)负责消防产品质量认证、检验机构的资质认定和监督管理。
(3)对制造假冒伪劣消防产品的违法行为,依法予以查处,并将查处情况通报消防救援机构。
(4)受理消防产品生产领域的违法行为的举报、投诉,并按规定进行调查、处理。

(二)工商行政管理部门的监督管理职责

工商行政管理部门负责消防产品流通领域产品质量的监督检查,并依法履行以下职责:

(1)组织开展消防产品流通领域产品质量的监督抽查。
(2)对销售假冒伪劣消防产品的违法行为,依法予以查处,并将查处情况通报消防救援机构。
(3)受理消防产品流通领域违法行为的举报、投诉,并按规定进行调查、处理。

(三)消防救援机构的监督管理职责

消防救援机构负责消防产品使用领域产品质量的监督检查,并依法履行以下职责:

(1)组织开展在建建设工程消防产品专项监督抽查。
(2)在实施建设工程消防验收、开业前检查和消防监督检查时,依照有关规定对消防产品质量实施检查。
(3)对消防产品质量认证、检验和消防设施检测等消防技术服务机构开展的认证、检验和检测活动进行监督。
(4)对发现的使用不合格消防产品或者国家明令淘汰的消防产品的违法行为,依法予以处理。
(5)受理消防产品使用领域违法行为的举报、投诉,并按规定进行调查、处理。

二、消防产品质量及相关单位的要求

(1)消防产品必须符合国家标准。无国家标准的,必须符合行业标准。新研制的尚未制定国家标准或行业标准的消防产品,经技术鉴定符合消防安全要求的,方可生产、销售和使用。消防产品的消防安全要求应符合《消防产品消防安全要求》(XF 1025—2012)的规定。

(2)建筑构件和建筑材料的防火性能必须符合国家标准或者行业标准。

(3)根据国家工程建设消防技术标准的规定,室内装修、装饰工程应当使用不燃、难燃材料或者阻燃制品的,必须依照消防技术标准选用由产品质量法规定确定的检验机构检验合格的材料。

(4)禁止生产、销售或者使用不合格的消防产品以及国家明令淘汰的消防产品;禁止使用不符合国家标准、行业标准或者地方标准的配件或者配料维修、保养消防设施和器材。

(5)为建设工程供应消防产品的单位应当提供强制性产品认证合格或者技术鉴定合格的证明文件、出厂合格证。

(6)供应有防火性能要求的建筑构件、建筑材料、室内装修装饰材料的单位应当提供符合国家标准、行业标准的证明文件、出厂合格证,并应作出质量合格的承诺。

(7)消防产品的使用单位应当根据建(构)筑物的火灾危险等级选用相应质量要求的消防产品。

(8)建设工程设计单位在设计中选用的消防产品,应当注明产品规格、性能等技术指标。其质量要求应当符合国家标准、行业标准。对尚未制定国家标准或行业标准的,应选用经技术鉴定合格的消防产品。

(9)消防产品生产、销售、安装、维修单位的基本信息目录由有关消防产品管理组织编制,并定期向社会公布。

三、消防产品质量监督管理的措施

消防产品的质量直接影响着消防系统性能的发挥。目前,我国对消防产品质量的监督管理主要采取了以下措施:

(一)实行消防产品市场准入制度

消防产品市场准入制度是指消防产品在经过国家具有资格的消防产品质量监督检验机构检验合格才可上市销售的制度。新研制的尚未制定国家标准、行业标准的消防产品,应当按照国务院产品质量监督部门会同国务院应急管理部门规定的办法,经技术鉴定符合消防安全要求的,方可生产、销售、使用。目前,消防产品的市场准入制度主要有强制性产品认证制度(3C认证)和消防产品强制检验制度。

1. 强制性产品认证制度

强制性产品认证制度是通过制定强制性产品认证的产品目录和实施强制性产品认证

程序,对列入目录中的产品实施强制性的检测和审核的制度。依法实行强制性产品认证的消防产品(列入强制性产品认证目录的产品)需由具有法定资质的认证机构按照国家标准、行业标准的强制性要求认证合格后,方可生产、销售、使用。没有获得指定认证机构的认证证书、没有按规定加施认证标志一律不得出厂销售和在经营服务场所使用。

实行强制性产品认证的消防产品目录由国务院产品质量监督部门会同国务院应急管理部门制定并公布。

2019年7月29日,国家市场监督管理总局、应急管理部发布了《关于取消部分消防产品强制性认证的公告》,取消了大部分消防产品的强制性产品认证,改为自愿性认证。

2. 消防产品技术鉴定制度

消防产品技术鉴定制度是新研制的尚未制定国家标准、行业标准的消防产品,经消防产品技术鉴定机构技术鉴定符合消防安全要求的,方可生产、销售、使用的制度。消防产品技术鉴定应当严格按照鉴定程序进行。

(二)加强对消防产品市场认证机构的管理

为了保证消防产品检测检验的真实可靠性,保证其质量,国家有关政府机关要加强对有关消防产品检测检验机构的监督管理,制定严密的检测检验操作程序和规程,定期进行检查或抽查,并对出具虚假文件的行为追究其相关的法律责任。

1. 明确对认证机构和认证检查人员的要求

(1)国务院认证认可监督管理部门应当按照《中华人民共和国认证认可条例》有关规定,经征求国务院应急管理部意见后,指定从事消防产品强制性认证活动的机构以及与认证有关的检测检验机构、实验室。

(2)消防产品技术鉴定机构不得从事消防产品生产、销售、进口活动。从事消防产品强制性认证活动的认证检查人员,应当依照有关规定取得执业资格注册。

(3)消防产品认证机构及其认证人员应当遵守有关法律法规和产业政策,按照认证基本规范、认证规则从事认证活动,客观、公正地出具认证证明,对认证结果负责,并依法承担法律责任。

2. 明确技术鉴定机构的条件

国务院产品质量监督管理部门和国务院应急管理部共同指定的消防产品技术鉴定机构应当是具有第三方公正性的消防行业社团或者中介机构,并具备下列条件:

(1)符合消防产品技术鉴定机构建设规划和资源配置要求。

(2)有固定的场所和必要的设施。

(3)有符合技术鉴定要求的管理制度。

(4)有十名以上消防技术人员,其中有三名以上高级工程师,有二名以上从事消防标准化工作五年以上的专家。

(5)技术鉴定机构相关人员应熟悉消防产品的行业状况和国家产业政策。

3. 明确委托技术鉴定的条件

消防产品生产者委托消防产品技术鉴定,应当符合下列条件,并提交相关证明文件。

(1)具有法人资格,有健全有效的质量管理制度和责任制度。

(2)具有与所生产的消防产品相适应的专业技术人员、生产条件、检验手段、技术文和工艺文件。

(3)其生产的消防产品具有符合有关国家标准或者行业标准以及保障人体健康和人身、财产安全的产品标准。境外消防产品生产者可以委托在我国境内有固定生产场所或者经营场所的进口商、销售商申请技术鉴定。

4. 严格按照技术鉴定程序进行鉴定

消防产品技术鉴定应当符合以下程序：

(1)生产者向消防产品技术鉴定机构提出书面委托,并提交规定的证明文件。

(2)消防产品技术鉴定机构对有关文件资料进行审核,审查产品标准,并将审查合格的产品标准报国务院应急管理部消防救援机构备案。

(3)消防产品技术鉴定机构按照技术鉴定实施规则,组织开展消防产品工厂生产条件检查和产品质量检验。

(4)消防产品技术鉴定机构自接受委托之日起九十日内,作出是否合格的结论;技术鉴定合格的,消防产品技术鉴定机构应当颁发消防产品技术鉴定证书;不合格的,应当书面通知委托人,并说明理由。产品检验时间不计入技术鉴定的时限,但消防产品技术鉴定机构应当将检验时间告知当事人。

(三)明确相关机构和人员对消防产品质量的责任和义务

1. 鉴定机构的责任和义务

消防产品技术鉴定机构及其鉴定人员应当遵守有关法律法规和产业政策,严格按照消防产品技术鉴定实施规则开展技术鉴定工作,客观、公正地出具消防产品技术鉴定证书,对技术鉴定结果负责,并依法承担法律责任。

2. 生产者的责任和义务

(1)消防产品生产者应当对其生产的消防产品质量负责,建立、实施有效的保持企业质量保证能力和产品一致性控制体系,保证消防产品质量、标志持续符合相关法律法规和标准要求,确保认证产品持续满足认证要求。

(2)消防产品生产者(生产企业)应当建立消防产品生产、销售流向登记制度,如实记录产品名称、批次、规格、数量、销售去向等内容,并在产品或者包装上粘贴标志。

(3)消防产品未按照国家标准或者行业标准的强制性规定经强制性产品质量认证和技术鉴定合格,不得出厂销售。

3. 销售者的责任和义务

(1)消防产品销售者应当建立并执行进货检查验收制度,验明产品合格证明和产品标志。对依法实行强制性产品认证或技术鉴定的消防产品,还应当查验有关证书。

(2)消防产品销售者应当建立消防产品进货台账,如实记录进货时间、产品名称、规格、数量、供货商及其联系方式等内容。进货台账保存期限不得少于两年。

(3)消防产品销售者应当采取有效措施,保持销售消防产品的质量。

4. 使用者的责任和义务

(1)消防产品使用者应当选用合格的消防产品,查验产品标志。实行强制性产品认证或者技术鉴定的消防产品,还应当查验有关证明材料。

(2)建筑设计单位应当选用具有国家标准、行业标准或者经技术鉴定合格的消防产品。按照国家标准、行业标准的要求对建筑消防设施、器材的配置进行设计。

(3)建设、施工和工程监理单位应当组织对消防产品实施安装前的核查检验;核查检验不合格的,不得安装。

(4)建筑施工企业应当建立安装质量管理制度,严格执行有关标准、施工规范和相关要求,保证消防产品的安装质量。工程监理单位应当对消防产品的安装质量进行监督。

(5)消防产品使用单位应当建立并实施消防产品检查、使用和维修管理制度,并定期组织检验、维修,确保完好有效。

(四)加强消防产品质量认证证书的管理

1. 明确证书时限

(1)强制性认证证书的时限

消防产品强制性认证证书的有效期为五年。有效期内,认证证书的有效性依赖认证机构的获证后监督获得保持。认证证书有效期届满,需要延续使用的,认证委托人应当在认证证书有效期届满前九十日内提出认证委托。证书有效期内最后一次获证后监督结果合格的,认证机构应在接到认证委托后直接换发新证书。

(2)技术鉴定证书的时限

消防产品技术鉴定证书有效期一般为三年。证书有效期届满前六个月,持证人应按规定提交相应的材料,向评定中心提交换证申请。

2. 证书变更/扩展要求

在消防产品质量认证证书的有效期内,若生产者的生产条件、检验手段、生产技术或者工艺发生较大变化,或认证委托人需要扩展已经获得的认证证书覆盖的产品范围,认证委托人应向认证机构提出变更/扩展委托,变更/扩展经认证机构批准后方可实施。

3. 备案和信息公布

消防产品认证机构应按照强制性认证产品信息规定及产品认证结果建立强制性认证产品信息,对信息审核通过后将信息报送消防产品信息公布机构。按照技术鉴定产品信息的规定及产品技术鉴定结果建立技术鉴定产品信息,对信息进行审核并通过后将信息报送消防产品信息公布机构。

消防产品信息公布机构对认证机构转来的强制性认证产品信息和技术鉴定机构转来的技术鉴定产品信息进行汇总,并对信息的符合性进行审核。

4. 加强获证后的质量监督

消防产品认证机构、技术鉴定机构应当对经强制性产品认证、技术鉴定的消防产品质量实施跟踪检查;对不能持续符合强制性产品认证、技术鉴定要求的消防产品,应当依法暂停其使用直至撤销认证、鉴定证书,并予公布。

(五)明确禁止生产、进口、销售、使用的消防产品

(1)列入强制性产品认证目录而未取得强制性产品认证证书的。

(2)新研制的尚未制定国家标准、行业标准而未取得技术鉴定证书的。

(3)产品质量不合格的。

(4)国家明令淘汰的。

(5)其他不符合国家有关规定的。

消防产品生产、进口、销售单位以及建筑施工企业,应当通过行业社团组织建立自律机制,制定行规行约,维护行业诚信,推进消防产品质量信用体系建设,督促依法履行产品质量责任。

(六)加强消防产品质量的监督检查

消防产品质量的监督检查,是消防监督检查的重要内容之一。但由于对消防产品的监督检查政策水平和技术水平要求更高,因而除了应当服从消防监督检查的基本要求外,在检查的形式和内容上还应当注意以下要求。

1. 消防产品监督检查的形式

根据实际需要,消防产品质量监督检查的形式主要有以下几种:

(1)结合消防监督检查、建设工程消防验收等对消防产品进行抽样检查

消防救援机构开展消防监督检查,包括对消防安全重点单位和非重点单位的监督检查,围绕重大节日、重大活动前的消防监督检查等,都可以同时进行消防产品监督检查;在建设工程消防验收时,应当在执行验收规定的同时,对消防产品进行监督抽查。

(2)对存在严重质量问题的消防产品开展专项整治检查

对在日常开展的消防产品质量监督检查工作中发现的消防产品的防火、灭火主要性能存在严重缺陷等严重质量问题,或检查发现的具有一定普遍性的问题,可结合实际依法开展专项治理检查。消防救援机构应当根据消防产品质量问题的严重程度,协调组织有关部门分析原因,研究对策,制定方案,有针对性地组织开展集中专项质量整治活动,以取得预期的效果。

(3)对举报、投诉的消防产品质量问题和违法行为进行调查处理

消防产品质量问题一般是指消防产品不符合市场准入制度、产品一致性不合格以及产品的性能指标不符合标准的要求等。违法行为主要指生产、销售、安装、维修、使用不符合市场准入制度、质量不合格、国家明令淘汰、失效、报废或者假冒伪劣的消防产品等危害社会安全的行为。消防救援机构对消防产品质量问题和违法行为的群众举报、投诉,应当建立登记制度,并根据属地管理原则和案情程度,指定专人或会同有关部门进行查处。

(4)根据需要进行的其他消防产品监督检查

除了上述三方面的监督检查外,消防救援机构还应当根据需要,适时开展其他形式的消防产品监督检查。如配合国家监督抽查、行业抽查和地方抽查,进行产品抽样检查;根据当地中心工作或重大活动消防保卫工作的需要,组织开展消防产品监督检查等。

2. 消防产品监督检查的内容

消防救援机构实施消防产品监督检查时,根据需要可检查以下内容:

(1)消防产品的销售、安装、维修、使用情况的检查

通过现场检查和查验记录,查清有无销售、安装、维修、使用假冒伪劣消防产品;系统安装调试是否符合相应标准和技术规范的要求;是否使用不符合标准规定的配件维修消防设施和器材;各类消防设施能否保持正常运行状态。

(2)消防产品市场准入的检查

查验消防产品是否具有国家规定的强制性产品质量认证、型式检验报告以及相应的

3C认证、型式认可标志。此外,对防火材料、阻燃制品,要查验生产单位是否将经检验证实的防火阻燃性能指标明确标示在产品或者其包装上。

(3)消防产品标志使用说明的检查

检查其内容是否符合相关产品标准的要求。如是否具有合格证,铭牌、说明书内容是否符合法律以及标准规定的要求,是否有生产厂名、生产地址、注册商标以及这些标志的真假。特别对获得强制性产品认证或技术鉴定证书的消防产品,应当检查使用3C认证或技术鉴定标志情况。

(4)消防产品一致性的检查

对照企业提供的由国家消防产品质量监督检验中心出具的型式检验报告,检查产品的型号规格、外观标志、结构部件、使用材料、产品性能参数等是否与强制性产品认证、型式检验的结果相一致。生产企业名称、产品名称、规格型号必须与强制性产品认证、型式检验报告相一致,同时产品的实物也与强制性产品认证、型式检验报告中的描述相一致。

(5)消防产品性能的现场检测

对场所安装的消防产品进行现场检测,如自动报警系统的功能试验,自动喷水灭火系统的末端试水,防火门、防火卷帘的启闭功能,灭火器的喷射性能,应急照明灯具的照明功能,防排烟系统各种阀门的启闭功能以及消防控制系统信息采集、控制和联动功能测试等。

(6)消防产品的封样送检

在实施消防产品监督检查时,对消防产品质量有怀疑但现场无法判定的,消防救援机构应当按规定抽取样品,填写的消防产品监督检查抽样单,由被抽样单位负责人签字确认后送消防产品质量检验机构进行检验。抽样数量不得超过检验的合理需要。

生产、销售、安装、维修、使用单位对现场检查判定结果或者抽样检验结果有异议的,可以自收到检验报告之日起十五日内向实施监督抽检的消防救援机构或其上一级消防救援机构申请复检。申请复检以一次为限。承担复检的机构由受理复检申请的部门指定。复检结果有改变的,复检费用由原检验机构承担;复检结果没有改变的,复检费用由申请复检的单位承担。

(7)消防救援机构实施消防产品监督抽查的主要内容

①列入强制性产品认证目录的消防产品是否具备强制性产品认证证书,新研制的尚未制定国家标准、行业标准的消防产品是否具备技术鉴定证书。

②按照国家标准或者行业标准的强制性规定,应当进行型式检验和出厂检验的消防产品,是否具备型式检验合格和出厂检验合格的证明文件。

③消防产品的外观标志、结构部件、材料、性能参数、生产厂名、厂址与产地等是否符合有关规定。

④消防产品的主要性能是否符合要求。

⑤法律法规规定的其他内容。

3. 消防产品监督抽查的要求

(1)要抓住重点进行抽查。消防救援机构应当将在实施建设工程消防验收和公众聚集场所营业、使用前消防安全检查中发现的不能提供安装前的核查检验证明的消防产品，列入消防产品监督抽查的重点。

（2）不得收取检验费用。抽查的样品应当在建设工程安装的消防产品中随机抽取。样品由被抽样单位无偿供给，其数量不得超过检验的合理需要，并不得向被检查人收取检验费用。检验费用在规定经费中列支。

（3）及时受理当事人的复查申请。当事人对检验结果有异议的，可以自收到检验报告之日起三个工作日内向实施监督抽查的消防救援机构提出书面复检申请。复检以一次为限。

（4）复检费用由申请人承担，但原检验结果、程序确有错误的除外。

四、消防产品违法应当承担的法律责任

《消防法》第六十五条规定：生产、销售不合格的消防产品或者国家明令淘汰的消防产品的，由产品质量监督部门或者工商行政管理部门依照《中华人民共和国产品质量法》的规定从重处罚。

人员密集场所使用不合格的消防产品或者国家明令淘汰的消防产品的，责令限期改正；逾期不改正的，处五千元以上五万元以下罚款，并对其直接负责的主管人员和其他直接责任人员处五百元以上二千元以下罚款；情节严重的，责令停产停业。

消防救援机构除依法对使用者予以处罚外，应当将发现不合格的消防产品和国家明令淘汰的消防产品的情况通报产品质量监督部门、工商行政管理部门。产品质量监督部门、工商行政管理部门应当对生产者、销售者依法及时查处。

第七节　大型群众性活动消防安全管理

大型群众性活动往往具有一定的火灾危险性，且人员高度聚集，活动的消防安全工作极为重要，稍有疏忽就会引起火灾事故。做好大型群众性活动的消防安全管理，是活动顺利进行的重要保障。

一、大型群众性活动的主要特点及致火因素

（一）大型群众性活动的主要特点

大型群众性活动具有规模大、协调难和临时性等特点。

1.规模大

规模大是指在大型群众性活动中，短时间内在有限的空间会聚集大量的人群，人群中

的大部分人都不熟悉所在场地环境的安全情况,不了解活动中应注意哪些安全事项。

2. 协调难

协调难是指由于举办大型社会活动涉及的单位多、部门多,协调和沟通比较困难,容易出现安全管理盲点和死角。

3. 临时性

临时性主要是指活动所需场地及设备设施的临时搭建和敷设。为了满足活动的需求,经常会有一些临时搭建物或新增的设备设施,包括搭建临时舞台、主席台、看台等。这些新增的搭建物和设备设施,大多没有经过试运行的安全检验,为了举办大型活动效果的需要,往往需要临时拉接电源线,包括照明线、广播扩音设备电源线等,使得活动举办过程中容易出现一些不安全状态。如果消防安全管理不到位,就可能导致火灾的发生。

(二)大型群众性活动的致火因素

大型群众性活动存在的诸多不安全因素和不安全行为,是引发火灾事故的主要原因。根据分析,除人为破坏和恐怖袭击外,大型群众性活动场所发生火灾的致火因素主要包括以下几个方面:

1. 电气线路故障

根据火灾统计资料显示,30%左右的火灾是电气原因造成的。常见电气火灾成因:照明灯具引燃其近旁的织物、纤维、纸张等可燃物而扩大成灾;电气设备故障引起火灾;电气线路接触不良或超负荷发热引燃电线包覆材料起火;电线漏电、短路产生电弧火花引燃可燃物等。在举办大型群众性活动的场所内,用电设施比较多,临时拉接电线的现象也多,引发电气火灾的可能性就相应增大。

2. 明火管理不善

在举办大型群众性活动的场所,如庙会、展销会、招聘会等场所,往往会设有临时餐厅、小吃摊位等,随之就必然出现厨房用火,甚至出现液化气钢瓶做燃料和卡式炉等之类的烹调明火。对这些明火管理不善、使用不当,很有可能引发火灾事故。

3. 吸烟不慎

举办大型群众性活动的场所,人员众多、繁杂、素质参差不齐,吸烟者难以禁绝。有些人不顾场所管理规定,在禁止吸烟的活动场所吸烟,有的甚至会将未熄灭的烟蒂扔在废纸篓里,凡此种种,极易引起火灾。

4. 燃放烟花

举办大型群众性活动,往往会燃放烟花爆竹,这既是中华民族的传统习惯,又是活动特别是节庆活动热闹造势的需要。但燃放烟花爆竹不当很容易引发火灾事故。

二、大型群众性活动消防安全管理要求

大型群众性活动的承办者对其承办活动的安全负责,承办者的主要负责人为大型群众性活动的安全责任人。通过消防安全管理确保大型群众性活动现场不发生群死群伤火灾事故,为大型群众性活动的顺利举行和构建和谐社会创造良好的消防安全环境。

(一)大型群众性活动消防安全责任

《大型群众性活动安全管理条例》第四条和第五条规定:县级以上人民政府公安机关负责大型群众性活动的安全管理工作。县级以上人民政府其他有关主管部门按照各自的职责,负责大型群众性活动的有关安全工作。大型群众性活动的承办者对其承办活动的安全负责,承办者的主要负责人为大型群众性活动的安全责任人。

《消防法》第二十条规定:举办大型群众性活动,承办人应当依法向公安机关申请安全许可,制定灭火和应急疏散预案并组织演练,明确消防安全责任分工,确定消防安全管理人员,保持消防设施和消防器材配置齐全、完好有效,保证疏散通道、安全出口、疏散指示标志、应急照明和消防车通道符合消防技术标准和管理规定。

活动场地的产权单位应当向大型群众性活动的承办单位提供符合消防安全要求的建筑物、场所和场地。

(二)大型群众性活动消防安全管理工作原则

大型群众性活动消防安全管理工作必须坚持以下五个原则:

1. 以人为本,减少火灾

一切从人民的根本利益出发,把保障人民群众的生命、财产安全作为安全管理工作的出发点和落脚点,最大限度地减少火灾及其造成的人员伤亡、财产损失和社会危害。

2. 居安思危,预防为主

承办单位及负责人应抓好火灾预防工作,制定切实可行的防火措施,做好消防安全场地安全及消防设施有效性的自查,做好灭火救援的各项准备,搞好消防安全宣传教育培训,制定灭火和应急疏散预案,将消防安全责任具体落实到个人。

3. 统一领导,分级负责

在消防安全责任人的统一领导下,对大型群众性活动消防安全保卫实行分级负责、条块结合的工作体制。

4. 依法申报,加强监管

依法申请大型群众性活动的消防安全许可,在大型群众性活动举办法律手续齐备的情况下,大力开展活动举办之前、举办期间的消防安全监督检查工作,督促整改各类火灾隐患。保证活动的安全。

5. 快速反应,协同应对

相关单位及负责人应充分整合、利用现有力量,建立统一指挥、反应迅速、协调有序、运转高效的灭火和应急疏散管理机制。

(三)大型群众性活动消防安全管理组织体系

为保障大型群众性活动安全顺利进行,必须建立统一指挥、反应迅速、协调有序、运转高效的消防安全保卫组织体系。举办大型群众性活动的单位,应结合本单位实际和活动需要,成立由单位消防安全责任人(法定代表人或主要领导)任组长、消防安全管理人及单位副职领导(专、兼职)为副组长、各部门领导为成员的消防安全保卫工作领导小组,统一指挥协调大型群众性活动的消防安全保卫工作。消防安全管理组织体系应设灭火行动组、通信保障组、疏散引导组、安全防护救护组和防火巡查组。明确各行动小组的工作职责。

(四)大型群众性活动消防安全管理工作职责

大型群众性活动承办单位的消防安全责任人、消防安全管理人、活动场地产权单位以及各行动小组应认真履行各自的职责,在安全保卫领导小组的统一指挥下开展工作。

1. 承办单位消防安全责任人的工作职责

承办单位消防安全责任人作为大型群众性活动消防安全保卫工作领导小组组长,是大型群众性活动消防安全工作的第一责任人,必须履行以下消防安全职责:

(1)贯彻执行消防法律法规,保障承办活动消防安全符合规定,掌握活动的消防安全情况。

(2)将消防工作与承办的大型群众性活动统筹安排,批准实施大型群众性活动消防安全工作方案。

(3)为大型群众性活动的消防安全提供必要的经费和组织保障。

(4)确定逐级消防安全责任,批准实施消防安全制度和保障消防安全的操作规程。

(5)组织防火巡查、防火检查,督促落实火灾隐患整改,及时处理涉及消防安全的重大问题。

(6)根据消防法律法规的规定建立志愿消防队。

(7)组织制定符合大型群众性活动实际的灭火和应急疏散预案,并实施演练。

(8)依法向当地公安机关申报重大节庆活动举办的消防安全检查手续,在取得合格手续的前提下方可举办。

2. 承办单位消防安全管理人的工作职责

承办单位消防安全管理人(分管消防安全的副职领导)作为大型群众性活动消防安全保卫工作领导小组副组长,对大型群众性活动承办单位的消防安全管理负责,消防安全管理人对单位的消防安全责任人负责,并组织落实下列消防安全管理工作:

(1)制定大型群众性活动消防安全工作方案,组织实施大型群众性活动的消防安全管理工作。

(2)组织制定消防安全制度和保障消防安全的操作规程并检查督促其落实。

(3)制定消防安全工作的资金投入和组织保障方案。

(4)组织实施防火巡查、防火检查和火灾隐患整改工作。

(5)组织对承办活动所需的消防设施、灭火器材和消防安全标志进行检查,确保其完好有效,确保疏散通道和安全出口畅通。

(6)组织管理志愿消防队。

(7)对参加活动的演职、服务、保障等人员进行消防知识、技能的宣传教育和培训,组织灭火和应急疏散预案的实施和演练。

(8)单位消防安全责任人委托的其他消防安全管理工作。

(9)协调活动场地所属单位做好相关消防安全工作。

消防安全管理人应当定期向消防安全责任人报告消防安全情况,及时报告涉及消防安全的重大问题。未确定消防安全管理人的,消防安全管理工作由单位消防安全责任人负责实施。

3. 活动场地产权单位的工作职责

活动场地的产权单位应当向大型群众性活动的承办单位提供符合消防安全要求的建筑物、场所和场地。对于承包、租赁或者委托经营、管理的,当事人在订立的合同中要依照有关规定明确各方的消防安全责任;消防车通道、涉及公共消防安全的疏散设施和其他建筑消防设施应当由产权单位或者委托管理的单位统一管理。

4. 灭火行动组的工作职责

组长由单位消防安全管理人(分管消防安全的副职领导)担任,无分管消防安全的副职领导由单位消防安全责任人担任。成员由现场工作人员及现场防火巡查力量(如保卫部、处、科等职能部门)组成。灭火行动组履行以下工作职责:

(1)结合所举办活动的实际情况,制定灭火和应急疏散预案,并报请领导小组审批。

(2)组织灭火和应急疏散预案的演练,对预案存在的不合理的地方进行调整,确保预案贴近实战。

(3)对举办活动场地及相关设施进行消防安全检查,督促相关职能部门整改火灾隐患,确保活动举办安全。

(4)组织力量在活动举办现场利用现有消防装备实施消防安全保卫,确保第一时间处置火灾事故或突发性事件。

(5)发生火灾事故时,组织人员对现场进行保护,协助当地公安机关进行事故调查。

(6)对发生的火灾事故进行分析,汲取教训,积累经验,为今后的活动举办提供强有力的安全保障。

5. 通信保障组的工作职责

通信保障组组长由一名副职领导担任,成员由指定相关部门及全体人员组成。通信保障组履行以下工作职责:

(1)建立通信平台,有条件的单位可利用无线通信平台,无条件的单位将领导小组各级领导及成员的联系方式汇编成册,建立通信联络平台。

(2)保证第一时间内将领导小组长的各项指令传达到每一个参战单位和人员,实现上下通信畅通无阻。

(3)发生火灾时,与当地公安消防机构保持紧密联系,确保第一时间向公安消防机构报警,争取灭火救援时间,最大限度地减少人员伤亡和财产损失。

6. 疏散引导组的工作职责

疏散引导组组长由一名副职领导担任,成员由相关部门及全体人员组成。疏散引导组履行以下工作职责:

(1)掌握活动举办场所各安全通道、出口位置,熟悉安全通道、出口畅通情况。

(2)在关键部位,设置引导人员,确保通道、出口畅通。

(3)在发生火灾或突发事件的第一时间,引导参加活动的人员从最近的安全通道、安全出口疏散,确保参加活动人员的生命安全。

7. 安全防护救护组的工作职责

安全防护救护组组长由一名副职领导担任,成员由相关部门及全体人员组成。安全防护救护组履行以下工作职责:

(1)做好可能发生的事件的前期预防,做到心中有数。

(2)聘请医疗机构的专业人员备齐相应的医疗设备和急救药品到活动现场,做好应对突发事件的准备工作。

(3)一旦发生突发事件,确保第一时间到场处置,确保人身安全。

8. 防火巡查组的工作职责

防火巡查组组长由一名副职领导担任,成员由具有专业消防知识和技能的巡查人员组成。防火巡查组履行以下工作职责:

(1)巡查活动现场消防设施是否完好有效。

(2)巡视活动现场安全出口、疏散通道是否畅通。

(3)巡查活动消防重点部位的运行状况、工作人员在岗情况。

(4)巡查活动过程用火、用电情况。

(5)巡查活动过程中的其他消防不安全因素。

(6)纠正巡查过程中的消防违章行为。

(7)及时向活动的消防安全管理人报告巡查情况。

(五)大型群众性活动消防安全管理的档案管理

大型群众性活动的承办单位应当建立健全承办活动的消防档案。消防档案应当包括消防安全基本情况和消防安全管理情况。消防档案应当翔实,全面反映大型群众性活动消防工作的基本情况,并附有必要的图表,根据情况变化及时更新。单位应当对消防档案统一保管备查。

1. 消防安全基本情况

(1)活动基本概况和活动消防安全重点部位情况。

(2)活动场所符合消防安全条件的相关文件。

(3)活动消防管理组织机构和各级消防安全责任人。

(4)活动消防安全工作方案、消防安全制度。

(5)消防设施、灭火器材情况。

(6)现场防火巡查力量、志愿消防队等力量部署及消防装备配备情况。

(7)与活动消防安全有关的重点工作人员情况。

(8)临时搭建的活动设施的耐火性能检测情况。

(9)灭火和应急疏散预案。

2. 消防安全管理情况

(1)活动前消防救援机构进行消防安全检查的文件或资料,以及落实整改意见的情况。

(2)活动所需消防设备设施的配备、运行情况。

(3)防火检查、巡查记录。

(4)消防安全培训记录。

(5)灭火和应急疏散预案的演练记录。

(6)火灾情况记录。

(7)消防奖惩情况记录。

三、大型群众性活动消防工作的实施

大型群众性活动的消防安全工作主要分前期筹备、集中审批和现场保卫三个阶段,其消防安全管理包括防火巡查、防火检查以及制定灭火和应急疏散预案等内容。

(一)大型群众性活动消防安全管理的实施

根据大型群众性活动举办的时间要求,大型群众性活动的消防安全工作主要分三个阶段实施。

1.前期筹备阶段

在前期筹备阶段,大型群众性活动承办单位应依法办理举办大型群众性活动的各类许可事项,对活动场所、场地的消防安全情况进行收集整理,特别是要对活动场所和场地是否进行消防设计审核、消防验收等情况进行调研;同场地的产权单位签订包括消防安全责任划分在内的相关协议。承办单位应组织相关人员对活动举办场所(场地)进行消防安全检查,对活动场所、场地消防安全状况不符合消防法律法规和技术规范要求的,应要求场所、场地产权单位进行相关的整改,要求其提供的场所、场地符合消防安全要求;不应使用未经消防验收的场所、场地举办大型群众性活动。

前期筹备阶段,大型群众性活动承办单位还应做好以下工作:

(1)编制大型群众性活动消防工作方案。消防工作方案应当包括下列内容:

①活动的时间、地点、活动内容、主办单位、承办单位、协办单位、活动场所可容纳的人员数量以及活动预计参加人数等基本情况。

②消防安全责任人、消防安全管理人等消防工作组织机构。

③消防安全工作人员的数量、任务分配和识别标志。

④活动场所消防安全平面图、临时设施消防设计图样、消防设施位置图、安全出口安全疏散路线图等消防安全相关的图样资料。

⑤相关工作人员消防安全培训计划。

⑥根据活动举办时间,安排各项消防安全工作计划,倒排工作时间节点。

⑦确定活动的消防安全重点部位情况及具体消防工作措施。

⑧消防车通道情况。

⑨现场秩序维护、人员疏导措施。

⑩制定灭火和应急疏散预案。

⑪联系有关保安机构,组织具备具有专业消防知识和技能的巡查人员。

(2)主要检查室内场所固定消防设施及其运行情况、消防安全通道、安全出口设置情况。

(3)了解室外场所消防设施的配置情况及消防安全通道预留情况。

(4)设计符合消防安全要求的舞台等为活动搭建的临时设施。

2. 集中审批阶段

在集中审批阶段,大型群众性活动承办单位应做好以下工作:

(1)领导小组对各项消防安全工作方案以及各小组的组成人员进行全面复核,确保工作方案贴合现场保卫工作实际、各职能小组结构合理。

(2)对制定的灭火和应急疏散预案进行审定,确保灭火和应急疏散预案合理有效。

(3)对灭火和应急疏散预案组织实施实战演练,及时调整预案,确保预案更切合实际。

(4)对活动搭建的临时设施进行全面检查,强化过程管理,确保施工期间的消防安全。

(5)在活动举办前,对活动所需的用电线路进行全电力负荷测试,确保用电安全。

3. 现场保卫阶段

根据先期制定的预案,现场保卫主要分为活动现场保卫和外围流动保卫两个方面,其中现场保卫包括现场防火监督保卫和现场灭火保卫两种。现场防火监督保卫人员主要在活动举行现场重点部位进行巡查,及时发现和制止各类不确定性因素产生的火灾隐患,协调当地消防救援机构工作人员对活动现场进行消防安全检查。需要按照预案要求确定现场防火监督保卫人员的数量、工作中心点和巡逻范围。现场灭火保卫人员主要在舞台、大功率电器使用点等容易产生火灾的重大危险源和消火栓等消防专用设施点进行定点守护,用随身携带的灭火装备和固定灭火设施,随时准备及时、快速地将发现的火灾消灭在萌芽阶段,避免火灾蔓延扩大。外围流动保卫人员主要是在活动举办期间对活动举办地主要通道、重大危险源等进行有针对性的流动巡逻,及时发现、消灭初起火灾,并做好活动举办场所应急救援准备工作,最大限度地保障活动举办安全。

(二)大型群众性活动消防安全管理的工作内容

大型群众性活动的消防安全管理包括防火巡查、防火检查、制定灭火和应急疏散预案等内容。

1. 防火巡查

大型群众性活动应当组织具有专业消防知识和技能的巡查人员在活动举办前两小时进行一次防火巡查;在活动举办过程中全程开展防火巡查;活动结束时应当对活动现场进行检查,消除遗留火种。防火巡查应该包括下列内容:

(1)及时纠正违章行为。

(2)妥善处置火灾危险。无法当场处置的,应当立即报告。

(3)发现初起火灾应当立即报警并及时扑救。

防火巡查应当填写巡查记录,巡查人员及其主管人员应当在巡查记录上签名。

2. 防火检查

大型群众性活动应当在活动前十二小时内进行防火检查。防火检查应当包括下列内容:

(1)消防救援机构所提意见的整改情况以及防范措施的落实情况。

(2)安全疏散通道、疏散指示标志、应急照明和安全出口情况。

(3)消防车通道、消防水源情况。

(4)灭火器材配置及有效情况。

(5)用电设备运行情况。

(6)重点操作人员以及其他人员消防知识的掌握情况。

(7)消防安全重点部位的管理情况。

(8)易燃易爆危险物品和场所防火防爆措施的落实情况,以及其他重要物资的防火安全情况。

(9)防火巡查情况。

(10)消防安全标志的设置情况和完好、有效情况。

(11)其他需要检查的内容。

防火检查应当填写检查记录,检查人员和被检查部门负责人应当在检查记录上签名。

3. 制定灭火和应急疏散预案

大型群众性活动的承办单位制定的灭火和应急疏散预案应当包括下列内容:

(1)组织机构,包括灭火行动组、通信联络组、疏散引导组、安全防护救护组。

(2)报警和接警处置程序。

(3)应急疏散的组织程序和措施。

(4)扑救初起火灾的程序和措施。

(5)通信联络、安全防护救护的程序和措施。

承办单位应当按照灭火和应急疏散预案,在活动举办前至少进行一次演练,并结合实际,不断完善预案。消防演练时,应当设置明显标志并事先告知演练范围内的人员。

思考题

1. 消防安全管理的重点有哪些?
2. 消防安全重点单位的职责有哪些?
3. 简述消防安全重点单位管理措施。
4. 如何确定单位消防安全重点部位?
5. 消防安全重点部位管理的措施有哪些?
6. 重点工种分为哪几类?简述重点工种的管理措施。
7. 常见的火源有哪些?
8. 什么是动火作业和用火作业?二者有哪些区别?
9. 什么是固定动火区?
10. 简述消防安全重点单位防火巡查的内容。
11. 易燃易爆设备有哪些火灾危险性特点?
12. 消防产品质量监督管理的措施有哪些?
13. 什么是大型群众性活动?
14. 大型群众性活动消防安全管理工作的实施包括那几个阶段?简述各阶段的主要工作。
15. 大型群众性活动消防安全管理工作主要包括那几个方面?
16. 简述大型群众性活动举办前防火检查的内容。

第六章 建筑消防设施维护管理

知识目标

- 了解消防设施维护管理的共性要求,熟悉消防控制室的设备配置及其监控、档案管理、值班与管理等工作要求。
- 掌握室内外消火栓、灭火器的维护管理要求。

能力目标

- 通过学习和训练,能够对灭火器、消火栓等常用灭火设施进行检查和维护。
- 通过学习,初步具备消防控制室值班及火灾应急处置的能力。

素质目标

- 遵守职业道德,具有安全文明的工作习惯,较强的应变能力。
- 培养工作的严谨性、耐心细致的工作态度。

消防设施维护管理是确保消防设施完好有效,以实现及早探测火灾、及时控制和扑救初起火灾、有效引导人员安全疏散等安全目标的重要保障,是一项关乎人员生命、财产安全,避免重大火灾损失的基础性工作。《消防法》赋予社会单位按照国家标准、行业标准配置消防设施、器材,定期组织检验、维修,确保完好有效的法定职责。国家标准《建筑消防设施的维护管理》(GB 25201—2010)规定了消防设施维护管理的内容、方法和要求,引导和规范社会单位的消防设施维护管理工作。

第一节 消防设施维护管理

消防设施维护管理由建筑物的产权单位或者受其委托的建筑物业管理单位(以下简称为建筑使用管理单位)依法自行管理或者委托具有相应资质的消防技术服务机构实施管理。消防设施维护管理包括值班、巡查、检测、维修、保养、建档等工作。

一、消防设施维护管理的要求

为确保消防设施的正常运行,建筑使用管理单位在对其消防设施进行维护管理时,应明确归口管理部门、管理人员及其工作职责,建立消防设施值班、巡查、检测、维修、保养、建档等管理制度。对维护管理人员、管理装备及管理工作作出严格要求。

(一)维护管理人员从业资格要求

消防设施操作管理以及值班、巡查、检测、维修、保养的从业人员,需要具备下列规定的从业资格:

(1)消防设施检测、维护保养等消防技术服务机构的项目经理、技术人员,经注册消防工程师考试合格,持有一级或者二级注册消防工程师的执业资格证书。

(2)消防设施操作、值班、巡查的人员,经消防行业特有工种职业技能鉴定合格,持有初级技能(含初级,以下同)以上等级的职业资格证书,能够熟练操作消防设施。

(3)消防设施检测、保养人员,经消防行业特有工种职业技能鉴定合格,持有高级技能以上等级职业资格证书。

(4)消防设施维修人员,经消防行业特有工种职业技能鉴定合格,持有技师以上等级职业资格证书。

(二)维护管理工作要求

建筑使用管理单位按照下列要求组织实施消防设施维护管理:

1. 明确并落实管理职责

建筑使用管理单位自身具备维修保养能力的,明确维修、保养的职能部门和人员;不具备维修保养能力的,与消防设备生产厂家、消防设施施工安装单位等有维修、保养能力的单位签订消防设施维修、保养合同。

同一建筑物有两个及两个以上产权、使用单位的,明确消防设施的维护管理责任,实行统一管理,以合同方式约定各自的权利与义务;委托物业管理单位、消防技术服务机构等实施统一管理的,物业管理单位、消防技术服务机构等严格按照合同约定,履行消防设施维护管理职责,确保管理区域内的消防设施正常运行。

2. 制定消防设施维护管理制度和维修管理技术规程

消防设施投入使用后,使用管理单位应制定并落实消防设施巡查、检测、维修、保养等各项维护管理制度和技术规程,及时发现问题,适时维护,确保消防设施处于正常工作状态,并且完好有效。

3. 实施消防设施标志化管理

消防设施的电源控制柜、水源等控制阀门,处于正常运行位置,具有明显的开(闭)状态标志;需要保持常开或者常闭的阀门,采取铅封、标志等限位措施,保证其处于正常位置;具有信号反馈功能的阀门,其状态信号能够按照预定程序及时反馈到消防控制室;消防设施及其相关设备的电气控制设备具有控制方式转换装置的,除现场具有控制方式及其转换标志外,其控制信号能够反馈至消防控制室。

4. 消防设施故障排除及报修

单位进行防火巡查、消防设施检查或检测时发现消防设施故障的,按照单位规定程序,及时组织修复;单位没有维修保养能力的,按照合同约定报修;消防设施因故障排除等原因需要暂时停用的,经单位消防安全责任人批准,报消防救援机构备案,采取消防安全措施后,方可停用检修。

5. 消防设施档案管理

建立、健全消防设施维护管理档案。定期整理消防设施维护管理技术资料,按照规定期限和程序保存、销毁相关文件档案。

6. 远程监控管理

城市消防远程监控系统联网用户,按照规定协议向城市监控中心发送消防设施运行状态、消防安全管理等信息。

二、消防设施维护管理环节及工作要求

消防设施维护管理各个环节的工作均关系到消防设施完好有效、正常发挥作用,建筑使用管理单位要根据各个环节的工作特点,组织实施维护管理。

(一)值班

建筑使用管理单位应根据建筑或者单位的工作、生产、经营特点,建立值班制度。在消防控制室、具有消防配电功能的配电室、消防水泵房、防排烟机房等重要设备用房,合理安排符合从业资格条件的专业人员对消防设施实施值守、监控,负责消防设施操作控制,确保火灾情况下能够及时、准确地按照操作技术规程对建筑消防设施进行操作。相关人员应填写《消防控制室值班记录表》。

单位在进行灭火和应急疏散预案演练时,要将消防设施操作内容纳入其中,及时发现并解决操作过程中存在的问题。

(二)巡查

巡查是指建筑使用管理单位对建筑消防设施直观属性的检查。消防设施巡查内容主要包括消防设施设置场所(防护区域)的环境状况、消防设施及其组件、材料等外观,以及消防设施运行状态、消防水源状况、固定灭火设施灭火剂储存量等。

1. 巡查要求

建筑使用管理单位应按照工作、生产、经营的实际情况,按照下列要求组织巡查:

(1)从事建筑消防设施巡查的人员应通过消防行业特有工种职业技能鉴定,持有初级技能以上等级的职业资格证书。

(2)明确各类消防设施的巡查频次、内容和部位。

(3)巡查时,准确填写《建筑消防设施巡查记录表》。

(4)巡查时发现故障或者存在问题,应按照规定程序进行故障处置,及时解决存在的问题。

2. 巡查频次

建筑使用管理单位按照下列频次组织巡查:

(1)公共娱乐场所营业期间,每两小时组织一次综合巡查。期间,将部分或者全部消

防设施巡查纳入综合巡查内容,并保证每日至少对全部建筑消防设施巡查一次。

(2)消防安全重点单位每日至少对消防设施巡查一次。

(3)其他社会单位每周至少对消防设施巡查一次。

(三)检测

消防设施检测主要是对国家标准规定的各类消防设施的功能性要求进行的检查、测试。

1. 检测频次

消防设施每年至少检测一次。遇重大节日或者重大活动,根据活动要求安排消防设施检测。设有自动消防设施的宾馆饭店、商场市场、公共娱乐场所等人员密集场所、易燃易爆单位及其他一类高层公共建筑等消防安全重点单位,自消防设施投入运行后的每年年底,将年度检测记录报当地消防救援机构备案。

2. 检测对象及要求

检测对象包括全部消防设施系统设备、组件等。消防设施检测按照竣工验收技术检测方法和要求组织实施,并符合《建筑消防设施检测技术规程》(XF 503—2004)的要求。检测过程中,如实填写《建筑消防设施检测记录表》。

(四)维修

对于在值班、巡查、检测、灭火演练中发现的消防设施存在问题和故障,相关人员按照规定填写《建筑消防设施故障维修记录表》,向建筑使用管理单位消防安全管理人报告。消防安全管理人对相关人员上报的消防设施存在的问题和故障,要立即通知维修人员或者委托具有资质的消防设施维保单位进行维修。

维修期间,建筑使用管理单位要采取确保消防安全的有效措施。故障排除后,消防安全管理人组织相关人员进行相应功能试验,检查确认,并将检查确认合格的消防设施恢复至正常工作状态,并在《建筑消防设施故障维修记录表》中全面、准确记录。

(五)保养

建筑使用管理单位根据建筑规模、消防设施使用周期等,制定消防设施保养计划,载明消防设施的名称、保养内容和周期;储备一定数量的消防设施易损件或者与有关消防产品厂家、供应商签订相关供货合同,以保证维修保养供应。消防设施在维护保养时,维护保养单位相关技术人员应填写《建筑消防设施维护保养记录表》,并进行相应功能试验。

(六)建档

消防设施档案是建筑消防设施施工质量、维护管理的历史记录,具有延续性和可追溯性,是消防设施施工调试、操作使用、维护管理等工作情况的真实记录。

1. 档案内容

消防设施档案至少包含下列内容:

(1)消防设施基本情况

消防设施基本情况主要包括消防设施的验收文件和产品、系统使用说明书、系统调试记录、消防设施平面布置图、消防设施系统图等原始技术资料。

(2)消防设施动态管理情况

消防设施动态管理情况主要包括消防设施的值班记录、巡查记录、检测记录、故障维修记录以及维护保养计划表、维护保养记录、消防控制室值班人员基本情况档案及培训记录。

2. 保存期限

消防设施施工安装、竣工验收及验收技术检测等原始技术资料长期保存;《消防控制室值班记录表》《建筑消防设施巡查记录表》的存档时间不少于一年;《建筑消防设施检测记录表》《建筑消防设施故障维修记录表》《建筑消防设施维护保养计划表》《建筑消防设施维护保养记录表》的存档时间不少于五年。

第二节　消防控制室管理

消防控制室设有火灾自动报警系统控制设备和消防联动控制设备,用于接收、显示、处理火灾报警信号,控制相关消防设施,是指挥火灾扑救、引导人员安全疏散的信息中心和指挥中心,是消防安全管理的核心场所。做好消防控制室管理,是消防设施能否发挥作用的关键。

一、消防控制室档案管理

消防控制室是建筑使用管理单位消防安全管理与消防设施监控的核心场所,需要保存能够反映建筑特征、消防设施施工质量及其运行情况的纸质台账档案和电子资料。根据《消防控制室通用技术要求》(GB 25506—2010),消防控制室内应保存下列纸质和电子档案资料:

(1)建(构)筑物竣工后的总平面布局图、建筑消防设施平面布置图、建筑消防设施系统图及安全出口布置图、重点部位位置图等。

(2)消防安全管理规章制度、应急灭火预案、应急疏散预案等。

(3)消防安全组织结构图,包括消防安全责任人、管理人、专职、义务消防人员等内容。

(4)消防安全培训记录、灭火和应急疏散预案的演练记录。

(5)值班情况、消防安全检查情况及巡查情况的记录。

(6)消防设施一览表,包括消防设施的类型、数量、状态等内容。

(7)消防系统控制逻辑关系说明、设备使用说明书、系统操作规程、系统和设备维护保养制度等。

(8)设备运行状况、接报警记录、火灾处理情况、设备检修检测报告等资料,这些资料应能定期保存和归档。

二、消防控制室的管理要求

规范、统一的消防控制室管理和消防设施操作监控,是建筑火灾发生时能够及时发现和确认火灾、准确报警并启动应急预案、有效组织初起火灾扑救、引导人员安全疏散的根本保证。

(一)消防控制室的值班要求

建筑使用管理单位应按照下列要求,安排适当数量的、符合从业资格条件的人员负责消防控制室管理与值班:

(1)实行每日二十四小时专人值班制度,每班不少于两人,值班人员持有规定的消防专业技能鉴定证书。

(2)消防设施日常维护管理符合国家标准《建筑消防设施的维护管理》(GB 25201—2010)的相关规定。

(3)确保火灾自动报警系统、固定灭火系统和其他联动控制设备处于正常工作状态,不得将应处于自动控制状态的设备设置在手动控制状态。

(4)确保高位消防水箱、消防水池、气压水罐等消防储水设施水量充足,确保消防泵出水管阀门、自动喷水灭火系统管道上的阀门常开,确保消防水泵、防排烟风机、防火卷帘等消防用电设备的配电柜控制装置处于自动控制位置或者通电状态。

(二)消防控制室应急处置程序

火灾发生时,消防控制室的值班人员按照下列应急程序处置火灾:

(1)接到火灾警报后,值班人员立即以最快方式确认火灾。

(2)火灾确认后,值班人员立即确认火灾报警联动控制开关处于自动控制状态,同时拨打"119"火警电话准确报警;报警时需要说明火灾地点、起火部位、着火物种类、火势大小、报警人姓名和联系电话等。

(3)值班人员立即启动单位应急疏散和初起火灾扑救灭火预案,同时报告单位消防安全负责人。

第三节　消火栓系统维护管理

消火栓系统是扑救、控制建筑物初起火灾的最为有效的灭火设施,是应用最为广泛、用量最大的灭火系统。该系统的维护管理是确保系统正常完好、有效使用的基本保障。维护管理人员经过消防专业培训后应熟悉消火栓系统的相关原理、性能和维护操作方法。

一、室外消火栓系统的维护管理

室外消火栓系统是设置在建筑外的供水设施,主要供消防车取水,经增压后向建筑内的供水管网供水或实施灭火,也可以直接连接水带、水枪出水灭火。按安装形式不同,室外消火栓可分为地上式和地下式两种类型,应分别按照以下要求进行维护管理。

（一）地上式消火栓的维护管理

(1)用专用扳手转动消火栓启动杆,检查其灵活性,必要时加注润滑油。
(2)检查出水口闷盖是否密封,有无缺损。
(3)检查栓体外表油漆有无剥落、锈蚀,如有应及时修补。
(4)每年开春后入冬前对地上消火栓逐一进行出水试验,出水应满足压力要求。在检查中可使用压力表测试管网压力,或者连接水带进行射水试验,检查管网压力是否正常。
(5)定期检查消火栓前端阀门井。
(6)保持配套器材的完备有效,无遮挡。

室外消火栓系统的检查除上述内容外,还应包括与有关单位联合进行的室外消火栓给水消防水泵、消防水池的一般性检查,如经常检查消防水泵各种闸阀是否处于正常状态,消防水池水位是否符合要求。

（二）地下式消火栓的维护管理

地下消火栓应每季度进行一次检查保养,主要内容如下:
(1)用专用扳手转动消火栓启闭杆,观察其灵活性,必要时加注润滑油。
(2)检查橡胶垫圈等密封件有无损坏、老化或丢失等情况。
(3)检查栓体外表油漆有无脱落、锈蚀,如有应及时修补。
(4)入冬前检查消火栓的防冻设施是否完好。
(5)重点部位消火栓,每年应逐一进行一次出水试验,出水应满足压力要求。在检查中可使用压力表测试管网压力,或者连接水带进行射水试验,检查管网压力是否正常。
(6)随时消除消火栓井周围及井内积存的杂物。
(7)地下消火栓应有明显标志,要保持室外消火栓配套器材和标志的完整有效。

二、室内消火栓系统的维护管理

（一）室内消火栓的维护管理

室内消火栓系统是扑救建筑内火灾的主要设施,是使用最普遍的消防设施之一,应对其做好维护保养工作。室内消火栓箱内应经常保持清洁、干燥,防止锈蚀、碰伤或其他损坏。每半年至少进行一次全面的检查维修,主要内容如下:
(1)检查消火栓和消防卷盘供水闸阀是否渗、漏水,若渗、漏水,应及时更换密封圈。
(2)对消防水枪、水带、消防卷盘及其他配件进行检查,全部附件应齐全完好,卷盘转动灵活。
(3)检查消火栓启动按钮、指示灯及控制线路,应功能正常、无故障。
(4)检查消火栓箱及箱内装配的部件外观有无破损,涂层有无脱落,箱门玻璃是否完好无缺。

(5)对消火栓、供水阀门及消防卷盘等所有转动部位应定期加注润滑油。

(二)供水管路的维护管理

室外阀门井中,进水管上的控制阀门应每个季度检查一次,核实其处于全开启状态。系统上所有的控制阀门均应采用铅封或锁链固定在开启或规定的状态。每月应对铅封、锁链进行一次检查,当有破坏或损坏时应及时修理更换。

(1)对管路进行外观检查,若有腐蚀、机械损伤等,应及时修复。

(2)检查阀门是否漏水并及时修复。

(3)室内消火栓设备管路上的阀门为常开阀,平时不得关闭,应检查其开启状态。

(4)检查管路的固定是否牢固,若有松动,应及时加固。

第四节 灭火器维护管理

灭火器具有轻便灵活、容易操作等特点,是控制初起火灾最有效的工具。建筑中灭火器的维护管理包括日常管理、维修、保养、报废、建档等工作。灭火器日常管理、保养、建档工作由建筑使用管理单位的消防技术人员负责,灭火器维修与报废工作由具有资质的专业维修机构负责。灭火器购置或者安装时,建筑使用管理单位或者安装单位要对生产企业提供的质量保证文件进行查验,生产企业对于每具灭火器均需提供一份使用说明书;对于每类灭火器,生产企业需要提供一本维修手册。

一、灭火器日常管理

建筑使用管理单位确定专门人员,对灭火器进行日常检查,并根据生产企业提供的灭火器使用说明书,对职工进行灭火器操作使用培训。

灭火器日常管理分为巡查和检查(测)两种情形。巡查是在规定周期内对灭火器直观属性的检查,检查(测)是在规定期限内根据消防技术标准对灭火器配置和外观进行的全面检查。

(一)巡查

1.巡查内容

巡查内容包括灭火器配置点状况、灭火器数量、外观、维修标志以及灭火器压力表等。

2.巡查要求

(1)检查灭火器配置点是否符合安装配置图表要求,配置点及其灭火器箱上是否有符合规定要求的发光指示标志。

(2)检查灭火器数量是否符合配置安装要求,灭火器压力表指针是否指在绿色区域内。

(3)检查灭火器外观有无明显损伤和缺陷,保险装置的铅封(塑料带、线封)是否完好无损。

(4)经维修的灭火器的维修标志是否符合规定。

3. 巡查周期

消防安全重点单位每日至少巡查一次,其他单位每周至少巡查一次。

(二)检查

1. 检查内容

(1)灭火器配置检查项目

①灭火器配置方式符合要求。手提式灭火器的挂钩、托架能够承受规定静载荷,无松动、脱落、断裂和明显变形。

②灭火器类型、规格、灭火级别和数量符合配置要求;灭火器箱未上锁,箱内干燥、清洁;推车式灭火器未出现自行滑动;灭火器放置,铭牌朝外,器头向上。

③灭火器配置场所的使用性质(可燃物种类、物态等)未发生变化;发生变化的,其灭火器进行了相应调整。特殊场所及室外配置的灭火器,设有防雨、防晒、防潮、防腐蚀等相应防护措施,且完好有效。

④灭火器配置点配置点周围无障碍物、遮挡、拴系等影响灭火器使用的状况。

⑤灭火器符合规定维修条件、期限的已送修,维修标志符合规定;符合报废条件、期限的,已采用符合规定的灭火器等效替代。

(2)灭火器外观检查项目

①灭火器铭牌清晰明了、无残缺,其灭火剂、驱动气体的种类、充装压力、总质量、灭火级别、制造厂名和生产日期或维修日期等标志及操作说明齐全、清晰。

②保险装置的铅封、保险销等完好有效、未遗失。

③灭火器筒体无明显的损伤(磕伤、划伤)、缺陷、锈蚀(特别是筒底和焊缝)、泄漏。

④灭火器喷射软管完好无损,无明显老化、龟裂,喷嘴不堵塞。

⑤灭火器压力表与灭火器类型匹配,其指针指在绿色区域内。二氧化碳灭火器和储气瓶式灭火器称重符合要求。

⑥其他零部件齐全,无松动、脱落或者损伤。

⑦灭火器未开启、未喷射使用。

2. 检查要求

灭火器检查时应进行详细记录,并存档。检查或者维修后的灭火器按照原配置点位置和配置要求放置。巡检、检查中发现灭火器被挪动、缺少零部件、有明显缺陷或者损伤、灭火器配置场所的使用性质发生变化等情况,及时按照单位规定程序进行处置;符合维修条件、期限的,及时送修;达到报废条件、期限的,及时报废,不得使用,并采用符合要求的灭火器进行等效更换。

3. 检查周期

灭火器的配置、外观等全面检查每月进行一次,候车(机、船)室、人员密集的娱乐场所,以及堆场、罐区、石油化工装置区、加油站、锅炉房、地下室等场所配置的灭火器每半月检查一次。

二、灭火器维修与报废

灭火器使用一定期限后,建筑使用管理单位要对照灭火器生产企业随灭火器提供的使用说明书、维修手册,对照检查灭火器使用情况,符合报修条件、期限的,向具有法定资质的灭火器维修企业送修;符合报废条件、期限的,采购符合要求的灭火器进行等效更换。

(一)灭火器维修

灭火器维修是指为确保灭火器安全使用和有效灭火而对灭火器进行的检查、再充装和必要的部件更换等工作。灭火器产品出厂时,生产企业提供的使用说明书、灭火器维修手册用于指导社会单位、维修企业的灭火器报修、维修工作。

1. 维修条件和维修期限

日常检查中,发现灭火器存在机械损伤、明显锈蚀、灭火剂泄漏、被开启使用过,达到灭火器维修期限,或者符合其他报修条件的灭火器,建筑使用管理单位应及时按照规定程序报修。使用达到下列规定期限的灭火器,建筑使用管理单位需要分批次向灭火器维修企业送修:

(1)手提式、推车式水基型灭火器出厂期满三年首次维修,以后每满一年维修一次。

(2)手提式、推车式干粉灭火器,洁净气体灭火器,二氧化碳灭火器出厂期满五年首次维修,以后每满两年维修一次。

送修灭火器时,一次送修数量不得超过计算单元配置灭火器总数量的四分之一。超出时,需要选择相同类型、相同操作方法的灭火器替代,且其灭火级别不得小于原配置灭火器的灭火级别。

2. 维修记录和维修标志

维修单位应记录维修信息,并在经维修检验合格的灭火器上粘贴维修标志。建筑使用管理单位根据维修标志信息对灭火器进行日常检查、定期送修和报废更换。

(1)维修记录

维修单位需要在维修记录中对维修和再充装的灭火器逐具进行编号,用编号记录维修和再充装信息来确保维修和再充装灭火器的可追溯性。灭火器维修记录应包括维修编号,型号,气瓶(筒体)生产连续序号,更换的零部件名称,用回收再利用的灭火剂进行再充装的记录(适用时),灭火剂充装量,维修后总质量,维修出厂检验项目、检验记录和判定结果,维修人员、检验人员和项目负责人的签署、维修日期等内容。

(2)维修标志

维修标志指经维修检验合格后粘贴在灭火器上的维修合格证。维修合格证应包括维修编号,总质量,项目负责人签署,维修日期,维修机构名称、地址和联系电话等内容。

维修合格证的形状和内容的编排格式由原灭火器生产企业或维修机构设计。维修合格证的尺寸应不小于 $30cm^2$,字体应清晰。

维修合格证应采用不加热的方法固定在灭火器的筒体上,但不得覆盖原灭火器上的铭牌标志。当将其从灭火器的筒体去除时,标志应能够自行破损。

（二）灭火器报废

灭火器报废分为三种情形：一是列入国家发布的淘汰目录的灭火器；二是达到报废期限的灭火器；三是检查或维修中出现严重损伤或者重大缺陷的灭火器。灭火器报废后，建筑使用管理单位按照等效替代的原则对灭火器进行更换。

1. 列入国家发布的淘汰目录的灭火器

下列类型的灭火器，有的因灭火剂具有强腐蚀性、毒性，有的因操作需要倒置，使用时对操作人员具有一定的危险性，已列入国家发布的淘汰目录，一经发现均予以报废处理：

(1) 酸碱型灭火器。

(2) 化学泡沫型灭火器。

(3) 倒置使用型灭火器。

(4) 氯溴甲烷、四氯化碳灭火器。

(5) 1211 灭火器、1301 灭火器。

(6) 国家政策明令淘汰的其他类型灭火器。

不符合消防产品市场准入制度的灭火器，经检查发现予以报废。

2. 灭火器报废期限

手提式、推车式灭火器出厂之日至检查(维修)之日达到或者超过下列规定期限的，均予以报废处理：

(1) 水基型灭火器出厂期满六年。

(2) 干粉灭火器、洁净气体灭火器出厂期满十年。

(3) 二氧化碳灭火器出厂期满十二年。

3. 灭火器报废规定

在灭火器检查、维修过程中，发现存在下列情况之一的，予以报废处理：

(1) 筒体严重锈蚀，锈蚀面积大于、等于筒体总面积的三分之一，表面有凹坑的。

(2) 筒体明显变形，机械损伤严重的。

(3) 器头存在裂纹、无泄压机构等缺陷的。

(4) 筒体存在平底等不合理结构的。

(5) 手提式灭火器没有间歇喷射机构的。

(6) 没有生产厂名称和出厂年月的(包括铭牌脱落，或者铭牌上的生产厂名称模糊不清，或者出厂年月钢印无法识别的)。

(7) 筒体、器头有锡焊、铜焊或者补缀等修补痕迹的。

(8) 被火烧过的。

符合报废规定的灭火器，在确认灭火器内部无压力后，对灭火器筒体、储气瓶进行打孔、压扁、锯切等报废处理，并逐具记录其报废情形。

思考题

1. 消防设施维护管理的内容及其要求有哪些?
2. 室内消火栓如何分类?
3. 地上式室外消火栓维护管理的内容有哪些?
4. 地下式室外消火栓维护管理的内容有哪些?
5. 室内消火栓维护管理的内容有哪些?
6. 灭火器日常管理有哪些内容和要求?
7. 灭火器维修与报废条件分别有哪些标准?

第七章 消防安全检查与火灾隐患整改

知识目标

- 了解消防安全检查的实施单位,熟悉各实施单位消防安全检查的内容。
- 掌握人员密集场所消防监督检查中,各类消防设施的检查要点。
- 了解消防监督检查的程序和要求,掌握单位消防安全检查的形式。
- 了解火灾隐患的整改方法和要求,掌握重大火灾隐患的判定方法。

能力目标

- 具有对单位消防设施进行检查的能力。
- 会对火灾隐患、重大火灾隐患进行判定,能够对消防安全检查中存在的火灾隐患、重大火灾隐患提出整改方案。

素质目标

- 培养学生的社会责任感与缜密严谨的工匠精神。
- 具备良好的沟通能力和团队协作精神。

进行消防安全检查,及时发现并整改火灾隐患,做到防患于未然,是预防火灾发生的重要措施,是各级政府和机关、团体、企业、事业单位实施消防安全管理,以及消防监督机关实施监督管理的主要手段。所以政府消防安全分管领导、消防监督机关的消防监督检查人员和社会单位的消防安全管理人员,应当掌握消防安全检查与火灾隐患整改的基本形式、方法和要求。

第一节 消防安全检查

消防安全检查是指具有隶属关系的上级领导机关对下级单位或部门消防安全工作情况进行的专项检查,是为了督促查看所辖单位内部的消防工作情况和查寻验看消防工作中存在的问题而进行的一项安全管理活动,是实施消防安全管理的一项重要措施,也是控制重大火灾、减少火灾损失、维护社会安定的一种重要手段。

消防安全检查根据组织实施的单位,主要有政府组织的消防安全检查、消防救援机构组织的消防监督检查和单位自己组织的消防安全检查几种类型。

一、消防安全检查的作用

消防安全检查的作用主要是通过实施检查活动而表现出来的。

（一）督促相关规章及措施的落实、改进与推广

通过开展消防安全检查可以督促各种消防规章、规范和措施的贯彻落实。针对执行情况可及时反馈给制定规章的领导机关,使其可以根据执行及反馈情况对这些规章、规范和措施改进、推广或提高。

（二）发现并消除火灾隐患

通过开展消防安全检查,可以及时发现单位和群众在生产、生活中存在的火灾隐患,督促各有关单位和群众按规范和规章的要求进行改正或采取其他补救措施,从而消除火灾隐患,防止火灾事故的发生。

（三）提高领导及群众的消防安全意识

通过开展消防安全检查还可以体现上级领导对消防工作的重视程度和对人民生命、财产的关心、爱护和高度负责的精神,使职工群众体会到消防安全工作的重要性。同时,在检查过程中发现隐患、举证隐患,可以起到宣传消防安全知识的作用,从而提高领导干部和群众的防火警惕性,督促他们自觉做好防火安全工作,防患于未然。

（四）提供司法证据

通过消防安全检查,可以提供司法证据。在开展消防安全检查的活动中,通过填写消防安全检查记录表、火灾隐患整改报告,以及消防救援机构签发的火灾隐患责令当场改正通知书、火灾隐患责令整改通知书等文书,在一定的时间和场合可作为司法证据。

（五）节约资金,避免损失

通过开展消防安全检查,对所提出的整改意见和拟订的整改计划,经过反复论证,选择出最科学、最简便、最经济的方案,可以使单位和群众以尽可能少的资金达到消除火灾隐患的目的。同时,通过检查及时发现并整改了火灾隐患,杜绝了火灾的发生,或把火灾消灭在萌芽状态,从而也就避免了经济损失。

二、政府消防安全检查

政府消防安全检查是指地方各级人民政府对下一级人民政府和本级人民政府有关部门履行消防安全职责情况定期进行的专项检查。

（一）政府消防安全检查的内容

政府消防安全检查主要是检查下一级人民政府和本级人民政府有关部门履行以下职责的情况:
(1)消防监督管理职责。
(2)涉及消防安全的行政许可、审批职责。

(3)开展消防安全检查,督促所主管单位整改火灾隐患的职责。
(4)城乡消防规划、公共消防设施建设和管理职责。
(5)多种形式消防队伍建设职责。
(6)消防宣传教育职责。
(7)消防经费保障职责。
(8)其他依照法律法规应当落实的消防安全职责。

(二)政府消防安全检查的要求

(1)地方各级人民政府对有关部门履行消防安全职责的情况检查后,应当及时予以通报检查结果。对不依法履行消防安全职责的部门,应当责令限期改正。

(2)县级以上地方人民政府的国资委、教育、民政、铁路、交通运输、农业、文化、卫生、广播电视、体育、旅游、文物、人防等部门和单位,应当建立健全监督制度。根据本行业、本系统的特点,有针对性地开展消防安全检查,及时督促整改火灾隐患。

(3)对于消防救援机构检查发现的火灾隐患,政府各有关部门应当采取措施,督促有关单位整改。

(4)县级以上人民政府对住房和城乡建设主管部门或应急管理部门依据《消防法》第七十条报请的对经济和社会生活影响较大的涉及供水、供热、供气、供电的重要企业、重点基建工程、交通、通信、广电枢纽、大型商场等重要场所,以及其他对经济建设和社会生活构成重大影响事项的责令停产停业、停止使用、停止施工处罚的请示,应当在十个工作日内作出明确批复,并组织有关部门实施。

(5)对各级人民政府有关部门的工作人员不履行消防工作职责,对涉及消防安全的事项未按照法律法规规定实施审批、监督检查的,或者对重大火灾隐患督促整改不力的,尚不构成犯罪的,依法给予处分。

三、消防救援机构的消防监督检查

消防救援机构的消防监督检查是指国家授权的消防监督机关为了督促查看所辖区域内各单位消防工作情况和查寻验看消防工作中存在的问题而进行的检查。消防救援机构实施的消防监督检查是政府的一项消防安全管理活动,也是政府实施消防安全管理的一条重要措施。

消防救援机构根据本地区火灾规律、特点等消防安全需要组织监督抽查;在火灾多发季节,重大节日、重大活动前或者期间,应当组织监督抽查。消防安全重点单位应当作为监督抽查的重点,非消防安全重点单位必须在监督抽查的单位数量中占有一定比例。对属于人员密集场所的消防安全重点单位每年至少监督检查一次。

(一)消防救援机构消防监督检查的类型

消防救援机构所实施的监督检查,按照检查的对象和性质,通常有以下几种:
(1)对公众聚集场所在使用或者营业前的消防安全检查。
(2)对单位履行法定消防安全职责情况的监督抽查。

(3)对举报投诉的消防安全违法行为的核查。
(4)对大型群众性活动进行的监督检查。
(5)根据需要进行的其他消防监督检查。

(二)消防救援机构消防监督检查的方式

消防救援机构对单位履行消防安全职责的情况进行监督检查,可以通过以下基本方式进行:

(1)询问单位消防安全责任人、消防安全管理人和有关从业人员。
(2)查阅单位消防安全工作有关文件、资料。
(3)抽查建筑疏散通道、安全出口、消防车通道保持畅通,以及防火分区改变、防火间距占用情况。
(4)实地检查建筑消防设施的运行情况。
(5)根据需要采取的其他方式。

其他四种类型的监督检查的方式,可视具体情况采取不同的方式。

(三)消防救援机构消防监督检查的内容

消防监督检查的内容,根据检查对象和形式确定。

1. 对单位履行法定消防安全职责情况监督检查的内容

消防救援机构应当结合单位履行消防安全职责情况的记录,每季度制定消防监督检查计划,对单位遵守消防法律法规的情况、单位建筑物及其有关消防设施符合消防技术标准和管理规定的情况进行抽样检查。对单位履行法定消防安全职责情况的监督检查,应当针对单位的实际情况检查下列内容:

(1)建筑物或者场所是否依法通过消防验收或者进行竣工验收消防备案,公众聚集场所是否通过投入使用、营业前的消防安全检查。
(2)建筑物或者场所的使用情况是否与消防验收或者进行竣工验收消防备案时确定的使用性质相符。
(3)消防安全管理制度、灭火和应急疏散预案是否制定。
(4)消防设施、器材和消防安全标志是否定期组织维修保养,是否完好有效。
(5)电气线路、燃气管路是否定期维护保养、检测。
(6)疏散通道、安全出口、消防车通道是否畅通,防火分区是否改变,防火间距是否被占用。
(7)是否组织防火检查、消防演练和职工消防安全教育培训,自动消防系统操作人员是否持证上岗。
(8)生产、储存、经营易燃易爆危险品的场所是否与居住场所设置在同一建筑物内。
(9)生产、储存、经营其他物品的场所与居住场所设置在同一建筑物内的,是否符合消防技术标准。
(10)其他依法需要检查的内容。

对人员密集场所还应当抽查室内装修材料是否符合消防技术标准、外墙门窗上是否设置影响逃生和灭火救援的障碍物。

2. 对消防安全重点单位检查的内容

对消防安全重点单位履行法定消防安全职责情况的监督检查，除对以上法定消防安全职责履行情况监督检查的内容外，还应当检查下列内容：

(1) 是否确定消防安全管理人。

(2) 是否开展每日防火巡查并建立巡查记录。

(3) 是否定期组织消防安全培训和消防演练。

(4) 是否建立消防档案、确定消防安全重点部位。

对属于人员密集场所的消防安全重点单位，还应当检查单位灭火和应急疏散预案中承担灭火和组织疏散任务的人员是否确定。

3. 大型人员密集场所和特殊建设工程施工工地监督检查的内容

对大型人员密集场所和特殊建设工程施工工地进行消防监督抽查，应当重点检查施工单位履行下列消防安全职责的情况：

(1) 是否明确施工现场消防安全管理人员，是否制定施工现场消防安全制度、灭火和应急疏散预案。

(2) 在建工程内是否设置人员住宿、可燃材料及易燃易爆危险品储存等场所。

(3) 是否设置临时消防给水系统、临时消防应急照明，是否配备消防器材，并确保完好有效。

(4) 是否设有消防车通道并畅通。

(5) 是否组织职工消防安全教育培训和消防演练。

(6) 施工现场人员宿舍、办公用房的建筑构件燃烧性能、安全疏散功能是否符合消防技术标准。

4. 错时消防监督抽查的内容

错时消防监督抽查是指消防救援机构针对特殊监督对象，把监督执法警力部署到火灾高发时段和高发部位，在正常工作时间以外时段开展的消防监督抽查。实施错时消防监督抽查，消防救援机构可以会同治安、教育、文化等部门联合开展，也可以邀请新闻媒体参加，但检查结果应当通过适当方式予以通报或向社会公布。消防救援机构夜间对营业的公众聚集场所进行消防监督抽查时，应当重点检查单位履行下列消防安全职责的情况：

(1) 自动消防系统操作人员是否在岗在位，是否持证上岗。

(2) 消防设施是否正常运行，疏散指示标志和应急照明是否完好有效。

(3) 场所疏散通道和安全出口是否畅通。

(4) 防火巡查是否按照规定开展。

（四）人员密集场所消防监督检查要点

1. 单位消防安全管理检查要点

对单位消防安全管理工作的检查，主要检查以下要点：

(1) 消防安全组织机构是否健全。

(2) 消防安全管理制度是否完善。

(3) 日常消防安全管理制度是否落实。火灾危险部位是否有严格的管理措施。是否定期组织防火检查、巡查，能否及时发现和消除火灾隐患。

(4)重点岗位人员是否经专门培训、持证上岗。职工是否会报警、会扑救初起火灾、会组织人员疏散。

(5)对消防设施是否定期检查、检测、维护保养,并有详细完整的记录。

(6)灭火和应急疏散预案是否完备,并有定期演练的记录。

(7)单位火警处置是否及时、准确。对设有火灾自动报警系统的场所,随机选择一个探测器吹烟或手动报警,发出警报后,值班员或专(兼)职消防员能否携带手提式灭火器到现场确认,并及时向消防控制室报告。值班员或专(兼)职消防员是否会正确使用灭火器、消防软管卷盘、室内消火栓等扑救初起火灾。

2. 消防控制室检查要点

对消防控制室的检查,主要检查以下要点:

(1)值班员是否不少于两人,是否经过培训、持证上岗。

(2)是否有每日值班记录且记录完整准确。

(3)是否有设备检查记录且记录完整准确。

(4)值班员能否熟练掌握消防控制室管理及应急程序,能否熟练操作消防控制设备。

(5)消防控制设备是否处于正常运行状态,能否正确显示火灾报警信号和消防设施的动作、状态信号,能否正确打印有关信息。

3. 防火分隔设施检查要点

对防火分隔设施的检查,主要检查以下要点:

(1)防火分区和防火分隔设施是否符合要求。

(2)防火卷帘下方是否无障碍物。自动、手动启动防火卷帘能否下落至地板面且反馈信号正确。

(3)管道井、电缆井,以及管道、电缆穿越楼板和墙体处的孔洞是否用符合规范要求的防火材料封堵密实。

(4)厨房、配电室、锅炉房、柴油发电机房等火灾危险性较大的部位与周围其他场所是否采取严格的防火分隔。是否有严密的火灾防范措施和严格的消防安全管理制度。

4. 人员安全疏散系统检查要点

对人员安全疏散系统的检查,主要检查以下要点:

(1)疏散指示标志和应急照明的数量、类型、安装高度是否符合要求,疏散指示标志能否在疏散路线上明显看到并明确指向安全出口。

(2)应急照明主、备用电源切换功能是否正常。切断主电源后,应急照明灯能否正常发光。

(3)火灾应急广播能否分区播放以正确引导人员疏散。

(4)封闭楼梯、防烟楼梯及其前室的防火门是否向疏散方向开启,是否具有自闭功能,并处于常闭状态;平时因频繁使用需要常开的防火门能否自动、手动关闭;平时需要控制人员随意出入的疏散门,不用任何工具是否能从内部开启并有明显标志和使用提示;常开防火门的启闭状态在消防控制室能否正确显示。

(5)安全出口、疏散通道、楼梯间是否保持畅通、未锁闭、无任何物品堆放。

5. 火灾自动报警系统检查要点

对火灾自动报警系统的检查,主要检查以下要点:

(1)检查故障报警功能。摘掉一个探测器,控制设备能否正确显示故障报警信号。

(2)检查火灾报警功能。任选一个探测器进行吹烟,控制设备能否正确显示火灾报警信号。

(3)检查火警优先功能。摘掉一个探测器,同时给另一探测器吹烟,控制设备能否优先显示火灾报警信号。

(4)检查消防电话通话情况。在消防控制室和水泵房、发电机房等处使用消防电话,消防控制室与相关场所能否相互正常通话。

6. 自动喷水灭火系统检查要点

对自动喷水灭火系统的检查,主要检查以下要点:

(1)报警阀组件是否完整,报警阀前后的阀门、通向延时器的阀门是否处于开启状态。

(2)对自动喷水灭火系统进行末端试水。将消防控制室联动控制设备设置在自动位置,任选一楼层,进行末端试水。水流指示器是否动作,控制设备能否正确显示水流报警信号;压力开关是否动作,水力警铃是否发出警报,喷淋泵是否启动,控制设备能否正确显示压力开关动作及启泵信号。

7. 消火栓、水泵接合器检查要点

对消火栓、水泵接合器的检查,主要检查以下要点:

(1)室内消火栓箱内的水枪、水带等配件是否齐全,水带与接口绑扎是否牢固。

(2)检查系统功能。任选一个室内消火栓,接好水带、水枪,水枪能否正常出水;将消防控制室联动控制设备设置在自动位置,按下消火栓箱内的启泵按钮,消火栓泵能否启动,控制设备能否正确显示启泵信号,水枪出水正常。

(3)室外消火栓是否不被埋压、圈占、遮挡,标志是否明显,有无专用开启工具,阀门能否灵活、方便开启,出水是否正常。

(4)水泵接合器是否不被埋压、圈占、遮挡,标志是否明显,是否标明供水系统的类型及供水范围。

8. 消防水泵房、给水管道、储水设施检查要点

对消防水泵房、给水管道、储水设施的检查,主要检查以下要点:

(1)配电柜上控制消火栓泵、喷淋泵、稳压(增压)泵的开关是否设置在自动(接通)位置。

(2)消火栓泵和喷淋泵进、出水管阀门、高位消防水箱出水管上的阀门,以及自动喷水灭火系统、消火栓系统管道上的阀门是否保持常开。

(3)高位消防水箱、消防水池、气压水罐等消防储水设施的水量是否达到规定的水位。

(4)北方寒冷地区的高位消防水箱和消防管道是否有防冻措施。

9. 防排烟系统检查要点

对防排烟系统的检查,主要检查以下要点:

(1)检查加压送风系统。自动、手动启动加压送风系统,相关送风口是否开启,送风机是否启动,送风是否正常,反馈信号是否正确。

(2)检查排烟系统。自动、手动启动排烟系统,相关排烟口是否开启,排烟风机是否启动,排风是否正常,反馈信号是否正确。

10. 灭火器检查要点

对灭火器的检查,主要检查以下要点:
(1)灭火器配置类型是否正确,灭火器的配置数量是否符合规范的要求。
(2)储压式灭火器压力是否符合要求,压力表指针是否在绿色区域内。
(3)灭火器是否设置在明显和便于取用的地点而不影响安全疏散。
(4)灭火器有无定期维护检查的记录。

11. 其他检查

(1)消防主、备用电源供电和自动切换是否正常。切换主、备用电源,检查设备运行是否正常。
(2)电气设备、燃气用具、开关、插座、照明灯具等的设置和使用,以及电气线路、燃气管道等的材质和敷设是否符合要求。
(3)室内可燃气体、液体管道是否采用金属管道,并设有紧急事故切断阀。
(4)防火间距是否符合要求。
(5)消防车道是否符合要求。

(五)消防监督检查的步骤

根据实践,消防安全检查应当按以下程序进行:

1. 拟订计划

在进行消防监督检查之前,要首先拟订检查计划,确定检查目标和主要目的,根据检查目标和检查目的,选抽各类人员组成检查组织;确定被检查的单位,进行时间安排;明确检查的主要内容,提出检查过程中的要求。

2. 检查准备

在实施消防监督检查之前,负责检查的有关人员应当充分了解所要检查的单位或部位的基本情况:被检查单位所在位置及周边单位情况;单位的消防安全责任人、管理人、安全保卫部门负责人、专职防火干部情况;生产工艺和原料、产品、半成品的性质,火灾危险性类别、储存、使用情况;重点要害部位情况;以往火灾隐患的查处情况和是否有火灾发生的情况等。必要时还应当对所要检查单位、部位的检查项目一一列出消防安全检查表,以免检查时遗漏。

3. 联系接洽

在具体实施消防监督检查之前,应当与被检查单位进行联系。联系的部门通常是被检查单位的消防安全管理部门或专职的消防安全管理人员或是基层单位的负责人。把检查的目的、内容、时间和需要哪一级领导人参加或接待等需要被检查单位做的工作告知被检查单位,以便单位有所准备和接待上的安排。但不宜通知过早,以防造假应付。必要时也可采取突然袭击的方式进行检查,以利于问题的发现。与被检查单位的接待人员接洽时,应当首先自我介绍,并应主动出示证件,向接待的有关负责人重申本次检查的目的、内容和要求。在检查过程中,一般情况下被检查单位的消防安全责任人或管理人,以及消防安全管理部门的负责人和防火安全管理人员都应当参加。

4. 情况介绍

在具体实施实地检查之前,首先要听取被检查单位有关的情况汇报。汇报通常由被检查单位的消防安全责任人或消防安全管理部门的负责人介绍。汇报和介绍的主要内容应当包括:本单位的消防工作基本概况、消防安全管理的领导分工情况;消防安全制度的建立和执行情况;消防安全组织的建立和活动情况;职工的消防安全教育情况;工业企业单位的生产工艺过程和产品的变更情况;近年有无火灾等情况;上次检查发现的火灾隐患的整改情况及未整改的理由;消防工作的奖惩情况;其他有关防火灭火的重要情况等内容。

5. 实地检查

在汇报和介绍完情况之后,被检查单位应当派熟悉单位情况的负责人或其他人员等陪同上级消防安全检查人员深入单位的实际现场进行实地检查,以协助消防安全检查人员发现问题,并随时回答检查人员提出的问题。被检查单位相关人员也可随时质疑检查人员提出的问题。在对被检查单位的消防安全工作情况进行实地检查时,应从显要的、必然的点开始。在一般情况下,应根据生产工艺过程的顺序,从原料的储存、准备到最终产品的包装入库等整个过程进行,特殊情况也可例外。但是,无论情况如何,消防安全检查人员不能只是跟随陪同人员进行简单观察,而必须是整个检查过程的主导;不能假定某个部位没有火灾危险而不去检查。疏散通道的每一扇门都应当打开检查,对锁着的疏散门应当要求陪同人员通知有关人员开锁。

6. 检查评议,填写法律文书

检查评议,就是把在实地检查中听到和看到的情况,进行综合分析,最后做出结论,提出整改意见和对策。对出具的《消防安全检查意见书》《责令当场改正书》《责令限期改正通知书》等法律文书,要抓住主要矛盾,情况概括要全面,归纳要条理,用词要准确,并要充分听取被检查单位的意见。

7. 总结汇报,提出书面报告

消防安全检查工作结束,应当对整个检查工作进行总结。总结要全面、系统,对好的单位要给予表扬和适当奖励,对差的单位应当给予批评,对检查中发现的重大火灾隐患应当通报督促整改。

8. 督促整改和复查验收

对于消防救援机构在监督检查中发现的火灾隐患,在整改过程中,消防救援机构应到现场检查,督促整改防止出现新隐患。整改期限届满或单位申请时,消防救援机构应主动或在接到申请后及时(通常两日内)前往复查。

(六)消防监督检查的要求

消防救援机构在进行消防监督检查时应满足以下几点要求:

1. 消防监督检查人员的个人能力

消防监督检查人员必须是经主管部门统一组织考试合格,并具有监督检查资格的专业人员。通常消防监督检查人员应当具备以下能力。

(1)具有良好的职业素质

消防监督检查人员要有满腔热忱和对技术精益求精的工作态度,有严格的组织纪律性和拒腐蚀、不贪财的素养,不能够接受被检查单位的礼物,不能够接受特殊招待。

(2)具有相应的专业知识

消防监督检查人员需要的专业知识主要包括燃烧学、建筑防火、电气防火、生产工艺防火、危险物品防火、消防安全管理和公共场所管理,以及灭火剂、灭火器械和灭火设施系统等知识及消防法律法规。

(3)具有一定的社交协调能力和符合社会行为规范的举止

消防监督检查人员所面对的工作对象是各种不同的机关、团体、企业、事业单位。消防监督检查人员代表的是上级领导机关或是国家政府机关的行为,所以,其言谈、举止、着装等都应当符合社会行为规范,并具有一定的社会协调能力。

2. 发现问题要随时解答

在实地检查过程中,要提出并解释问题,引导陪同人员解释所观察到的情况。对发现的火灾隐患,要解释清楚:火灾隐患形成的原因;为何会引起火灾或造成人员伤亡;应当怎样消除或减少和避免此类火灾隐患等。对发现的不寻常的作业以及新工艺、新产品和所使用的新原料(包括温度、压力、浓度配比等新的工艺条件及新的原料产品的特性)等值得提及的问题,都要记录下来,并分项予以说明,供今后参考。

3. 提出问题要严肃

在检查过程中应严肃认真,对在消防监督检查中发现的火灾隐患或不安全因素,应当有理有据地向被检查单位指出。

4. 有政策观念、法制观念和经济观念

具体问题的解决,要以政策和法规为尺度;要有群众观念,充分地相信和依靠群众,深入群众和生产第一线,倾听群众的意见,以得到更多的真实情况,掌握工作主动权,达到检查的目的;还要有经济观念,把火灾隐患的整改建立在保卫生产安全和促进生产安全的指导思想基础之上,并看成是一种经济效益,当成一项提高经济效益的措施去下力气抓好。

5. 科学安排时间

由于检查时间安排不同,收到的效果也不尽相同。如生产工艺流程中的问题,只有在开机生产过程中才会暴露得更充分一些,检查时间就应该选择在易暴露问题的时间进行;值班问题在夜间和休假日最能暴露薄弱环节,那么就应该选择夜间和休假日检查值班制度的落实情况和值班人员尽职尽责情况。由于消防监督检查机构管理范围广、任务重,科学安排检查时间将大大地提高工作效率,收到事半功倍的效果。

6. 做到原则性和灵活性相结合

对消防监督检查中发现的问题需要认真观察,对问题进行系统的分析,抓住问题的本质,并有针对性地、实事求是地提出切合实际的解决办法。对于重大问题,要敢于坚持原则,但在具体方法上要有一定的灵活性,做到严得合理,宽得得当;检查要与指导相结合,检查不仅要能够发现问题,更重要的是解决问题,故应提出正确、合理的解决问题的办法和防止问题再发生的措施,且上级机关应给予具体的帮助和指导。

7. 注重效果,不走过场

消防监督检查是集社会科学与自然科学于一体的一项综合性的管理活动,是实施消防安全管理的最具体、最生动、最直接、最有效的形式之一,所以必须严肃认真、不走过场、

注重效果。检查一次就应有一次的效果,就应解决一定的问题。要根据本辖区的发展情况和季节天气的变化情况,有重点地定期组织检查。

8. 注意检查通常易被人们忽略的隐患

要注意寻找易燃易爆危险品的储存不当之处和垃圾堆中的易燃废物;检查需要设"严禁吸烟"标志的地方是否有醒目的警示标志,在严禁吸烟的区域内是否有烟蒂;爆炸危险场所的电气设备、线路、开关等是否符合防爆等级的要求,以及防静电和防雷的接地连接是否紧密、牢固等;寻找被锁或被阻塞的出口,查看避难通道是否阻塞或标志是否合适;灭火器的质量、数量,以及与被保护的场所和物品是否相适应等。这些隐患往往易被人们忽略而导致火灾,故应当引起特别注意。

9. 注意礼节礼貌

在整个检查过程中,消防监督检查人员一定要注意礼节礼貌,着装要规范,举止要大方,谈吐要文雅,提问题要有理有据有逻辑。

10. 监督抽查应保证一定的频次

消防救援机构应当根据本地区火灾规律、特点以及结合重大节日、重大活动等消防安全需要,组织监督抽查。消防安全重点单位应当作为监督抽查的重点,但非消防安全重点单位,必须在抽的单位数量中占有一定比例。通常情况下,对消防安全重点单位的监督抽查至少应当每年组织一次,对属于人员密集场所的消防安全重点单位每年至少每半年组织一次,对其他单位的监督抽查至少每年组织一次。

11. 出示执法身份证件,填写检查记录

消防救援机构实施消防监督检查时,消防监督检查人员不得少于两人,应当着制式服装并出示执法身份证件。消防监督检查应当填写检查记录,如实记录检查情况,并由消防监督检查人员、被检查单位负责人或者有关管理人员签名;被检查单位负责人或者有关管理人员对记录有异议或者拒绝签名的,消防监督检查人员应当在检查记录上注明。

12. 实施消防监督检查不得妨碍被检查单位正常的生产经营活动

为不妨碍被检查单位正常的生产经营活动,消防救援机构实施消防监督检查时,可以事先通知有关单位,以便被检查单位对生产经营活动有所准备和安排。被检查单位应当如实提供消防设施、器材、消防安全标志的检验、维修、检测记录或者报告;防火检查、巡查和火灾隐患整改情况记录;灭火和应急疏散预案及其演练情况;开展消防宣传教育和培训情况记录;依法可以查阅的其他材料等。

(七)消防监督检查的法定时限

1. 举报投诉消防安全检查的法定时限

消防救援机构接到举报投诉的消防安全违法行为,应当及时受理、登记。属于本机构管辖范围内的事项,应当及时调查处理;属于本机构职责范围,但不属于本机构管辖的,应当在受理后的二十四小时内移送有管辖权的机构处理,并告知举报投诉人;对不属于本机构职责范围内的事项,应当告知当事人向其他有关主管机关举报投诉。消防救援机构应当按照下列时限,对举报投诉的消防安全违法行为进行实地核查:

(1)对举报投诉占用、堵塞、封闭疏散通道、安全出口或者其他妨碍安全疏散行为的,应当在接到举报投诉后二十四小时内进行核查。

(2)对举报投诉其他消防安全违法行为的,应当在接到举报投诉之日起三个工作日内进行核查。核查后,对消防安全违法行为应当依法处理。处理情况应当及时告知举报投诉人,无法告知的,应当在受理登记中注明。

2. 消防安全检查责令改正的法定时限

(1)在消防监督检查中,消防救援机构对发现的依法应当责令限期改正或者责令当场改正的消防安全违法行为,应当场制发责令改正通知书,并依法予以处罚。

(2)对违法行为轻微并当场改正,依法可以不予行政处罚的,可以口头责令改正,并在检查记录上注明。

(3)对于依法需要责令限期改正的,应当根据消防安全违法行为改正难易程度合理确定改正的期限。

(4)消防救援机构应当在改正期限届满之日起三个工作日内进行复查。对逾期不改正的,依法予以处罚。

3. 报告政府的情形、程序和时限

在消防监督检查中,发现城乡消防安全布局、公共消防设施不符合消防安全要求,或者发现本地区存在影响公共安全的重大火灾隐患的,消防救援机构应当组织集体研究确定,自检查之日起七个工作日内提出处理意见,由所属部门书面报告本级人民政府解决;对影响公共安全的重大火灾隐患,还应当在确定之日起三个工作日内制作、送达重大火灾隐患整改通知书。

重大火灾隐患判定涉及复杂或者疑难技术问题的,消防救援机构应当在确定前组织专家论证。组织专家论证的,规定的期限可以延长十个工作日。

(八)执法监督

消防救援机构及其工作人员进行消防监督检查,应当公开办事制度、办事程序;应当建立警风警纪监督员制度,应当自觉接受单位和公民的监督;应当公布举报电话,受理群众对消防执法行为的举报投诉,并及时调查核实,反馈查处结果。消防救援机构应当健全消防监督检查工作制度,实行消防监督执法责任制,建立和完善消防监督执法质量考核评议、执法过错责任追究等制度,落实执法过错责任追究,建立执法档案,定期进行执法质量考评,防止和纠正消防执法中的错误或者不当行为。

消防救援机构及其工作人员在消防监督检查中有下列情形的,对直接负责的主管人员和其他直接责任人员应当依法给予处分;构成犯罪的,依法追究刑事责任:

(1)不按规定制作、送达法律文书,不按照规定履行消防监督检查职责,拒不改正的。

(2)对不符合消防安全要求的公众聚集场所准予消防安全检查合格的。

(3)无故拖延消防安全检查,不在法定期限内履行职责的。

(4)未按照本规定组织开展消防监督抽查的。

(5)发现火灾隐患不及时通知有关单位或者个人整改的。

(6)利用消防监督检查职权为用户指定消防产品的品牌、销售单位或者指定消防安全技术服务机构、消防设施施工、维修保养单位的。

(7)接受被检查单位或者个人财物或者其他不正当利益的。

(8)近亲属在管辖区域或者业务范围内经营消防公司、承揽消防工程、推销消防产品的。

(9)其他滥用职权、玩忽职守、徇私舞弊的行为。

四、单位消防安全检查

单位消防安全检查是指上级单位对具有隶属关系的下属单位和有关部门履行消防安全职责的情况进行的专项检查。

(一)单位消防安全检查的组织形式

消防安全检查不是一项临时性措施,而是一项长期的、经常性的工作,所以在组织形式上,单位应采取经常性检查和季节性检查相结合、典型性检查和一般性检查相结合的方法。按消防安全检查的组织情况,通常有以下几种形式:

1. 单位本身的自查

单位本身的自查是指在各单位消防安全责任人的领导下,由单位安全保卫部门牵头,有单位生产、技术和专、兼职防火干部以及志愿消防队员和有关职能部门人员参加的检查。单位本身的自查是组织群众开展经常性防火安全检查的最基本的形式,它对火灾的预防起着十分重要的作用,应当坚持厂(公司)月查、车间(工段)周查、班(组)日查的三级检查制度。基层单位的自查按检查实施的时间和内容,可分为以下几种。

(1)日常检查

日常检查是按照岗位防火安全责任制的要求以班长、安全员、防火员为主,对所在的车间(工段)库房、货场等处防火安全情况所进行的检查。这种检查通常以班前、班后和交接班时为检查的重点,这种检查能够及时发现火险因素,及时消除火灾隐患,应当严格落实。

(2)防火巡查

防火巡查是消防安全重点单位常用的一种形式,是预防火灾发生的有效措施,也是消防安全重点单位的消防安全职责。消防安全重点单位应当实行每日防火巡查,并建立巡查记录。公共聚集场所在营业期间的防火巡查应当至少两小时一次,营业结束时应当对营业现场进行安全检查,消除遗留隐患。医院,养老院,寄宿制的学校、托儿所、幼儿园应当加强夜间的防火巡查,每晚巡逻不应少于两次。其他消防安全重点单位应当结合单位的实际情况进行夜间防火巡查。防火巡查主要依靠单位的保安(警卫),单位的领导或值班的干部和防火员要注意检查巡查情况。检查的重点是电源、火源,并注意其他异常情况,及时堵塞漏洞,消除事故隐患。

(3)定期检查

定期检查也称为季节性检查,根据季节的不同特点,并与有关的安全活动结合起来或在元旦、春节、"五一"国际劳动节、国庆节等重大节假日进行,通常由单位领导组织并参加。在定期检查中,除了对所有部位进行检查外,应对重点要害部位进行重点检查。通过检查,解决平时检查难以解决的重大问题。

(4)专项检查

专项检查是根据单位的实际情况和当前的主要任务,针对单位消防安全的薄弱环节进行的检查。常见的有电气防火检查、用火检查、安全疏散检查、消防设施设备检查、危险品储存与使用检查、防雷设备检查等。专项检查应有专业技术人员参加,也可与设备的检修结合进行。对生产工艺设备,压力容器,消防设施、设备,电气设施、设备,危险品生产储存设施,用火、动火设施等,应当有专业部门使用专门仪器设备进行检查,以检查其功能状况和安全性能,检查细微之处的事故隐患,真正做到防患于未然。

2. 单位上级主管部门的检查

这种检查由单位上级主管部门或母公司组织实施,它对推动和帮助基层单位或子公司落实防火及灭火措施、消除火灾隐患具有重要作用。通常有互查、抽查和重点查三种形式。单位上级主管部门应每季度对所属重点单位进行一次检查,并应向当地消防救援机构报告检查情况。

(二)单位消防安全检查的方法

消防安全检查的方法是指在实施消防安全检查过程中所采取的措施或手段。实践证明,只有正确运用方法才能顺利实施检查,才能对检查对象的安全状况做出正确的评价。总结各地的做法,单位消防安全检查的具体方法主要有以下几种:

1. 直接观察法

直接观察法就是用看、摸、听、嗅等人的感官直接观察的方法。这是日常采用的最基本的方法。如在日常防火巡查时,看一看有无不正常的现象,摸一摸有无过热等不正常的触觉,听一听有无不正常的声音,嗅一嗅有无不正常的气味等。

2. 询问了解法

询问了解法就是向一线的有关人员询问,了解单位消防安全工作的开展情况和各项制度措施的执行落实情况等。这种方法是消防安全检查中不可缺少的手段之一。通过询问可了解到有些平时根本查不出来的火灾隐患。

3. 仪器检测法

仪器检测法是指利用消防安全检查仪器对电气设备、线路,安全设施,可燃气体、液体危害程度的参数等进行测试,通过定量的方法评定单位某个场所的安全状况,确定是否存在火灾隐患等。

(三)单位消防安全检查的内容

单位消防安全检查的内容,根据单位情况和季节的不同有所侧重,通常应以如下内容为主:

1. 工业企业单位消防安全检查的内容

(1)生产和储存物品是什么火灾危险性类别。

(2)建筑物的耐火等级、防火间距是否足够。

(3)车间、库房所存物质是否构成重大危险源。

(4)车间、库房的疏散通道、安全门是否符合规范要求。

(5)消防设施、器材的设置是否符合规范要求。
(6)电气线路敷设、防爆电器标示、工艺设备安全附件情况是否良好。
(7)用火用电管理有何漏洞。

2. 大型仓库消防安全检查的内容

(1)储存物资是什么火灾危险性类别。
(2)库房所存物质是否构成重大危险源。
(3)设置的防火间距是否足够。
(4)库房建筑物的耐火等级、防火间距是否足够。
(5)物资储存、养护是否符合《仓库防火安全管理规则》的要求。
(6)库房的疏散通道、安全门是否符合规范要求。
(7)防、灭火设施和灭火器材的设置是否符合规范要求。
(8)用火、用电管理有何漏洞。

3. 商业大厦消防安全检查的内容

(1)本大厦是什么保护级别。若是高层建筑,属于何类别。
(2)消防通道及防火间距是否足够。
(3)所售商品库房所存物质是否构成重大危险源。
(4)安全疏散通道、安全门是否符合规范要求。
(5)防火分区、防烟、排烟是否符合规范要求。
(6)用火、用电管理有何漏洞。
(7)防、灭火设施和灭火器材的设置是否符合规范要求。
(8)有无消防水源。若有消防水源,是否符合规范要求。

4. 公共娱乐场所消防安全检查的内容

(1)本场所是什么保护级别,高层建筑时属于何类别。
(2)消防通道及防火间距是否足够。
(3)防火分区、防烟、排烟是否符合规范要求。
(4)安全疏散通道、安全门是否符合规范要求。
(5)用火、用电管理有无漏洞等。
(6)消防设施、器材的设置是否符合规范要求。
(7)有无消防水源。若有消防水源,是否符合规范要求。
(8)有无紧急疏散预案,是否每年都进行实际演练。

5. 建筑工程施工场所消防安全检查的内容

(1)该工程是否履行了消防审批手续。
(2)消防设施的安装与调试单位是否具备相应的资格。
(3)消防设施安装施工是否履行了消防审批手续,是否符合施工验收规范要求。
(4)选用的消防设施、防火材料等是否符合消防要求,是否选用经国家产品质量认证、国家核发生产许可证或者消防产品质量检测中心检测合格的产品。
(5)施工单位是否按照批准的消防设计图纸进行施工安装,有没有擅自改动现象。
(6)有无其他违反消防法律法规的行为。

第二节　火灾隐患整改

通过各个层次的消防安全检查查找出的问题，或者说安全隐患，必须通过技术的或者管理的措施解决，解决的过程就是火灾隐患整改。火灾隐患整改是消防安全工作的一项基本任务，也是做好消防安全工作的一项重要措施。只有检查没有整改，就做不到"防"，更谈不上"消"，而可能酿成火灾，造成损失。

一、火灾隐患的概念、分类与确认

（一）火灾隐患的概念

火灾隐患应当有广义和狭义之分：广义上讲，是指在生产和生活活动中可能直接造成火灾危害的各种不安全因素；狭义上讲，是指违反消防安全法规或者不符合消防安全技术标准，增加发生火灾的危险性，或者发生火灾时会增加对人的生命、财产的危害，或者在发生火灾时严重影响灭火救援行动的一切行为和情况。据此分析，火灾隐患通常应包含以下三层含义。

（1）增加发生火灾的危险性。如违反规定生产、储存、运输、销售、使用和销毁易燃易爆危险品；违反规定用火、用电、用气、明火作业等。

（2）一旦发生火灾，会增加对人的生命、财产的危害。如建筑防火分隔、建筑结构防火、防排烟设施等随意改变，失去应有的作用；建筑物内部装修、装饰违反规定，使用易燃材料等；建筑物的安全出口、疏散通道堵塞，不能畅通无阻；消防设施、器材不完好有效等。

（3）一旦发生火灾会严重影响灭火救援行动。如缺少消防水源；消防车通道堵塞；消火栓、水泵结合器、自动喷水系统不能自动启动；消防电梯等不能使用或者不能正常运行等。

（二）火灾隐患的分类

火灾隐患根据其危险性和危害程度，可分为重大火灾隐患和一般火灾隐患。

1. 重大火灾隐患

重大火灾隐患是违反消防法律法规、不符合消防技术标准，可能导致火灾发生或火灾危害增大，并由此可能造成重大、特别重大火灾事故或严重社会影响的各类潜在不安全因素。

2. 一般火灾隐患

一般火灾隐患指除重大火灾隐患之外的隐患。

（三）可确认为火灾隐患的情形

根据公安部发布的《消防监督检查规定》，具有下列情形之一的，应当确定为火灾隐患：

(1)影响人员安全疏散或者灭火救援行动,不能立即改正的。

(2)消防设施未保持完好有效,影响防火灭火功能的。

(3)擅自改变防火分区,容易导致火势蔓延、扩大的。

(4)在人员密集场所违反消防安全规定,使用、储存易燃易爆危险品,不能立即改正的。

(5)不符合城市消防安全布局要求,影响公共安全的。

(6)其他可能增加火灾实质危险性或者危害性的情形。

二、重大火灾隐患的判定原则和程序

(一)重大火灾隐患的判定原则

重大火灾隐患的判定应当依照国家标准《重大火灾隐患判定方法》(GB 35181—2017)进行。重大火灾隐患判定应坚持科学严谨、实事求是、客观公正的原则。

(二)重大火灾隐患的判定程序

1. 现场检查

组织进行现场检查,核实火灾隐患的具体情况,并获取相关影像和文字资料。

2. 集体讨论

组织对火灾隐患进行集体讨论,做出结论性判定意见,参与人数不应少于三人。

3. 专家技术论证

对于涉及复杂疑难的技术问题,按照《重大火灾隐患判定方法》判定有困难的,应组织专家成立专家组进行技术论证,形成结论性判定意见。结论性判定意见应有三分之二以上的专家同意。

技术论证专家组应由当地政府有关行业主管部门、监督管理部门和相关消防技术专家组成,人数不应少于七人。集体讨论或技术论证时,可以听取业主和管理、使用单位等利害关系人的意见。

三、重大火灾隐患的判定方法

重大火灾隐患的存在可能导致火灾发生或火灾危害增大,并由此可能造成重大、特别重大火灾事故或严重社会影响。及时发现和消除重大火灾隐患,对于预防和减少火灾发生,保障社会经济发展和人民群众生命、财产安全,维护社会稳定具有重要意义。

(一)一般要求

(1)重大火灾隐患判定应按照判定原则和程序实施,并根据实际情况选择直接判定方法或综合判定方法。

(2)直接判定要素和综合判定要素均应为不能立即改正的火灾隐患要素。

(3)下列任一种情形不应判定为重大火灾隐患:
①依法进行了消防设计专家评审,并已采取相应技术措施的。
②单位、场所已停产停业或停止使用的。
③不足以导致重大、特别重大火灾事故或严重社会影响的。

(二)直接判定方法

符合以下任意一条直接判定要素的可直接判定为重大火灾隐患:

(1)生产、储存和装卸易燃易爆危险品的工厂、仓库和专用车站、码头、储罐区,未设置在城市的边缘或相对独立的安全地带。

(2)生产、储存、经营易燃易爆危险品的场所与人员密集场所、居住场所设置在同一建筑物内,或与人员密集场所、居住场所的防火间距小于国家工程建设消防技术标准规定值的75%。

(3)城市建成区内的加油站、天然气或液化石油气加气站、加油加气合建站的储量达到或超过国家标准《汽车加油加气加氢站技术标准》(GB 50156—2021)对一级站的规定。

(4)甲、乙类生产场所和仓库设置在建筑的地下室或半地下室。

(5)公共娱乐场所、商店、地下人员密集场所的安全出口数量不足或其总净宽度小于国家工程建设消防技术标准规定值的80%。

(6)旅馆、公共娱乐场所、商店、地下人员密集场所未按国家工程建设消防技术标准的规定设置自动喷水灭火系统或火灾自动报警系统。

(7)易燃可燃液体、可燃气体储罐(区)未按国家工程建设消防技术标准的规定设置固定灭火、冷却、可燃气体浓度报警、火灾报警设施。

(8)在人员密集场所违反消防安全规定使用、储存或销售易燃易爆危险品。

(9)托儿所、幼儿园的儿童用房以及老年人活动场所,所在楼层位置不符合国家工程建设消防技术标准的规定。

(10)人员密集场所的居住场所采用彩钢夹芯板搭建,且彩钢夹芯板芯材的燃烧性能等级低于国家标准《建筑材料及制品燃烧性能分级》(GB 8624—2012)规定的 A 级。

(三)综合判定方法

重大火灾隐患的综合判定应综合考虑建筑在总平面布置、防火分隔、安全疏散及灭火救援条件、消防给水及灭火设施、防排烟设施、消防供电、火灾自动报警系统、消防安全管理等方面存在的不安全要素,然后按照综合判定规则进行判断。

1. 综合判定要素

(1)总平面布置

①未按国家工程建设消防技术标准的规定或城市消防规划的要求设置消防车道或消防车道被堵塞、占用。

②建筑之间的既有防火间距被占用或小于国家工程建设消防技术标准的规定值的80%,明火和散发火花地点与易燃易爆生产厂房、装置设备之间的防火间距小于国家工程建设消防技术标准的规定值。

③在厂房、库房、商场中设置职工宿舍,或是在居住等民用建筑中从事生产、储存、经

营等活动,且不符合《住宿与生产储存经营合用场所消防安全技术要求》(XF 703—2007)的规定。

④地下车站的站厅乘客疏散区、站台及疏散通道内设置商业经营活动场所。

(2)防火分隔

①原有防火分区被改变并导致实际防火分区的建筑面积大于国家工程建设消防技术标准规定值的50％。

②防火门、防火卷帘等防火分隔设施损坏的数量大于该防火分区相应防火分隔设施总数的50％。

③丙、丁、戊类厂房内有火灾或爆炸危险的部位未采取防火分隔等防火防爆技术措施。

(3)安全疏散设施及灭火救援条件

①建筑内的避难走道、避难间、避难层的设置不符合国家工程建设消防技术标准的规定,或避难走道、避难间、避难层被占用。

②人员密集场所内疏散楼梯间的设置形式不符合国家工程建设消防技术标准的规定。

③除直接判定要素(5)所规定场所外的其他场所或建筑物的安全出口数量或宽度不符合国家工程建设消防技术标准的规定,或既有安全出口被封堵。

④按国家工程建设消防技术标准的规定,建筑物应设置独立的安全出口或疏散楼梯而未设置。

⑤商店营业厅内的疏散距离大于国家工程建设消防技术标准规定值的125％。

⑥高层建筑和地下建筑未按国家工程建设消防技术标准的规定设置疏散指示标志、应急照明,或所设置设施的损坏率大于标准规定要求设置数量的30％；其他建筑未按国家工程建设消防技术标准的规定设置疏散指示标志、应急照明,或所设置设施的损坏率大于标准规定要求设置数量的50％。

⑦设有人员密集场所的高层建筑的封闭楼梯间或防烟楼梯间的门的损坏率超过其设置总数的20％,其他建筑的封闭楼梯间或防烟楼梯间的门的损坏率大于其设置总数的50％。

⑧人员密集场所内疏散走道、疏散楼梯间、前室的室内装修材料的燃烧性能不符合国家标准《建筑内部装修设计防火规范》(GB 50222—2017)的规定。

⑨人员密集场所的疏散走道、楼梯间、疏散门或安全出口设置栅栏、卷帘门。

⑩人员密集场所的外窗被封堵或被广告牌等遮挡。

⑪高层建筑的消防车道、救援场地设置不符合要求或被占用,影响火灾扑救。

⑫消防电梯无法正常运行。

(4)消防给水及灭火设施

①未按国家工程建设消防技术标准的规定设置消防水源、储存泡沫液等灭火剂。

②未按国家工程建设消防技术标准的规定设置室外消防给水系统,或已设置但不符合标准的规定或不能正常使用。

③未按国家工程建设消防技术标准的规定设置室内消火栓系统,或已设置但不符合标准的规定或不能正常使用。

④除旅馆、公共娱乐场所、商店、地下人员密集场所外,其他场所未按国家工程建设消防技术标准的规定设置自动喷水灭火系统。

⑤未按国家工程建设消防技术标准的规定设置除自动喷水灭火系统外的其他固定灭火设施。

⑥已设置的自动喷水灭火系统或其他固定灭火设施不能正常使用或运行。

(5)防排烟设施

人员密集场所、高层建筑和地下建筑未按国家工程建设消防技术标准的规定设置防排烟设施,或已设置但不能正常使用或运行。

(6)消防供电

①消防用电设备的供电负荷级别不符合国家工程建设消防技术标准的规定。

②消防用电设备未按国家工程建设消防技术标准的规定采用专用的供电回路。

③未按国家工程建设消防技术标准的规定设置消防用电设备末端自动切换装置,或已设置但不符合标准的规定或不能正常自动切换。

(7)火灾自动报警系统

①除旅馆、公共娱乐场所、商店、其他地下人员密集场所以外的其他场所未按国家工程建设消防技术标准的规定设置火灾自动报警系统。

②火灾自动报警系统不能正常运行。

③防排烟系统、消防水泵以及其他自动消防设施不能正常联动控制。

(8)消防安全管理

①社会单位未按消防法律法规要求设置专职消防队。

②消防控制室操作人员未按国家标准《消防控制室通用技术要求》(GB 25506—2010)的规定持证上岗。

(9)其他

①生产、储存场所的建筑耐火等级与其生产、储存物品的火灾危险性类别不相匹配,违反国家工程建设消防技术标准的规定。

②生产、储存、装卸和经营易燃易爆危险品的场所或有粉尘爆炸危险场所未按规定设置防爆电气设备和泄压设施,或防爆电气设备和泄压设施失效。

③违反国家工程建设消防技术标准的规定使用燃油、燃气设备,或燃油、燃气管道敷设和紧急切断装置不符合标准规定。

④违反国家工程建设消防技术标准的规定在可燃材料或可燃构件上直接敷设电气线路或安装电气设备,或采用不符合标准规定的消防配电线缆和其他供配电线缆。

⑤违反国家工程建设消防技术标准的规定在人员密集场所使用易燃、可燃材料装修、装饰。

2. 综合判定规则

(1)人员密集场所存在综合判定要素中(3)的①~⑨、(5)、(9)的③规定的要素3条以上(含本数,下同),判定为重大火灾隐患。

(2)易燃易爆化学物品场所存在综合判定要素中(1)的①~③、(4)的⑤和⑥规定的要素3条以上,判定为重大火灾隐患。

（3）人员密集场所、易燃易爆化学物品场所、重要场所存在综合判定要素中任意4条以上，判定为重大火灾隐患。

（4）其他场所存在综合判定要素中任意6条以上，判定为重大火灾隐患。

3. 综合判定步骤

（1）确定建筑或场所类别。

（2）确定该建筑或场所是否存在综合判定要素的情形及其数量。

（3）按照重大火灾隐患的判定程序，对照综合判定规则进行重大火灾隐患综合判定。

（4）排除不应判定为重大火灾隐患的情形。

四、火灾隐患的整改方法

火灾隐患的整改，按隐患的危险、危害程度和整改的难易程度，可以分为立即改正和限期整改两种方法。

（一）立即改正

立即改正，是指不立即改正随时就有发生火灾的危险，或对整改起来比较简单，不需要花费较多的时间、人力、物力、财力，对生产经营活动不产生较大影响的火灾隐患等，存在火灾隐患的单位、部位当场进行整改的方法。消防安全检查人员在安全检查时，应当责令立即改正，并在《消防安全检查记录》上记载。

（二）限期整改

限期整改是指对过程比较复杂，涉及面广，影响生产比较大，又要花费较多的时间、人力、物力、财力才能整改的火灾隐患，而采取的一种限制在一定期限内进行整改的方法。限期整改一般情况下都应由火灾隐患存在的单位负责，成立专门组织，各类人员参加研究，并根据消防救援机构下发的《重大火灾隐患整改通知书》或《停产停业整改通知书》的要求，结合本单位的实际情况制定出一套切实可行并限定在一定时间或期限内整改完毕的方案，并将方案报请上级主管部门和当地消防救援机构批准。火灾隐患整改完毕后，应申请复查验收。

五、重大火灾隐患的整改程序

（一）发现

消防监督检查人员在进行消防监督检查或者核查群众举报、投诉时，发现被检查单位存在的可能构成重大火灾隐患的情形，应当在《消防安全检查记录》中详细记明，并收集建筑情况、使用情况等能够证明火灾危险性、危害性的资料，并在两个工作日内书面报告本级消防救援机构负责人。

（二）论证

消防救援机构负责人对消防监督人员报告的可能构成重大火灾隐患的不安全因素，应当及时组织集体讨论；涉及复杂或者疑难技术问题的应当由支队（含支队）以上地方消防救援机构组织专家论证。专家论证应当根据需要邀请当地政府有关行业主管部门、监管部门和相关技术专家参加。

经集体讨论、专家论证,符合国家标准《重大火灾隐患判定方法》(GB 35181—2017)可能导致严重后果的,应当提出判定为重大火灾隐患的意见,并提出合理的整改措施和整改期限。集体讨论、专家论证应当形成会议记录或纪要。论证会议记录或纪要的主要内容应当包括:会议主持人及参加会议人员的姓名、单位、职务、技术职称;拟判定为重大火灾隐患的事实和依据;讨论或论证的具体事项、参会人员的意见;具体判定意见、整改措施和整改期限;集体讨论的主持人签名、参加专家论证的人员签名。

(三)立案

构成重大火灾隐患的,报本级消防救援机构负责人批准后,应当及时立案并制作《重大火灾隐患限期整改通知书》,消防救援机构应当自检查之日起三个工作日内,将《重大火灾隐患限期整改通知书》送达重大火灾隐患单位。若系组织专家论证的,送达时限可以延长至十个工作日。同时,应当抄送当地人民检察院、法院、有关行业主管部门、监管部门和上一级地方消防救援机构。消防救援机构应当督促重大火灾隐患单位落实整改责任、整改方案和整改期间的安全防范措施,并根据单位的需要提供技术指导。

(四)报告

消防救援机构应当定期公布和向当地人民政府报告本地区重大火灾隐患情况。对于医院、养老院、学校、托儿所、幼儿园、车站、码头、地铁站等人员密集场所,生产、储存和装卸易燃易爆化学物品的工厂、仓库和专用车站、码头、储罐区、堆场,易燃气体和液体的充装站、供应站、调压站等易燃易爆单位或者场所,不符合消防安全布局要求,必须拆迁的单位或者场所,以及其他影响公共安全的单位和场所,若存在重大火灾隐患,而自身确实无能力解决,但又严重影响公共安全的,消防救援机构应当及时提请当地人民政府列入督办事项或予以挂牌督办,协调解决。对经当地人民政府挂牌督办逾期仍未整改的重大火灾隐患,消防救援机构还应提请当地人民政府报告上级人民政府协调解决。

(五)复查与延期审批

消防救援机构应当自重大火灾隐患整改期限届满之日起三个工作日内进行复查,自复查之日起三个工作日内制作并送达《复查意见书》。对确有正当理由不能在限期内整改完毕,单位在整改期限届满前提出书面延期申请的,消防救援机构应当对申请进行审查并作出是否同意延期的决定,自受理申请之日起三个工作日内制作、送达《同意/不同意延期整改通知书》。

(六)处罚

对于存在的重大火灾隐患,经复查,逾期未整改的,应当依法进行处罚。其中对经济和社会生活影响较大的重大火灾隐患,消防救援机构应当报请当地人民政府批准,给予责令单位停产停业的处罚。对存在重大火灾隐患的单位及其责任人逾期不履行消防行政处罚决定的,消防救援机构可以依法采取措施、申请当地人民法院强制执行。

(七)舆论监督

消防救援机构对发现影响公共安全的火灾隐患,可以向社会公告,以提示公众注意消防安全。如定期公布本地区的重大火灾隐患及整改情况,并视情况组织报刊、广播、电视、互联网等新闻媒体对重大火灾隐患进行公示曝光和跟踪报道等。

（八）销案

重大火灾隐患经消防救援机构检查确认整改消除，或者经专家论证认为已经消除的，报消防救援机构负责人批准后予以销案。政府挂牌督办的重大火灾隐患销案后，消防救援机构应当及时报告当地人民政府予以摘牌。

（九）建立档案

消防救援机构应当建立重大火灾隐患专卷。内容包括：卷内目录；《消防监督检查记录》；重大火灾隐患集体讨论、专家论证的会议记录、纪要；《重大火灾隐患限期整改通知书》；《同意/不同意延期整改通知书》；《复查意见书》或者其他法律文书；行政处罚情况登记；政府挂牌督办的有关资料；相关的影像、文件等其他材料。

六、火灾隐患整改的基本要求

（一）抓住主要矛盾

通过抓主要矛盾和解决主要问题的方法来达到其他矛盾的迎刃而解，使问题得到彻底解决。抓整改火灾隐患的主要矛盾，要分析影响火灾隐患整改的各种因素和条件，制定出几种整改方案，经反复研究论证，选择最经济、最有效的方案，同时要避免造成新的火灾隐患。确定重大火灾隐患及其整改期限应当组织集体讨论；涉及复杂或者疑难技术问题的，应当在确定前组织专家论证。

（二）严格遵守法定期限

对于依法投入使用的人员密集场所和生产、储存易燃易爆危险品的场所（建筑物），当发现有关消防安全条件未达到国家消防技术标准要求的，单位应当按照下列要求限期整改。

(1)安全疏散设施未达到要求，不需要改动建筑结构的，应当在十日内整改完毕；需要改动建筑结构的，应当在一个月内整改完毕。应当设置自动灭火系统、火灾自动报警系统而未设置的，应当在一年内整改完毕。

(2)对于应当限期整改的火灾隐患，消防救援机构应当制作《责令限期改正通知书》；构成重大火灾隐患的，应当制作《重大火灾隐患限期整改通知书》，并自检查之日起三个工作日内送达。限期整改应当考虑隐患单位的实际情况，合理确定整改期限和整改方式。组织专家论证的，可以延长十个工作日送达相应的通知书。单位在火灾隐患整改过程中，应当采取确保消防安全、防止火灾发生的措施。

(3)对于确有正当理由不能在限期内整改完毕的，火灾隐患单位在整改期限届满前应当向消防救援机构提出书面延期申请。消防救援机构对申请应当进行审查并作出是否同意延期的决定；《同意/不同意延期整改通知书》应当自受理申请之日起三个工作日内制作、送达。

(4)消防救援机构应当自整改期限届满次日起三个工作日内对整改情况进行复查，并自复查之日起三个工作日内制作并送达《复查意见书》。对逾期不改正的，应当依法予以处罚。

(三)从长计议

对于建筑布局、消防通道、水源等方面的火灾隐患,应从长计议,纳入建设规划解决。如对于厂、库区布局或功能分区不合理,主要建筑物之间的防火间距不足等火灾隐患,可结合厂、库区改造、建设,纳入企业改造和建设规划中加以解决;对于厂、库位置不当等火灾隐患,可结合城镇改造、建设,将危险建筑迁至安全地点。

(四)报请当地人民政府整改

在消防监督检查中,发现城乡消防安全布局、公共消防设施不符合消防安全要求,或者发现本地区存在影响公共安全的重大火灾隐患的,消防救援机构应当组织集体研究确定,自检查之日起七个工作日内提出处理意见,并书面报告本级人民政府解决;对影响公共安全的重大火灾隐患,还应当在确定之日起三个工作日内制作、送达《重大火灾隐患整改通知书》(重大火灾隐患判定涉及复杂或者疑难技术问题的,消防救援机构应当在确定前组织专家论证。组织专家论证的,报告本级人民政府期限可以延长十个工作日)。无论什么火灾隐患,在问题未解决之前,都应采取必要的临时性防范补救措施,防止火灾的发生。

(五)严格遵守工作纪律

消防安全检查人员要严格遵守工作纪律,不得滥用职权、玩忽职守、徇私舞弊。以下行为,构成犯罪的,应当依法追究刑事责任,尚不构成犯罪的,应当依法给予责任人员行政处分:不按规定制作、送达法律文书,超过规定的时限复查,或者有其他不履行或者拖延履行消防监督检查职责的行为,经指出不改正的;依法受理的消防安全检查申报,未经检查或者经检查不符合消防安全条件,同意其施工、使用、生产、营业或举办的;对当事人故意刁难的或在消防安全检查工作中弄虚作假的;利用职务便利为用户指定消防产品的销售单位、品牌或者消防设施施工、维修、检测单位的;接受、索要当事人财物或者谋取不正当利益的;向当事人强行摊派各种费用、乱收费的;以及其他滥用职权、玩忽职守、徇私舞弊的行为。

七、消防安全违法行为的查处

在消防监督检查中发现消防安全违法行为的,消防救援机构应当按照《消防法》和《公安机关办理行政案件程序规定》有关规定,及时处理或者受案调查;对公安派出所移交查处的公众聚集场所消防安全违法行为,除应依法受案调查处理外,还应当将处理情况通报公安派出所。

(一)消防安全违法行为的处罚

1.责令改正的处罚

在消防监督检查中,发现有下列消防安全违法行为之一的,应当责令当场改正,当场填发《责令改正通知书》,并依照《消防法》的规定予以处罚:

(1)违反有关消防技术标准和管理规定生产、储存、运输、销售、使用、销毁易燃易爆危险品的,或非法携带易燃易爆危险品进入公共场所或者乘坐公共交通工具的。

(2)违反消防安全规定进入生产、储存易燃易爆危险品场所的;违反消防安全规定使用明火作业或者在易燃易爆危险场所吸烟、使用明火的。

(3)消防设施、器材或者消防安全标志的配置、设置不符合国家标准、行业标准,或者损坏、挪用或者擅自拆除、停用,未保持完好有效的;埋压、圈占、遮挡消火栓或者占用防火间距的。

(4)占用、堵塞、封闭消防车通道、疏散通道、安全出口或者有其他妨碍安全疏散行为、妨碍消防车通行的行为。

(5)人员密集场所在门窗上设置影响逃生和灭火救援的障碍物的。

(6)消防设施检测和消防安全监测等消防技术服务机构出具虚假文件的。

(7)对火灾隐患经消防救援机构通知后不及时采取措施消除的。

在消防监督检查中,消防救援机构对发现的依法应当责令改正的消防安全违法行为,应当场制作《责令改正通知书》,并依法予以处罚;对违法行为轻微并当场改正完毕,依法可以不予行政处罚的,可以口头责令改正,并在检查记录上注明。

2. 责令限期改正的处罚

在消防监督检查中,发现有下列消防安全违法行为之一的,应当责令限期改正,自检查之日起三个工作日内填发并送达《责令限期改正通知书》;逾期不改正的,应当依照《消防法》规定予以处罚或者行政处分:

(1)人员密集场所使用不合格的消防产品或者国家明令淘汰的消防产品的。

(2)电器产品、燃气用具的安装、使用及其线路、管路的设计、敷设、维护保养、检测不符合消防技术标准和管理规定的。

(3)生产、储存、销售易燃易爆危险品的场所与居住场所设置在同一建筑物内,或者未与居住场所保持安全距离的。

(4)生产、储存、销售其他物品的场所与居住场所设置在同一建筑物内,不符合消防技术标准的。

(5)依法应当经住房和城乡建设主管部门进行消防设计审查的建设工程,未经依法审查或者审查不合格,擅自施工的。

(6)消防设计经住房和城乡建设主管部门依法抽查不合格,不停止施工的。

(7)依法应当进行消防验收的建设工程,未经消防验收或者消防验收不合格,擅自投入使用的。

(8)建设工程投入使用后经消防救援机构依法抽查不合格,不停止使用的。

(9)公众聚集场所未经消防安全检查或者经检查不符合消防安全要求,擅自投入使用、营业的。

(10)建设单位要求建筑设计单位或者建筑施工企业降低消防技术标准设计、施工的。

(11)建筑设计单位不按照消防技术标准强制性要求进行消防设计的。

(12)建筑施工企业不按照消防设计文件和消防技术标准施工,降低消防施工量的。

(13)工程监理单位与建设单位或者建筑施工企业串通,弄虚作假,降低消防施工质量的。

(14)未履行《消防法》规定的消防安全职责或消防安全重点单位消防安全职责的。

(15)住宅区的物业服务企业未对其管理区域的共用消防设施进行维护管理、提供消防安全防范服务的。

(16)进行电焊、气焊等具有火灾危险作业的人员和自动消防系统的操作人员，未持证上岗或者违反消防安全操作规程的。

对责令限期改正的消防安全违法行为，消防救援机构应当根据违法行为改正的难易程度和所需时间，合理确定改正期限。责令限期改正的，消防救援机构应当在改正期限届满之日起三个工作日内进行复查；对在改正期限届满前，违法行为人申请复查，消防救援机构应当在接到申请之日起三个工作日内进行复查。复查应当填写《消防监督检查记录》。

（二）临时查封

1. 临时查封的实施

(1)临时查封应当由消防救援机构负责人组织集体研究决定。决定临时查封的，应当研究确定查封危险部位或者场所的范围、期限和实施方法，并自检查之日起三个工作日内制作、送达《临时查封决定书》。

情况紧急、不当场查封可能严重威胁公共安全的，消防监督检查人员可以在口头报请消防救援机构负责人同意后当场对危险部位或者场所实施临时查封，并在临时查封后二十四小时内由消防救援机构负责人组织集体研究，制作、送达《临时查封决定书》。经集体研究认为不应当采取临时查封措施的，应当立即解除。

(2)临时查封由消防救援机构负责人组织实施。需要其他部门或者公安派出所配合的，消防救援机构应当报请所属公安机关组织实施。

2. 临时查封的要求

(1)实施临时查封时，通知当事人到场，当场告知当事人采取临时查封的理由、依据以及当事人依法享有的权利、救济途径，听取当事人的陈述和申辩。

(2)当事人不到场的，邀请见证人到场，由见证人和消防监督检查人员在现场笔录上签名或者盖章。

(3)在危险部位或者场所及其有关设施、设备上加贴封条或者采取其他措施，使危险部位或者场所停止生产、经营或者使用。

(4)对实施临时查封情况制作现场笔录，必要时，可以进行现场照相或者录音、录像。

(5)实施临时查封后，当事人请求进入被查封的危险部位或者场所整改火灾隐患的，应当允许。但不得在被查封的危险部位或者场所生产、经营或者使用。

3. 临时查封的解除

火灾隐患消除后，当事人应当向作出临时查封决定的消防救援机构申请解除临时查封。消防救援机构应当自收到申请之日起三个工作日内进行检查，自检查之日起三个工作日内作出是否同意解除临时查封的决定，并送达当事人。对检查确认火灾隐患已消除的，应当作出解除临时查封的决定。

(三)强制执行

1. 需强制执行的行为

(1)对当事人有《消防法》第六十条第一款第三项、第四项、第五项、第六项规定的消防安全违法行为,经责令改正拒不改正的,消防救援机构应当按照《中华人民共和国行政强制法》第五十条、第五十一条、第五十二条的规定组织强制清除或者拆除相关障碍物、妨碍物,所需费用由违法行为人承担。

(2)当事人不执行消防救援机构作出的停产停业、停止使用、停止施工决定的,作出决定的消防救援机构应当自履行期限届满之日起三个工作日内催告当事人履行义务。当事人收到催告书后有权进行陈述和申辩。消防救援机构应当充分听取当事人的意见,记录、复核当事人提出的事实、理由和证据。当事人提出的事实、理由或者证据成立的,应当采纳。

经催告,当事人逾期仍不履行义务且无正当理由的,消防救援机构负责人应当组织集体研究强制执行方案,确定执行的方式和时间。强制执行决定书应当自决定之日起三个工作日内制作、送达当事人。

2. 强制执行的实施

强制执行由作出决定的消防救援机构负责人组织实施。需要其他部门或者公安派出所配合的,消防救援机构应当报请所属部门组织实施;需要其他行政部门配合的,消防救援机构应当提出意见,并报请本级人民政府组织实施。

3. 强制执行的要求

(1)实施强制执行时,通知当事人到场,当场向当事人宣读强制执行决定,听取当事人的陈述和申辩。

(2)当事人不到场的,邀请见证人到场,由见证人和消防监督检查人员在现场笔录上签名或者盖章。

(3)对实施强制执行过程制作现场笔录,必要时,可以进行现场照相或者录音、录像。

(4)除情况紧急外,不得在夜间或者法定节假日实施强制执行。

(5)不得对居民生活采取停止供水、供电、供热、供燃气等方式迫使当事人履行义务。

(6)有《中华人民共和国行政强制法》第三十九条、第四十条规定的情形之一的,中止执行或者终结执行。

4. 强制执行的解除

对被责令停止施工、停止使用、停产停业处罚的当事人申请恢复施工、使用、生产、经营的,消防救援机构应当自收到书面申请之日起三个工作日内进行检查,自检查之日起三个工作日内作出决定,送达当事人。

对当事人已改正消防安全违法行为、具备消防安全条件的,消防救援机构应当同意恢复施工、使用、生产、经营;对违法行为尚未改正、不具备消防安全条件的,应当不同意恢复施工、使用、生产、经营,并说明理由。

思考题

1. 消防救援机构消防监督检查的类型有哪些?
2. 消防救援机构消防监督检查时,对消防安全重点单位检查哪些内容?
3. 某商业大厦进行自身消防安全检查时,消防安全检查的主要内容有哪些?
4. 某公共娱乐场所进行自身消防安全检查时,消防安全检查的主要内容有哪些?
5. 简述火灾隐患的确认方法及重大火灾隐患的判定方法。
6. 什么是错时消防监督抽查?简述错时消防监督抽查的内容。
7. 简述灭火器检查要点。
8. 简述消火栓、水泵接合器检查要点。
9. 简述火灾报警系统检查要点。
10. 简述自动喷水灭火系统检查要点。
11. 简述消防控制室检查要点。

第八章 火灾事故紧急处置

知识目标

- 了解火灾发展的过程与特点，了解初起火灾扑救的基本原则。
- 掌握火灾报警的方法、初起火灾的扑救方法、人员和物资安全疏散的方法。
- 熟悉逃生自救的方法、火灾事故现场的保护方法。

能力目标

- 会报火警，会扑救初起火灾，会使用灭火器、消火栓等常用灭火器材。
- 会处置火警，会组织人员疏散，会逃生自救。
- 初步具备制定火灾应急预案的能力。

素质目标

- 树立"安全第一"的社会责任感和服务人民的意识。
- 培养团队精神和集体主义观念。

建筑火灾的发展有其客观过程：在一定的原因下发生，在一定的条件下发展，到一定程度开始衰减。一般情况下，火灾都要经过初起阶段、发展阶段、猛烈阶段、下降和熄灭阶段四个阶段。火灾初起阶段是扑救火灾的最佳阶段，如何把握住这一阶段，对火灾事故进行及时、正确的处置，是防止火灾蔓延，避免小火酿成大火，防止重大、特大火灾的关键。同时，保护好火灾现场、协助消防救援机构查明火灾原因、查清事故责任也是消防安全管理人员的责任。

第一节 火灾的发展过程及其分类

了解火灾的发展过程，掌握火灾发展过程中每个阶段的特点，可以针对火灾特点确定灭火重点，对灭火战斗的总体部署和指挥具有重要的意义。了解火灾的分类对防火和灭火，特别是对选用灭火器扑救火灾具有指导意义。

一、火灾的发展过程

根据国家标准《消防词汇 第1部分：通用术语》(GB/T 5907.1—2014)，火灾是指在时间或空间上失去控制的燃烧。

除地震起火、电路起火或纵火是多处同时起火外，一般火灾都要经过初起阶段、发展阶段、猛烈阶段、衰减阶段。比较具有代表性的室内火灾的发展过程可以用图 8-1 表示。

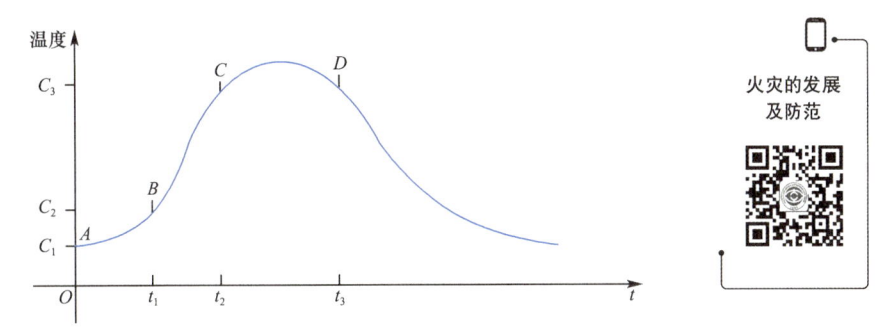

图 8-1 火灾的发展过程曲线

图 8-1 中，横坐标表示火灾发展的时间进程，纵坐标表示室内烟气和火焰的平均温度。用温度随时间变化的曲线可以直观地描述火灾发展过程的四个阶段，即火灾初起阶段（AB 段）、发展阶段（BC 段）、猛烈阶段（CD 段）、衰减阶段（D 点以后）。

（一）初起阶段

火灾的初起阶段，一般在起火后的几分钟内，该阶段物质燃烧的速度比较缓慢，燃烧面积不大，火焰不高，热辐射不强。如果能采取正确的方法，用较少的人力和使用手提式灭火器或其他简易灭火器材就能将火扑灭，这个阶段是扑灭火灾的最佳时机。如果措施不当，就会造成火势蔓延。初起阶段也是人员疏散的有利时机，发生火灾时人员若在这一阶段不能疏散出房间，就很危险了。初起阶段时间持续越长，就有越多的机会灭火，有利于人员安全撤离。消防管理人员在报警的同时，要分秒必争，抓紧时间，力争把火灾消灭在初起阶段。

（二）发展阶段

火灾的发展阶段，物质燃烧速度加快，燃烧面积扩大，燃烧强度、热辐射、气体对流增强。当发生火灾的房间温度达到一定值时，聚积在房间内的可燃物分解产生的可燃气体突然起火，整个房间都充满了火焰，房间内所有可燃物表面全部都卷入火灾之中，燃烧很猛烈，温度升高很快。

这种在限定空间内，可燃物的表面全部卷入燃烧的瞬变状态称为轰燃。火场实践表明，当室内天棚及门窗充满高热浓烟，或烟从窗口上部喷出，并呈翻滚现象，这是室内有可能发生轰燃的预警信号。如果烟只是停留在天棚顶部，一般无轰燃危险，但当烟向下降并出现滚动现象时，也是轰燃即将发生的预警信号。总之，轰燃是室内火灾最显著的特征之一，具有突发性。它的出现，标志着火灾发展到不可控制的程度，增大了周边建筑物着火的可能性。若在轰燃之前，火场被困人员仍未从室内逃出，就会有生命危险。为控制火势发展和扑灭火灾，需一定灭火力量才能有效扑灭。在此阶段，应重点控制火灾蔓延，使火灾不要快速扩散。

（三）猛烈阶段

火灾的猛烈阶段是物质燃烧发展的高潮，燃烧温度最高，热辐射最强，燃烧物质分解出大量的燃烧产物，温度和气体对流达到最高限度，这个时期是火灾最盛期，其破坏力极强，门窗玻璃破碎，建筑物的可燃构件均被烧着，建筑结构可能被毁坏，可能导致建筑物局部或整体倒塌破坏。这阶段的延续时间与起火原因无关，而主要决定于室内可燃物的性质和数量、通风条件等。为了减少火灾损失，针对猛烈阶段温度高、时间长的特点，在建筑防火中应采取的主要措施：在建筑物内设置具有一定耐火性能的防火分隔物，把火灾控制在一定的范围之内，防止火灾大面积蔓延；适当地选用耐火时间较长的建筑结构，使其在猛烈的火焰作用下，保持应有的强度和稳定性，确保建筑物发生火灾时不倒塌破坏，为火灾时人员疏散、消防队扑救火灾，以及火灾后建筑物修复、继续使用创造条件。

消防管理人员在建筑外围应设立警戒线，防止围观群众和车辆进入危险区域。

（四）衰减阶段

经过猛烈燃烧之后，室内可燃物基本被烧尽，火灾燃烧速度递减，温度逐渐下降，燃烧向着自行熄灭的方向发展。一般把室内平均温度降到温度最高值的80%，作为猛烈燃烧阶段与衰减阶段的分界。该阶段虽然有燃烧停止，但在较长时间火场的余热还能维持一段时间的高温，为200~300 ℃。衰减阶段温度下降速度是比较慢的，当可燃物基本烧光之后，火势即趋于熄灭。针对衰减阶段的特点，应注意防止建筑构件因较长时间受高温作用和灭火射水的冷却作用而出现裂缝、下沉、倾斜或倒塌破坏，确保消防人员的人身安全。

从火灾的发展过程看，初起阶段是火灾扑救最有利的阶段。消防管理人员应学习并掌握火灾发展的规律，要千方百计抓住这个有利时机，将火灾控制和消灭在初起阶段。如果错过该阶段再去扑救，就必然动用更多的人力和物力，付出很大的代价，造成更严重的损失和危害。

二、火灾的分类和等级划分

（一）火灾的分类

根据可燃物的类型和燃烧特性，火灾可分为 A、B、C、D、E、F 六种类型。

A 类火灾：固体物质火灾，如木材、煤、棉、毛、麻、纸张等火灾。这类火灾一般在燃烧时产生灼热的余烬。灭火时可使用水、泡沫、磷酸铵盐干粉灭火器等。

B 类火灾：液体火灾和可熔化的固体物质火灾，如汽油、煤油、柴油、原油、甲醇、乙醇、沥青、石蜡等火灾。这类火灾易随燃烧液体流动，燃烧猛烈，易发生爆燃、喷溅，不易扑救。

灭火时可使用泡沫、干粉、二氧化碳灭火器等。

C类火灾：气体火灾，如煤气、天然气、甲烷、乙烷、丙烷、氢气等火灾。这类火灾常引起爆炸，破坏性很大，且难以扑救。灭火时应先将气体输送阀门和管道关死，截断气源，再使用磷酸铵盐干粉、碳酸氢钠干粉、二氧化碳等灭火器灭火。

D类火灾：金属火灾，如钾、钠、镁、铝镁合金等火灾。这类火灾多因遇湿、遇高温自燃引起，灭火时忌用水、泡沫及含水性物质，应选用扑救金属火灾的专用灭火器灭火，也可用干沙掩埋等方式灭火。

E类火灾：物体带电燃烧的火灾。这类火灾需在切断电源后用二氧化碳或干粉灭火器灭火，但不得选用装有金属喇叭喷筒的二氧化碳灭火器。

F类火灾：烹饪器具内的烹饪物（如动植物油脂）火灾。如果是油锅着火，可用盖子或青菜盖在上面窒息灭火。如果燃烧面积较大，可用泡沫灭火器灭火。

（二）火灾等级划分

根据2007年6月26日公安部发布的《关于调整火灾等级标准的通知》，火灾等级划分为特别重大火灾、重大火灾、较大火灾和一般火灾四个等级。

(1) 特别重大火灾：造成30人以上死亡，或者100人以上重伤，或者1亿元以上直接财产损失的火灾。

(2) 重大火灾：造成10人以上30人以下死亡，或者50人以上100人以下重伤，或者5 000万元以上1亿元以下直接财产损失的火灾。

(3) 较大火灾：造成3人以上10人以下死亡，或者10人以上50人以下重伤，或者1 000万元以上5 000万元以下直接财产损失的火灾。

(4) 一般火灾：造成3人以下死亡，或者10人以下重伤，或者1 000万元以下直接财产损失的火灾。

第二节　火灾报警与处置

任何单位发生火灾时，第一时间发现火灾的人应迅速准确地报警，以便调来必要的消防力量，尽早地控制和扑灭火灾。同时应利用现场灭火器材及时扑救。切不可认为自己有足够的力量扑灭火灾就不向消防救援机构报警。火势的发展是不以人的意志为转移的，如果人们对起火物质的性质不了解，采取了不当的扑救方法，就有可能控制不住火势而酿成大火。此刻再想起报警，由于火势已发展到猛烈阶段，大势已定，消防队受火情影响也只能控制火势不使之蔓延扩大，但损失和危害已成定局。报警早、损失小，在第一时间报警是发现火灾之后的首要行动。

任何单位和个人在发现火灾时，都应及时报警。引起火灾的人、火灾现场工作人员、起火场所的负责人负有及时报警和参加扑救的职责。任何人不得拖延报警，不得阻拦他人报警。

一、火灾报警

（一）火灾报警的对象

任何单位和个人在发现火灾时，应及时向特定的对象报警：

(1)向周围的人员发出火灾警报，召集他们前来参加扑救或疏散物资。

(2)向周边最近的专职或志愿消防队报警。这类消防队一般离火场较近，能较快到达火场。

(3)向消防救援队报警。有时尽管失火单位有专职消防队，也应向消防救援队报警，消防救援队是灭火的主要力量，不可等本单位扑救不了时再向消防救援队报警，缺乏专业的消防措施往往会延误最佳的灭火时机。

(4)向受火灾威胁的人员发出警报，要他们迅速做好疏散准备。发出警报时要根据火灾处置预案，做出局部或全部疏散的决定，并告诉群众要从容、镇静，避免引起慌乱、拥挤。

（二）火灾报警的方法

发现火灾后积极报警是非常重要的，在具体实施报警时，除装有自动报警系统的单位可以自动报警外，消防管理人员可根据条件分别采取以下方法报警：

1. 向单位和周围的人群报警

(1)使用手动报警设施报警。如使用电话、警铃、对讲机或其他平时约定的报警手段报警。

(2)使用单位或企业的广播设备报警。

(3)向四周大声呼喊报警。

(4)向本单位的领导或专职消防部门报警。

2. 向消防救援队报警

(1)拨打"119"报警电话，向消防救援队报警。

(2)没有电话等报警设施，且离消防救援队较远时，派专人采取其他手段报警。

总之，消防管理人员要以最快的速度报警，报警的方法要因地制宜，利用一切可能的手段及时报警。

（三）火灾报警的内容

在拨打电话向消防救援队报警时，应按照接警员的提示，沉着冷静的讲清以下内容：

1. 发生火灾场所的详细地址

城市发生火灾，要讲明街道名称、门牌号码、附近标志性建筑等。农村发生火灾要讲明县、乡(镇)、村庄名称。大型企业要讲明分厂、车间或部门。高层建筑要讲明楼层等。总之，地址要讲得具体、明确。

2. 火灾现场和起火物

火灾现场如房屋、商店、油库、露天堆场等。房屋着火最好讲明是何种建筑，如棚屋、砖木结构房屋、新式厂房、高层建筑等。还要注意讲明起火物为何物，如液化石油气、汽油、化学试剂、棉花、麦秸等，以便消防救援机构根据情况有针对性地携带特殊消防器材，派出相应的专业灭火人员和车辆。

3. 火势情况

火势情况如只见冒烟、有火光或火势猛烈,有多少间房屋着火,有无人员被围困等情况。

4. 报警人姓名及所用电话号码

以上情况报完时,报警人应当将自己的姓名及电话号码告知接警员,以便消防救援机构联系和了解火场情况。报警之后,还应派人到路口接应消防车。

(四) 火灾报警的要求

1. 在积极扑救的同时不失时机地报警

发生火灾时,若靠自己的力量能够有效扑救,就应当先行扑救,同时呼唤其他人前来扑救,并在积极扑救的同时不失时机地报警。若发现火灾时火势已经火很大,凭自己的力量难以扑灭,就应当尽快报警。

2. 学会正确的报警方法

在平时消防安全宣传教育中,要让每个公民,甚至是小学生和幼儿园的小朋友都能够学会正确的报警方法,要熟记"119"火警电话,掌握报警内容。不掌握正确的报警方法往往延误灭火时机,造成更大的人员伤亡和财产损失。

3. 不要不报警

有的操作人员自己操作失误导致了火灾,但怕追究责任或受经济处罚等,凭侥幸心理,以为自己有足够的力量扑灭就不向消防救援机构报警,结果小火酿成大灾。

有的单位发生火灾,怕影响评先进影响声誉而不报警。有的单位甚至做出专门规定,报警必须经过领导批准。这样做的结果,往往也将小火酿成大灾。

(五) 谎报火警或阻拦报警的处罚

发生火灾时,及时报警是每个公民的责任和义务,但是谎报火警会受到处罚。谎报火警的人,有的是抱着试探心理,看报警后消防车是否会来;有的是为报复对自己有意见的人,用报警方法搞恶作剧故意捉弄对方;有的是无聊、空虚,寻求新鲜、刺激等。不管出于什么目的,这些都是违反消防法律法规、妨害公共安全的行为。每个地区所拥有的消防力量是有限的,因谎报火警而出动车辆,必然会削弱正常的值勤力量。如果在这时某单位真的发生了火灾,就会影响正常出动和扑救,以致造成不应有的损失和人员伤亡。此外,有的人会因为各种原因阻拦报警。按照《消防法》的规定:任何人发现火灾都应当立即报警。任何单位、个人都应当无偿为报警提供便利,不得阻拦报警。严禁谎报火警。谎报火警或阻拦报警的,应按《消防法》和《中华人民共和国治安管理处罚法》的有关规定予以处罚。

二、火警处置程序

(1) 如果单位职工发现火情,应立即通过报警按钮、内部电话或无线对讲系统等有效方式向消防控制室报警并组织相关人员灭火,同时拨打"119"火警电话报警。

(2) 如果消防控制室值班人员接到火灾自动报警系统发出的火灾报警信号,应通过单位内部电话或无线对讲系统立即通知巡查人员或报警区域的值班、工作人员立即迅速赶往现场实地查看。查看人员确认火情后,要立即通过报警按钮、内部电话或无线对讲系统等向消防控制室反馈信息,并同时组织相关人员进行灭火和引导疏散。

(3)消防控制室值班人员接到火情报告后,应立即启动消防广播,告诉大家不要惊慌,在专人的引导下迅速安全疏散、撤离。同时向单位领导汇报,启动灭火和应急疏散预案。设有正压送风、排烟系统和消防水泵等设施的,要立即启动,确保人员安全疏散和有效扑救初起火灾。

(4)相关人员接到消防控制室值班人员发出的火警指令后,要迅速按照灭火和应急疏散预案中的职责分工投入战斗:灭火行动组的人员立即跑向火灾现场实施增援灭火;疏散引导组的人员引导各楼层人员紧急疏散;联络组的人员继续拨打"119"火警电话报警;安全防护救护组的人员携带药品,准备救护受伤人员。

(5)单位发生火灾时,应当立即按照灭火和应急疏散预案,组织扑救火灾、疏散人员和物资。人员密集场所发生火灾时,该场所的工作人员应当立即组织、引导在场人员疏散。

第三节　火灾的扑救

初起阶段是扑救火灾的最佳阶段,只有掌握和灵活运用初起火灾扑救的战术原则,运用正确的灭火方法,合理使用灭火器材和灭火剂,才能有效地扑灭初起火灾,减轻火灾危害。

一、火灾扑救的原则

火灾现场人员在扑救初起火灾时,应当运用救人第一、先控制、后消灭、先重点、后一般的原则。

(一)救人第一的原则

救人第一是指火场上如果有人受到火势威胁,消防队员的首要任务就是把被火围困的人员抢救出来。运用这一原则,要根据火势情况和人员受火势威胁的程度而定。在火势较小、灭火力量较弱、救人和灭火不能兼顾时,首要任务就是想方设法把被火围困的人员解救出来。在灭火力量较强时,灭火和救人可以同时进行,但绝不能因灭火而贻误救人时机。人未救出之前,灭火是为了打开救人通道或减弱火势对人员的威胁程度,从而更好地为救人脱险创造条件。在具体实施救人时应遵循就近优先、危险优先、弱者优先的基本原则。

(二)先控制、后消灭的原则

单位在进行灭火指挥时,应根据火灾情况和本身力量灵活运用先控制、后消灭的原则。先控制、后消灭是对于不可能立即扑灭的火灾而言的。而对于能扑灭的火灾,则应抓住战机,迅速消灭。如果火势较大,灭火力量又相对薄弱,或因其他原因不能立即扑灭,就要把主要力量放在控制火势发展或防止爆炸、泄漏等危险情况发生上,为防止火势扩大、彻底扑灭火灾创造有利条件。只有首先控制住火势,才能迅速将其扑灭。控制火势要根据火场的具体情况,采取相应措施。根据不同的火灾现场,常见的做法有以下几种。

1. 建筑物失火

当建筑物一端起火向另一端蔓延时,可从中间适当部位进行控制;当建筑物的中间部位着火时,应在着火部位的两侧进行控制,防止火势向两侧更远处蔓延,并以下风方向为主;当发生楼层火灾时,应在上、下临近楼层进行控制,以控制火势向上蔓延为主。

2. 油罐失火

油罐起火后,要冷却燃烧的油罐,以降低其燃烧强度,保护罐壁;要注意冷却邻近油罐,防止其因温度升高而发生爆炸。

3. 管道失火

当管道起火时,要迅速关闭管道阀门,以断绝可燃物;堵塞漏洞,防止气体或液体扩散;要保护受火势威胁的生产装置、设备等。不能及时关闭阀门或阀门损坏无法断料时,应在严密保护下暂时维持稳定燃烧,并立即设法导流、转移。

4. 易燃易爆单位或部位失火

易燃易爆单位或部位发生火灾时,应以防止火势扩大和排除爆炸的危险为首要任务;要迅速疏散和保护有爆炸危险的物品,对不能迅速灭火和不易疏散的物品要采取冷却措施,防止受热膨胀爆裂或起火爆炸而扩大火灾范围。

5. 货场堆垛失火

若一垛起火,应控制火势向邻垛蔓延。若货区边缘的堆垛起火,应控制火势向货区内部蔓延;若中间堆垛起火,应保护周围堆垛,以下风方向为主。

(三)先重点、后一般的原则

先重点、后一般是就整个火场情况而言的。运用这一原则,要全面了解并认真分析火场的情况,分清什么是重点,什么是一般。主要有如下原则:

(1)救人和救物相比,救人是重点。

(2)保护和抢救贵重物资与保护和抢救一般物资相比,保护和抢救贵重物资是重点。

(3)控制火势蔓延猛烈的方面与控制其他方面相比,控制火势蔓延猛烈的方面是重点。

(4)处置有爆炸、毒害、倒塌危险的方面与处置没有这些危险的方面相比,处置这些危险的方面是重点。

(5)下风方向与上风、侧风方向相比,下风方向是重点。

(6)保护可燃物资集中区域与保护可燃物资较少的区域相比,保护可燃物资集中区域是重点。

(7)保护要害部位与保护其他部位相比,保护要害部位是重点。

二、火灾扑救的基本方法

初起火灾扑救的基本方法就是根据起火物质燃烧的状态和方式,为破坏燃烧必须具备的基本条件而采取的一些措施。具体有以下几种:

(一)冷却灭火法

冷却灭火法,就是将灭火剂直接喷洒在可燃物上,使可燃物的温度降低到燃点以下,从而使燃烧停止。用水扑救火灾,其主要作用就是冷却灭火。一般物质起火,都可以用水来冷却灭火。

火场上,除用冷却法直接灭火外,还经常使用水冷却尚未燃烧的可燃物质,防止其达到自燃点而着火;还可用水冷却建筑构件、生产装置或容器等,以防止其受热变形或爆炸。采用冷却法灭火,一般有以下具体措施:

(1)如果有自动喷水灭火系统、消火栓系统或配有相应的灭火器,应使用这些灭火设施灭火。

(2)如果缺乏消防设施,可使用简易工具,如用水桶、面盆等盛水灭火。但必须注意,对于忌水物品切不可用水进行扑救。

(二)隔离灭火法

隔离灭火法是将燃烧物与附近可燃物隔离或者疏散开,从而使燃烧停止。这种方法适用于扑救各种固体、液体、气体火灾。火场上采取隔离灭火法时可采用以下具体措施:

(1)将火源附近的易燃易爆物质转移到安全地点。

(2)关闭设备或管道上的阀门,阻止可燃气体、液体流入燃烧区。

(3)排除生产装置、容器内的可燃气体、液体,阻拦、疏散可燃液体或扩散的可燃气体。

(4)拆除与火源相毗连的易燃建筑结构,造成阻止火势蔓延的空间地带。

(5)采用泥土、黄沙筑堤等方法,阻止流淌的可燃液体流向燃烧点。

(三)窒息灭火法

窒息灭火法即采取适当的措施,阻止空气进入燃烧区,或用惰性气体稀释空气中的氧浓度,使燃烧物质缺乏或断绝氧气而熄灭。这种方法适用于扑救封闭式的空间、生产设备装置及容器内的火灾。

1. 窒息灭火法的具体措施

运用窒息法扑救火灾时,可采用以下具体措施:

(1)用湿麻袋、湿棉被、泥沙等不燃或难燃材料覆盖燃烧物或封闭孔洞。

(2)使用泡沫灭火器喷射泡沫覆盖燃烧表面。用水蒸气、惰性气体(如二氧化碳、氮气等)充入燃烧区域。

(3)利用容器、设备的顶盖盖没燃烧区。例如油锅起火时,可立即盖上锅盖,或将青菜倒入锅内。

(4)用沙、土覆盖燃烧物。对忌水物质,则必须采用干燥沙、土扑救。

(5)利用建筑物上原有的门窗以及生产储运设备上的部件来封闭燃烧区,阻止空气进入。此外,在无法采取其他扑救方法而条件又允许的情况下,可采用水淹没(灌注)的方法进行扑救。

2. 窒息灭火法的注意事项

在采取窒息法灭火时,必须注意以下几点:

(1)燃烧部位较小,容易堵塞封闭,在燃烧区域内没有氧化剂时,适于采取这种方法。

(2)在采取用水淹没或灌注方法灭火时,必须考虑到火场物质被水浸没后能否产生不良后果。

(3)采取窒息灭火法灭火以后,必须在确认火已熄灭后,才可打开孔洞进行检查。严防过早地打开封闭的空间或生产装置,而使空气进入,造成复燃或爆炸。

(4)采用惰性气体灭火时,一定要将大量的惰性气体充入燃烧区,迅速减低空气中氧的含量,以达窒息灭火的目的。

(四)抑制灭火法

抑制灭火法是将化学灭火剂喷入燃烧区参与燃烧反应,中止链式反应而使燃烧反应停止。采用这种方法可使用的灭火剂有干粉和卤代烷烃类灭火剂。灭火时,将足够数量的灭火剂准确地喷射到燃烧区内,使灭火剂阻断燃烧反应,同时还要采取必要的冷却降温措施,以防复燃。

在火场上采取哪种灭火方法,应根据燃烧物质的性质、燃烧特点和火场的具体情况,以及灭火器材装备的性能进行选择。

三、火灾扑救的指挥要点

实践证明,扑灭火灾的最有利时机是在火灾的初起阶段。要做到及时控制和消灭初起火灾,主要是依靠志愿消防队。志愿消防队对本单位的情况最了解,发生火灾后能在消防救援队或政府专职消防队到达之前,最先到达火场。发生火灾后,首先由起火单位的领导或志愿消防队的领导负责指挥灭火;当本单位专职消防队到达火场时,由专职消防队的领导负责指挥灭火;当消防救援队到达火场时,由消防救援队的领导统一指挥灭火。

扑救初起火灾的指挥要点主要有以下几点:

(一)及时报警,组织扑救

无论在任何时间和场所,一旦发现起火,都要立即报警,指挥人员在派专人向消防救援队报警的同时,组织群众利用现场消防设施灭火。

(二)积极抢救被困人员

当火场上有人被围困时,要组织身强力壮人员,在确保安全的前提下,积极抢救被困人员,并组织人员进行安全疏散。

(三)疏散物资,建立空间地带

在消防队到来之前,单位应组织人员在火场周边清理空间地带,疏通消防通道,消除障碍物,以便消防车到达火场后能立即进入最佳位置灭火救援。同时组织一定的人力和机械设备,将受到火势威胁的物资疏散到安全地带,减少火灾损失。疏散出来的物资要有专人看管,一旦发现夹带了火星,应立即处置。

(四)防止扩大环境污染

火灾的发生,往往会造成环境污染。泄漏的有毒气体、液体和灭火用的泡沫等还会对大气或水体造成污染。有时,燃烧的物料继续燃烧只会对大气造成污染,如果扑灭早了反而还会对水体造成更严重的污染。所以,当遇到类似火灾时,如果燃烧的火焰不会对人员或其他建筑物、设备构成威胁时,在泄漏的物料无法收集的情况下,灭火指挥员应当果断地决定,宁肯让其烧完也不宜将火扑灭,以避免有毒物质流入水体,对环境造成更大的污染。

第四节　安全疏散与逃生自救

从疏散的角度看,火灾时造成人员伤亡的原因主要有三点:一是单位不重视安全疏散,把疏散门、疏散通道堵上,或者不留疏散门;二是单位工作人员不会组织现场群众逃生,遇到火灾不是首先组织现场群众逃生,而是自己溜之大吉;三是人们不懂得正确的逃生方法,平时学习时事不关己,遇到火灾惊恐万状,慌乱不知所措。可见,火灾时做好人员的安全疏散,掌握逃生自救的方法,对减少人员伤亡和财产损失具有重要意义。

一、安全疏散的组织

《消防法》第四十四条规定:人员密集场所发生火灾时,该场所的现场工作人员应当立即组织、引导在场人员疏散。现场的救援指挥者首先应当了解火场有无被困人员及其被困地点和救援的通道,并根据不同火灾现场的特点正确地组织和指挥人员和物资的安全疏散。

(一)人员的安全疏散

发生火灾时,单位应立即启动灭火和应急疏散预案,按预案中规定的程序和路线组织人员疏散,使受火势威胁的人员尽快脱离危险,最大限度地避免或减轻群死群伤的恶性后果。疏散过程中应注意以下几点:

1. 稳定被困人员情绪

火灾现场往往是火光冲天、浓烟滚滚,尤其在夜间或断电的情况下,更是漆黑一片,给人一种非常恐怖的感觉。此时,没有经过特殊心理训练的人往往会惊慌失措,手忙脚乱,不知如何是好。因此,现场的指挥者首先自己应当沉着冷静,果敢机警,采取喊话的方式稳定大家的情绪,防止混乱。可以告诉大家,我是什么负责人,现在是什么位置的什么物品着火,请大家不要慌乱,积极配合,听我指挥,按指定路线尽快撤离火灾现场。

2. 告知注意事项

为了让火灾现场人员能够安全、顺利地疏散出去,现场组织者还应把疏散中应当注意的事项告诉大家。例如,把干毛巾或身上的衣服弄湿捂上自己的口鼻。如果没有湿毛巾,千万不要急跑,因为急跑会加大肺的呼吸量,会被烟呛到。应该采用短呼吸法,用鼻子呼吸,迅速撤出烟雾区。需要疏散装备的,还应当告知大家必要的使用方法。

3. 维持疏散秩序

安全疏散时一定要维持好秩序,注意防止人员互相拥挤。有人跌倒时,要设法阻止人流,迅速扶起摔倒的人员,防止出现踩踏事故。对于老弱病残人员、婴幼儿等火灾高危群体,还应当做好背、拉、抬、搀扶等帮扶工作。在疏散通道的拐弯、岔道等容易走错方向的地方,应设立"哨位"指示方向,防止误入死胡同或进入危险区域。

4. 选择正确路线和方法疏散

按照平时制定的灭火和应急疏散预案,选择正确的路线疏散。在疏散时,如果人员较多或能见度很差,应在熟悉疏散通道的人员带领下,鱼贯地撤离。带领人可用绳子牵领,或让大家互相扯着衣襟,用"跟着我"的喊话将人员撤至室外或安全地点,并尽可能地引导人员从远离着火区的疏散楼梯疏散。

5. 疏散结束后清点人数

在组织人员疏散到安全地点后,对于大批的人员应当注意清点人数,防止有遗漏未逃出的人员。尤其是婴幼儿、老弱病残者等火灾高危群体的人员,要做详细清点。

6. 制止脱险者重返火场

火场上脱离险境的人员,往往因某种心理原因的驱使,不顾一切,想重新回到原处达到目的,如自己的亲人还被围困在房间里,急于救出亲人;怕珍贵的财物被烧,急切地想抢救出来等。这不仅会使他们重新陷入危险境地,而且会给火场扑救工作带来困难。所以,火场指挥人员应组织专人安排好这些脱险人员,做好安慰工作,以保证他们的安全。

(二)物资的安全疏散

为了最大限度地减少火灾损失,防止火势蔓延和扩大,火场上的物资,尤其是非常有价值的物资,应当有组织地进行疏散。单位的消防安全管理人员应当负责物资疏散的组织工作。

1. 应重点疏散的物资

(1)有可能扩大火势和有爆炸危险的物资。例如,起火点附近的汽油、柴油油桶,充装有气体的钢瓶,以及其他易燃易爆和有毒的危险品等。

(2)性质重要、价值昂贵的物资。例如,重要档案资料、高级仪器设备、珍贵文物,以及经济价值较大的生产原料、产品、设备等。这些物资一旦被毁,很难恢复,无法挽回。

(3)影响灭火的物资。例如,妨碍灭火行动的物资、怕水的物资(电石、糖、纸张)等。

2. 疏散物资的要求

(1)将参加疏散的职工或群众编成组,指定负责人,使整个疏散工作有秩序地进行。

(2)首先疏散受水、火、烟威胁最大的物资。

(3)疏散出来的物资应堆放在上风向的安全地点,不得堵塞通道,并派人看护。

(4)尽量利用各类搬运机械进行疏散,如起重机、输送机、汽车、装卸机等。

(5)怕水的物资应用苫布进行保护。

二、火场逃生自救的方法及注意事项

人们面对突如其来的火灾威胁,往往会异常恐惧、惊慌失措,做出一些不理性的行为,从而丧失在火灾初起阶段逃生的时机,在火灾中受伤,乃至丧生。同在被火灾所困情况下,有人会死里逃生幸免于难,也有人因不知所措而葬身火海。这固然与火势的大小、楼层高度和建筑物内有无报警、排烟、灭火设施等客观因素有关,但也取决于受困者的逃生技巧和自救、互救能力。身处火场,如果被困者能强制自己保持头脑冷静,积极采取措施自救、互救,是可以突出火海重围,成功逃生的。因此,必须学会正确的逃生方法。

(一)火场逃生自救的方法

1. 熟悉环境,有备无患

一般来说,人们对长期生活居住的地域环境比较熟悉,若遇到火灾,即可迅速撤离火灾现场,因而人员伤亡较少。倘若来到陌生的地方,尤其是去商场、影剧院或宾馆时,应有意留心大门、楼梯、进出口通道及紧急备用出口等方位和特征,做到心中有数。从而在遇到火灾险情时,不至于迷失方向而盲目地闯入火海。

2. 头脑冷静,临危不乱

火灾突然发生后,对于身处火场者来说,惊慌失措是最致命的弱点。保持清醒的头脑,冷静思考,才能做出快速反应,选择最佳逃生方法。尤其楼房着火时,更不能惊慌失措,以免做出错误的决断而冒险跳楼。可以用一种简单的自我暗示法使自己冷静下来,如默念"不要慌,我会逃出去的""我感觉很好,十分镇定"直到紧张的情绪得到缓解,然后利用平时掌握的逃生知识实施逃生自救。

3. 找准时机,果断逃生

面对突如其来的火灾,初起时,有扑救能力的成年人,可以尝试用现有灭火器材灭火,同时报警。如果火势已经比较大,超过自己的扑救能力,就不要再尝试灭火了,这时的任务就是选择合适的逃生方法果断逃生。如果是房间内起火,逃离房间时要随手关门,这样可以控制火势和延长逃生的时间。然后朝背火的方向,沿着疏散指示标志,从最近的安全通道迅速离开火场。如果是房间外着火,开门查看火情前要先试一下门把手或门板。如果是凉的,可以将门打开一条小缝判断外面的情况后再选择逃生方案;如果门把手已经很热,说明大火已经离房间不远,这时需做好必要的准备后,冲出着火区。

4. 鼓足勇气,冲出着火区

当火场逃生必须通过火势不猛的着火区时,再着急也不能在毫无保护和准备的情况下向外冲,否则与自跳火坑没什么区别。为了尽量避免被火烧伤,在冲出着火区前,应用水将自己身上的衣帽、鞋袜浇湿,然后用浸湿的棉被或毯子盖住头和身体,鼓足勇气,屏住呼吸,迅速、果断地冲过着火区,也可成功逃生。

5. 湿巾捂鼻,闯过浓烟区

现代建筑虽然比较牢固,但几乎所有的装饰材料,如塑料壁纸、化纤地板、聚苯乙烯泡沫板、宝丽板等,均为易燃物品。这些化学装饰材料燃烧时会散发出有毒的气体,随着浓烟以快于人奔跑4~8倍的速度迅速蔓延,人们即使不烧死,也会因烟雾窒息死亡。据统计资料表明,葬身火海的人,大多不是被火烧死,而是吸入浓烟中毒窒息而死。由此可见,遇到火灾时,防止烟雾和有毒气体的侵袭尤为重要。

当火场逃生必须经过浓烟区时,逃生者可以戴上防毒面具。如果现场没有防毒面具,可以就地取材,把毛巾用水打湿,折叠起来,捂住口鼻,会起到很好的防烟作用。一般情况下,毛巾折成8层即可消除60%的烟雾。在穿越烟雾区时,即使感觉到呼吸阻力增大,也绝不能将毛巾从口鼻上拿开,否则就可能立即中毒。因为烟气及毒气比空气轻,在贴近地面的空气中烟气浓度较低,含氧量较多,所以在逃生时,不管是戴着防毒面具还是毛巾捂住口鼻,都要弯身低行,手扶墙壁,必要时可以在地上匍匐前进,以减少烟气的侵袭。

6. 巧用地形,利用自然条件逃生

不同的建筑有不同的结构特点,有些地形是可以用来逃生的。如建筑上附设的落水管、毗邻的阳台、邻近的楼顶以及楼顶上的水箱等,都可能会给人们从火场死里逃生带来一线生机。这些都需要人们平时注意留心观察,熟记于心。着火后,火焰挟着浓烟滚滚而来,所以首先要辨别逃离的方向,选择逃生的方法。如果前述方法都不可用,可以选择利用自然条件逃生。当向下逃生的疏散通道被烧塌或被浓烟烈火封堵时,也可沿疏散楼梯跑到楼顶的天台,等待消防队的云车梯救援。

7. 利用避难层或避难间逃生

在高层建筑和大型建筑物内,在电梯、楼梯、公共厕所附近,以及袋形走廊末端一般都设有避难间。特别是超高层建筑,一般都是每隔不超过15层设置一个避难层。这是为高层建筑内人员向上和向下疏散都需要较长时间而设置的。避难层所有的建筑材料都有很高的耐火极限,具有较长时间抵抗火烧的能力,而且设置了独立的通风、空调系统,保障避难者有较长时间等待救援。火灾时,可将一时无法疏散到地面的人员、行动不便的人员,以及在灭火期间不能中断工作的人员,如医护人员和广播、联络工作人员等,暂时疏散到避难间。在短时间内无法疏散到地面的其他被困人员,也可先疏散到避难层逃生。

8. 充分利用各种逃生器材和设施

高层、多层公共建筑内一般都设有缓降器、救生袋或救生绳,被困人员可以在专业人员的帮助下通过这些设施安全地离开危险的楼层。如果没有这些专门设施,而安全通道又已被堵,在救援人员不能及时赶到的情况下,绝对不要放弃求生的意愿,此时当力求镇静,利用现场物品或地形设法逃生。可以利用身边的绳索或床单、窗帘、衣服等自制简易救生绳,一端紧拴在牢固的门框、桌腿或其他重物上,再顺着绳子慢慢滑至安全楼层或地面逃生。

9. 开辟临时避难场所,固守待援

在火势较大,各种通道被切断,身处没有避难间的建筑,一时又无人救援的情况下,被困人员应开辟临时避难场所与浓烟烈火搏斗。当被困在房间里时,可紧闭房门,用湿毛巾堵塞缝隙,减少烟气、火焰进入,并用水浇湿房门,躲在窗户下、卫生间或到阳台避烟,其间要不断向房间墙上、门窗、地面以及周边物品洒水,淋湿房间的一切可燃物,以延缓火势向室内蔓延。同时,可向室外扔出小东西,引起别人注意,在夜晚可向外打手电,发出求救信号,直到救援人员到来,救助脱险。

10. 慎重跳楼

跳楼一向是造成火场人员伤亡的主要原因之一。无论怎么说,从较高楼层跳楼逃生都是一种风险极高、不可轻取的逃生选择。但人们被高温烟气步步紧逼,实在无计可施、无路可走时,跳楼也就必然成为挑战死亡的生命豪赌。万般无奈之下一旦采用跳楼逃生,应尽量想方设法缩小与地面的落差,可先行抛掷一些柔软物品,如棉被、床垫等,减小冲击力。如有可能,楼下救援者应积极施救,或布置充气垫等物兜接,力求最大限度地减少伤亡。

(二)火场逃生注意事项

1. 积极互救,相互帮助

火灾发生后,受灾者间要积极互救,可以用敲门、呼喊等方式告知其他人尽快逃生,在疏散途中要扶老携幼,相互帮助。

2. 不要延误逃生时机

在火场中,人的生命是最重要的。身处险境,应尽快撤离,不要因害羞或顾及自己的贵重物品,而把宝贵的逃生时间浪费在穿衣或寻找搬离贵重物品上。已经逃离险境的人员,切忌重回险地。

3. 撤离时不可搭乘电梯

火灾发生时,烟气沿水平方向的蔓延速度为 0.7~0.8 m/s,沿竖直方向的蔓延速度为 3~4 m/s。普通客梯就像烟囱一样,很快会充满烟雾。另外,火灾时正常供电会被切断,人会被困在停运的电梯里面,造成新的危险。因此,火灾发生时不可搭乘电梯,而应从安全楼梯进行逃生。

4. 防止引火烧身

在火灾现场,如果身上着了火,千万不要四处乱跑,拼命拍打,因为这些行为会加快空气的流动,使火越烧越旺。另外,身上着火的人到处乱跑,还会把火带到其他场所,形成新的起火点。由于身上着火时,一般先烧衣服,所以这时最要紧的是设法将衣服脱掉,如果来不及脱衣服,也可卧倒在地上打滚,把身上的火苗压灭,或者跳入附近池塘、小河中将身上的火熄掉。在场的其他人员也可用湿麻袋、毯子等物把着火人包裹起来以窒息火焰,或者向着火人身上浇水,帮助受害者将烧着的衣服撕下。

总之,只有平时注意学习火灾逃生自救的知识,掌握火灾逃生自救的方法,才能在发生火灾时,临危不乱,冷静地选择恰当的逃生方法顺利逃生。

第五节 火灾事故现场的保护

火灾现场是指发生火灾的具体地点和留有与起火原因有关的痕迹、物证分布的一切场所。它是火灾发生、发展和熄灭过程的客观、真实的记录,是提取火灾痕迹物证的场所。

火灾事故现场保护是指现场保护人员在发生火灾后,及时采取措施对现场进行警戒、封锁,保持现场原状,使之免受破坏的一系列保护措施。做好火灾事故现场的保护,是现场勘验的先决条件,对整个火灾事故原因调查工作的顺利开展具有重要意义。

现实的火灾原因认定中存在着一个较为普遍的问题,就是火灾现场因火灾扑救过程中和扑救后以及在勘查中没有得到很好保护,致使很多重要的火灾痕迹物证难以被发现、收集,很难找到准确的起火部位和起火点,难以确定火灾的性质、认定火灾原因、查处火灾责任者。作为消防管理人员,有责任、有义务保护好火灾现场,向火灾调查人员提供与火灾相关的信息、物证,为现场勘查提供有利条件。

一、灭火中的现场保护

单位专职消防队或志愿消防队是灭火战斗的先锋,其首要任务是扑灭初起火灾,疏散人员、物资,防止火势蔓延,减轻火灾危害。这些火场一线的战斗员在平时就要提高火灾现场保护意识,才能在扑救火灾时,做好灭火救援过程中的火灾现场保护工作。在进行火情侦察、灭火行动时,要注意发现和保护起火部位、起火点、起火物。对起火部位的灭火行动、实施破拆、清除余火,要讲究方法,科学施救,避免盲目射水、翻动,充分保持起火部位原始状态。应注意观察出入口的状况、门窗是否关闭、门锁是否被撬、玻璃是否破碎及其他异常现象,并将这些状况向火灾调查人员反映。火灾发生无论是群众扑救的还是消防队扑救的,都应该注意发现和保护起火部位和起火点及引火物燃烧蔓延痕迹。

火灾被扑灭后,消防管理人员应及时安排现场保护工作,立即划出警戒区域,禁止无关人员进入现场,对火灾现场范围内的原有物品的现状保持不变,对现场内的情况应严密监视,发现余烬复燃或其他异常现象还应采取紧急措施。同时积极与当地消防救援机构联系,请求派人勘查火场,待火场勘查人员到场后,协同调查人员再重新决定保护火灾现场有关事宜。

二、勘察前的现场保护

现场勘查也应看作保护现场的继续。有的火灾需要多次勘查,对重大、复杂的火灾,在第一次现场勘查结束后,仍须注意保护好火灾现场,以便在后面的调查中出现疑问时,再回到现场分析研究,直到彻底查明原因。单位消防管理人员要配合做好后期的现场保护工作,直到调查、勘察工作正式结束。

三、物证的保护方法

根据《中华人民共和国行政诉讼法》规定,在火灾原因相关行政诉讼案中,消防救援机构必须承担举证责任。近年来,因对火灾原因认定不服而引起的行政诉讼案件逐年增多,而矛盾的焦点往往集中反映在火场物证的采集与保全上。因此,加强火灾现场物证的保护极为重要。

所谓火灾现场物证,就是能反映火灾事故发生、发展过程的现场证据。火灾是已经发生的事实,不可能重现火灾发生的过程,因此火灾事故调查人员只能通过收集各种证据来尽可能地重现和推断火灾发生、蔓延和扩大的经过。调查人员在现场勘查过程中往往会提取某些物证,并通过有关物证鉴定机关进行物证鉴定,得到鉴定结论。火灾现场物证鉴定结论是认定火灾原因的重要依据。但是,由于火灾事故破坏性较强,现场常常因火灾扑救、组织人员和物资疏散等,发生了人为的破坏,给火灾现场物证采集与保全增加了难度。

消防管理人员在条件成熟的情况下应积极向消防救援机构提供物证。特别是当发现具有特殊性或者代表性的火灾物证时,消防管理人员应妥善保管,为后面的火灾事故原因调查工作提供参考和借鉴。

总之,消防管理人员的火灾现场保护工作是消防救援机构火灾原因调查工作的基础。所以,消防管理人员只有及时、严密、妥善地把现场保护好,为火灾调查工作创造有利条件,现场勘查人员才有可能快速、全面、准确地发现、提取火灾遗留下来的物证,才有可能不失良机地补充提供访问的对象和内容,获取证言材料,才能使每一起火灾事故定性准确、证据充分。

第六节　火灾应急预案的制定与演练

《消防法》第四十三条规定:县级以上地方人民政府应当组织有关部门针对本行政区域内的火灾特点制定火灾应急预案,建立火灾应急反应和处置机制,为火灾扑救和应急救援工作提供人员、装备等保障。《消防法》第十六条规定:机关、团体、企业、事业等单位应当制定灭火和应急疏散预案。因此,社会各单位应根据本单位的特点、火灾危险性和重点部位的实际情况,有针对性地制定火灾应急预案,并定期组织单位职工进行演练。本节只介绍单位火灾应急预案的制定。

一、制定火灾应急预案的目的

制定火灾应急预案是为了在单位面临突发火灾事故时,能够统一指挥、及时、有效地整合人力、物力、信息等资源,迅速针对火势实施有组织的扑救和疏散逃生,避免火灾现场的慌乱无序,防止贻误战机和漏管失控,最大限度地减少人员伤亡和财产损失。同时,通过火灾应急预案的制定和演练,还能发现和整改一般消防安全检查不易发现的安全隐患,进一步提高单位消防安全系数。

二、制定火灾应急预案的前提和依据

（一）制定火灾应急预案的前提

1. 熟悉单位基本情况

单位基本情况包括单位基本概况和消防安全重点部位情况，消防设施、灭火器材情况，志愿消防队人员及装备配备情况。

2. 熟悉单位重点部位

单位应当将容易发生火灾的部位、一旦发生火灾会影响全局的部位、物资集中的部位、人员密集的部位确定为消防安全重点部位。通过明确重点部位并分析其火灾危险，指导灭火和应急疏散预案的制定和演练。

（二）制定火灾应急预案的依据

1. 法规、制度依据

法规、制度依据包括《消防法》、《机关、团体、企业、事业单位消防安全管理规定》、地方消防法规、本单位消防安全制度等。

2. 客观依据

客观依据包括单位的基本情况、单位消防设施、器材情况，以及消防安全重点部位情况等。

3. 主观依据

主观依据包括单位职工的文化程度、消防安全素质和防火灭火技能等。

三、单位火灾应急预案的内容

单位火灾应急预案包括火灾应急组织机构及职责、火灾应急处置程序和预案计划图三部分。

（一）火灾应急组织机构及职责

火灾应急组织机构是为完成火灾救援任务、实现火灾事故应急救援目标而设置的，它是使各种职能得到落实的保障。火灾应急组织机构的设置应结合单位的实际情况，遵循归口管理、统一指挥、讲究效率、责权对等和灵活机动的原则。火灾应急具体可包括以下组织：

1. 应急指挥部

应急指挥部包括总指挥、副总指挥及成员。

应急指挥部的职责：指挥协调各职能小组和志愿消防队开展工作，迅速引导人员疏散，及时控制和扑救初起火灾，协调配合消防救援队开展灭火救援行动。有消防控制中心的单位，应急指挥部的位置应设置在消防控制中心。

2. 灭火行动组

灭火行动组包括组长、副组长及定队员。

灭火行动组的职责:现场灭火,抢救被困人员。灭火行动组可进一步细分为灭火器灭火小组、消火栓灭火小组、防火卷帘控制小组、物资疏散小组、抢险堵漏小组等。

3. 疏散引导组

疏散引导组包括组长、副组长及成员。

疏散引导组的职责:引导人员安全疏散,确保人员安全快速疏散到安全地带。在安全出口以及容易走错的地点安排专人值守,其余人员分片搜索未及时疏散的人员,并将其疏散至安全区域。公众聚集场所应把引导疏散作为应急预案制定和演练的重点,加强疏散引导组的力量配备。

4. 安全防护救护组

安全防护救护组包括组长、副组长及成员。

安全防护救护组的职责:对受伤人员进行紧急救护,并视受伤情况转送医疗机构治疗。

5. 火灾现场警戒组

火灾现场警戒组包括组长、副组长及成员。

火灾现场警戒组的职责:设置警戒线,控制各出口,无关人员只许出不许进,火灾扑灭后,保护现场。

6. 后勤保障组

后勤保障组包括组长、副组长及成员。

后勤保障组的职责:负责通信联络、车辆调配、道路畅通保障、供电控制、水源保障等。

7. 机动组

机动组包括组长、副组长及成员。

机动组的职责:受应急指挥部的指挥,负责增援行动。

总之,单位应当根据单位的组织形式、管理模式以及行业特点、规模、人员素质等实际情况设置应急组织机构,明确人员和职责,并配备相应的设施、器材和装备。

(二)火灾应急处置程序

火灾应急处置程序包括火警、火灾确认处置程序,消防控制中心操作程序,火灾扑救操作程序,应急疏散组织程序,联络及安全防护救护程序等。

(三)预案计划图

预案计划图有助于应急指挥部在火灾救援过程中对各小组的指挥和对事故的控制,应当力求详细准确、直观明了。预案计划图主要包括以下几种:

(1)总平面图:标明建筑总平面布局、防火间距、消防车道、消防水源以及与邻近单位的关系等。

(2)各层平面图:标明消防安全重点部位、疏散通道、安全出口及灭火器材配置。

(3)疏散路线图:以防火分区为基本单位,标明疏散引导组人员(现场工作人员)部署情况、搜索区域分片情况和各部位人员疏散路线。

四、火灾应急预案的实施程序

当确认发生火灾后,应立即启动火灾和应急预案,并同时开展下列工作:
(1)向消防救援队报警。
(2)当班人员执行预案中的相应职责。
(3)组织和引导人员疏散,营救被困人员。
(4)使用消火栓等消防器材、设施扑救初起火灾。
(5)派专人接应消防车辆到达火灾现场。
(6)保护火灾现场,维护现场秩序。

五、火灾应急预案的宣贯和完善

火灾应急预案制定完毕后,应定期组织职工进行学习,熟悉火灾应急疏散预案的具体内容,并通过预案演练,逐步修改完善。对于地铁、高度超过 100 m 的多功能建筑等,应根据需要邀请有关专家对火灾应急疏散预案的科学性、实用性和可操作性等方面进行评估、论证,使其进一步完善和提高。

六、火灾应急预案的演练

(一)演练的目的

火灾应急预案演练的目的是检验各级消防安全责任人、各职能组和有关人员对火灾应急预案的内容、职责的熟悉程度;检验人员安全疏散、初起火灾扑救、消防设施使用等情况;检验本单位在紧急情况下的组织、指挥、通信、救护等方面的能力;检验火灾应急预案的实用性和可操作性。

(二)演练的组织要求

1. 定期组织

旅馆、商店、公共娱乐等人员密集场所应至少每半年组织一次火灾应急预案演练,其他场所应至少每年组织一次。宜选择人员集中、火灾危险性较大和重点部位作为演练的目标,根据实际情况,确定火灾模拟形式。火灾应急预案演练方案可以报告当地消防救援机构,争取其业务指导。

2. 告知场所内相关人员

火灾应急预案演练应让场所内的相关人员都知道。演练前,应通知场所内的人员积极参与。演练时,应在建筑入口等显著位置设置"正在消防演练"的标志牌,进行公告。

3. 做好必要的安全防范措施

火灾应急预案演练应按照火灾应急预案实施模拟火灾。演练中,应落实火源及烟气的控制措施,防止造成人员伤害。地铁、高度超过 100 m 的多功能建筑等,应适时与当地消防救援机构联合演练。演练结束后,应将消防设施恢复到正常运行状态,做好记录,并及时进行总结。

七、火灾应急处置程序案例

为了确保市场安全,一旦发生火灾,能及时、有序、有效地处理火灾事故,特制定本火灾应急预案。

(一)火警、火灾确认处置程序

消防控制中心接到火灾报警时,安全保卫班班长与副值班人员携带对讲机和处警工具袋(内含防毒面具、消防腰斧、破拆剪)立即赶到现场。消防控制中心正值班人员立即进行火灾确认,或通知安全保卫人员赴现场确认。如确认火灾,立即采取如下措施:

(1)用对讲机报告指挥中心、安全保卫班,准确说明起火部位、燃烧物质、火势大小。
(2)选用就近灭火器材进行扑救。
(3)消防控制中心正值班人员应立即把消防控制主机由报警状态调到联动自动状态。

(二)消防控制中心操作程序

(1)消防控制中心正值班人员接到火灾报告后,立即拨打"119"火警电话报警,同时通知安全保卫班所有人员携带破拆工具(消防斧、撬棍)和防毒面具速到火灾现场处置。

(2)消防控制中心正值班人员坚守值班岗位,保持与火灾现场及外界联系;根据火场指令,及时启用消防水泵,保证消防水压正常;接到疏散命令后,开启火场区消防广播进行人员疏散。

(3)安全保卫班人员赶到现场后,消防控制中心副值班人员应迅速回到消防控制中心协助正值班人员工作。

(三)火灾扑救操作程序和措施

(1)火灾区块管理部经理接到消防控制中心报警后,应立即组织区块工作人员进行扑救和火场区域人员疏散。
①指挥商位管理员将可燃物搬离着火点,以控制火势蔓延。
②指挥商位管理员利用灭火器材扑救火灾。
③组织治保委员、志愿消防队员进行火场区域人员的疏散。

(2)工程部经理携有关技术人员赶赴火灾现场,组织实施火场的电源的切断方案,确保消防控制中心和水泵的正常运行。
①电工赶到现场切断火场电源(低压电)。
②水工到消防控制中心协助工作,确保消防水泵正常供水。
③高配室电工应坚守岗位,及时按火场指挥员的命令切断火场电源。

(3)安保部经理到达火场后,立即接管火灾区块管理部经理的现场灭火指挥工作,组织公司安全保卫班人员进行火灾扑救,防止火势蔓延,根据火场实际情况,及时正确指令消防控制中心开启疏散广播、消防泵、水幕泵等。

(4)其他区块安全保卫人员或商位管理员携个人消防装备赶到火场后,应立即向现场指挥人员报告,服从现场指挥的指令,进行火灾扑救或防止火势蔓延。

(5)车管组负责人应立即组织车管人员疏通消防通道,并派人员在路口接应消防车进入市场内进行火灾扑救。

注:公司领导到达火场后,火灾区块管理部经理和安保部经理立即报告火场情况,并服从其指令。

(四)应急疏散组织程序和措施

1. 市场应急疏散的组织程序和措施

(1)消防控制中心及时打开火灾区域的消防应急广播和迅响器,通知市场经营户撤离市场。

(2)火灾区块管理部经理及时组织本区块的治保委员和志愿消防队员进行人员疏散,引导客户撤离火场。

(3)公司车辆管理及负责人迅速带领人员赶赴火场,保证火场消防通道畅通。①车管组人员疏散火灾区人员和物资,维护火场区秩序,保证闲杂人员只出不进;②巡查人员做好火场被困人员的救护准备。

(4)其他区块管理部负责人应立即组织本区域治保委员和志愿消防队员赶赴火场增援,到达现场后向火场指挥报告,并服从火场指挥的命令,进行火灾区块场内人员和物资疏散。

(5)商住区管理人员接火情指令后,立即赶赴火灾区域的商住区内视火情,组织住户进行有序疏散,迅速撤离火灾区。

2. 商住区应急疏散的组织程序和措施

(1)商住区保卫人员应及时打开消防应急广播和迅响器,通知大楼内人员:"某楼某层发生火灾,请大家迅速从消防安全通道撤离,切勿使用电梯!"

(2)商住区保卫人员应立即迫降并关停两台电梯,防止楼内人员因慌乱使用电梯逃生,并视现场需要打开送风机和排烟机。

(3)商住区负责人和保卫值勤班长携带防毒面具进入着火楼层,按靠近着火房间先通知的原则逐个房间敲门通知,引导人员往消防通道有序疏散,并在通知过的房间门口上用白色粉笔作"√"记号。

(4)通知完着火楼层后,再到非着火的各个楼层引导人员往消防通道有序疏散,直到楼内人员全部撤离为止。

(5)车管组和巡查组负责人迅速带领人员赶赴现场,保证火场消防通道畅通,引导疏散火灾区人员和物资,维护火场区秩序,保证闲杂人员只出不进,做好火场被困人员的救护准备。

(五)联络安全防护救护程序和措施

(1)消防控制中心值班人员坚守岗位,确保消防控制中心和外界联络畅通。

(2)各保卫人员用对讲机联络时,必须使用普通话。

(3)发生火灾后,车辆管理组负责人带领公司巡查队人员做好火灾现场伤员的救护工作,必要时打"120"急救电话。

思考题

1. 根据可燃物的类型和燃烧特性，火灾可以分为哪几种类型？
2. 为什么要力争扑灭初起火灾？
3. 火灾发生时，怎样及时、正确地报警？
4. 火灾报警的对象有哪些？
5. 火灾报警有哪些方式？
6. 扑灭初起火灾的方法有哪些？
7. 发生火灾时应如何进行自救？
8. 发生火灾时应怎样配合消防队灭火？

第九章 消防安全管理的法律责任

知识目标
- 理解消防安全管理的刑事责任和行政责任的概念。
- 了解消防安全管理刑事责任中相关罪行的量刑年限。
- 掌握消防安全管理行政责任的种类。

能力目标
- 初步具备根据火灾案例判断相关责任人法律责任的能力。

素质目标
- 树立法制观念和责任意识,在消防工作中遵纪守法。
- 培养遵守消防法律法规、依法办事的意识。

消防安全管理的法律责任,是指行为人(公民、法人或其他组织)由于违反消防法律法规所应承担的具有强制性的法律后果。违反消防法律法规是承担消防安全管理法律责任的前提,承担消防安全管理的法律责任是违反消防法律法规的必然结果。公民、法人或者其他组织违反了消防法律法规,就应当承担相应的法律责任。

消防安全管理的法律责任通常有刑事责任和行政责任两种。刑事责任是指违反消防安全管理且触犯《中华人民共和国刑法》(以下简称为《刑法》)而应承担的责任;行政责任是指违反消防安全管理且触犯国家消防行政法规而应承担的责任。行政责任的特点是在消防法律法规上有明确、具体的规定;由国家强制力保证执行;由国家授权的机关(如消防救援机构)依法追究,其他组织和个人无权行使此项权力。

第一节　消防刑事责任

违反消防安全管理且触犯《刑法》的行为,按照行为的主观性区分,有故意违反与过失违反两种。故意违反性质恶劣,社会危害大,属于重处之范畴;过失违反则应当在处罚的同时加大教育的力度。

一、故意违反消防安全管理危害公共安全的刑事责任

（一）故意违反消防安全管理危害公共安全的罪行

根据《刑法》的有关规定，故意违反消防安全管理危害公共安全的罪行主要有以下几种：

1. 放火罪

放火罪是指行为人故意放火焚烧公私财物，危害公共安全的行为。该罪侵犯的客体是公共安全，即不特定多人的生命、健康及重大公私财产安全。放火危害公共安全一般包括三种情况：

(1) 危及不特定的多数人的生命、健康的安全。

(2) 危及重大公私财产的安全。

(3) 既危及不特定的多数人的生命、健康安全，同时又危及重大公私财产的安全。

行为人只是烧毁自己的财物，并不危及公共安全的不构成放火罪。但行为人明知自己的行为可能造成火灾、危及公共安全而仍实施烧毁自己财物行为的，应以放火罪论处。

在客观方面，放火罪表现为行为人实施了焚烧公私财物，危害了公共安全。从行为方式来看，放火行为既可以是直接故意烧毁公私财物，也可以是以不作为的方式完成的。如林场护林员值班时发现林中有被人丢弃的火种，有引起火灾的危险，但由于对领导不满，故意不予理睬，从而造成火灾，对该护林员就应以放火罪论处。但是，以不作为方式造成的火灾，行为人必须负有防止火灾发生的义务才能构成此罪。

在主观方面，是行为人持故意的主观心理状态，明知自己的行为会危害公共安全，而希望或者放任这种结果的发生。无论行为人是直接故意还是间接故意，无论其动机如何，都不会影响放火罪的成立，只是作为一种情节在量刑时给予考虑。

2. 爆炸罪

爆炸罪是指行为人以爆炸的方法杀伤不特定多人、毁坏公私财产的危害公共安全的行为。该罪侵犯的客体是公共安全。该罪侵犯的对象既可以是人，也可以是物，也可以是二者兼而有之，社会危害性比较大。

在客观方面，爆炸罪表现为行为人实施了爆炸，危害了公共安全。行为人使用的爆炸物主要有炸弹，手榴弹，炸药包，地雷，雷管，各种固体、液体、气体的易燃易爆物品，以及各种自制的爆炸装置和爆炸物等。实施爆炸的方法主要是在室内外安装爆炸装置，或者直接投掷爆炸物，或者利用技术手段使一些机器设备或危险品爆炸。实施爆炸的地点主要是公共场所、人口稠密或财产集中地区，以及一些与公共安全关系密切的地方，如交通工具、高速公路等。

在主观方面，爆炸罪是故意。既可以是直接故意，也可以是间接故意。一般情况下行为人是出于直接故意，如在电影院内安装爆炸物。但在有些情况下行为人是出于间接故意。如某些爆炸行为，行为人主观上指向特定的人或物，但对其行为可能危害公共安全的行为采取放任的态度，以致公共安全受到危害。

3. 破坏易燃易爆设备罪

破坏易燃易爆设备罪是指行为人故意破坏电力、燃气或者其他易燃易爆设备，危害公

共安全,尚未造成严重后果或者已经造成严重后果的行为。该罪侵犯的客体是公共安全。该罪侵害的对象是法律规定的特定对象,即煤气、液化石油气、沼气等燃气的生产、净化、输送、储存以及油井、油库、石油输送管道等易燃易爆设备。

在客观方面,破坏易燃易爆设备罪表现为行为人破坏了燃气等易燃易爆设备,危害了公共安全。破坏的方法可以是放火、爆炸、拆毁或者以其他方法毁坏易燃易爆设备的零部件等。行为人既可以采用作为的方式,也可采用不作为的方式,如维修工发现煤气管道破损,有发生着火、爆炸的危险而不予维修等。无论行为人采用什么方式,只要其行为足以造成危害公共安全的危险,即构成破坏易燃易爆设备罪,危害结果是否实际发生并不是构成破坏易燃易爆设备罪既遂的必备条件。

在主观方面,破坏易燃易爆设备罪是故意,包括直接故意和间接故意。犯罪动机则多种多样,有的是发泄不满,有的是报复陷害,还有的是非法获利,如盗窃正在输送的石油及其产品油等。

(二)故意违反消防安全管理危害公共安全罪行应承担的刑事责任

依照《刑法》第一百一十四条、第一百一十五条、第一百一十八条、第一百一十九条的规定,犯放火罪、爆炸罪和破坏易燃易爆设备罪尚未造成严重后果的,处三年以上十年以下有期徒刑;造成严重后果的,处十年以上有期徒刑、无期徒刑或者死刑。

二、过失违反消防安全管理危害公共安全的刑事责任

(一)过失违反消防安全管理危害公共安全的罪行

根据《刑法》的有关规定,过失违反消防安全管理危害公共安全的罪行主要有以下几种:

1. 失火罪

失火罪是指由于行为人的过失引起火灾,造成严重后果,危害公共安全的行为。该罪侵犯的客体是公共安全。

在客观方面,失火罪表现为行为人的过失引起了火灾,造成了严重后果,危害了公共安全。该罪要求失火行为必须造成严重后果(致人重伤、死亡或者公私财遭受重大损失)。如果仅有失火行为而未产生严重后果,或者后果不严重的,不构成失火罪。因此,后果是否严重,是衡量失火行为罪与非罪的重要标准。

在主观方面,失火罪是过失犯罪,即行为人应当预见自己的行为可能造成火灾,由于疏忽大意而没有预见,或者虽然已经预见,但轻信能够避免。这是指行为人对危害后果的主观心理态度。对行为本身,行为人却往往是出于故意,即明知故犯,如在禁止吸烟的地方吸烟,在禁止燃火的林区燃火,以及其他故意违章引起火灾的情形。

2. 过失爆炸罪

过失爆炸罪是指过失引起爆炸,致人重伤、死亡或者造成公私财产重大损失,危害公共安全的行为。该罪侵犯的客体是公共安全。

在客观方面，过失爆炸罪表现为行为人过失引起爆炸，致人重伤、死亡或者使公私财产遭受重大损失的严重后果，危害了公共安全。爆炸行为必须造成严重后果。如果尚未造成严重后果，则不构成过失爆炸罪。因此，后果是否严重是构成过失爆炸罪的重要标志。

在主观方面，过失爆炸罪是过失犯罪，即行为人应当预见自己的行为可能引起爆炸，或者自己的行为具有引起危害公共安全的危险，由于疏忽大意而没有预见，或者虽已预见，但轻信能够避免。这是指行为人对危害后果的主观心理态度。对行为本身，行为人却往往是出于故意。

3. 过失损坏易燃易爆设备罪

过失损坏易燃易爆设备罪是指过失损坏燃气以及其他易燃易爆设备，造成严重后果，危害公共安全的行为。该罪侵犯的客体是公共安全。该罪侵害的对象是燃气以及其他易燃易爆设备。

在客观方面，过失损坏易燃易爆设备罪表现为行为人过失损坏了燃气以及其他易燃易爆设备，造成了严重后果，危害了公共安全。所说的严重后果，是指由于行为过失，损坏燃气以及其他易燃易爆设备，致人重伤、死亡或致公私财产重大损失。如果过失行为虽然使燃气以及其他易燃易爆设备受到损坏，但未发生危害公共安全的严重后果或危害后果不严重的，则不构成此罪。

在主观方面，过失损坏易燃易爆设备罪是过失犯罪，即行为人应当预见自己的行为可能使燃气及其他易燃易爆设备受到损坏，危害公共安全，由于疏忽大意而没有预见，或者已经预见，但轻信能够避免。这是指行为人对危害后果的主观心理态度。对行为本身，行为人却往往是出于故意。

4. 危险物品肇事罪

危险物品肇事罪是指违反爆炸性、易燃性、氧化性、放射性、毒害性、腐蚀性危险物品管理规定，在生产、储存、运输和使用过程中发生重大事故并造成严重后果的行为。该罪侵犯的客体是国家对危险品的管理制度。

在客观方面，危险物品肇事罪表现为行为人违反危险品的管理规定，在生产、储存、运输、销售、使用和处置过程中发生了重大事故，造成了严重后果。既包括未经有关主管部门批准，擅自生产、储存、运输、销售、使用和处置危险品，发生重大事故，后果严重的行为，也包括虽经有关主管部门批准，但在生产、储存、运输、销售、使用和处置过程中违反安全操作规程，以致发生重大事故，造成严重后果的行为。

在主观方面，危险物品肇事罪是过失犯罪，即行为人应当预见其行为可能发生危害后果，由于疏忽大意而没有预见，或者虽然已经预见，但轻信可以避免。这是指行为人对危害后果的主观心理态度。对行为本身，行为人却往往是出于故意。

5. 非法携带危险物品危及公共安全罪

非法携带危险物品危及公共安全罪是指违反有关法律规定，非法携带爆炸性、易燃性、放射性、毒害性、腐蚀性物品进入公共场所或者交通工具，危及公共安全，情节严重的行为。该罪侵犯的客体是公共安全。

在客观方面,非法携带危险物品危及公共安全罪表现为行为人非法携带爆炸性、易燃性、放射性、毒害性、腐蚀性物品进入公共场所或者交通工具,危及公共安全,情节严重。该罪要求行为人的行为危及公共安全,造成严重后果,即造成人员伤亡或者公私财产重大损失。

在主观方面,非法携带危险物品危及公共安全罪是过失犯罪,即行为人应当预见自己的行为可能导致危害后果的发生,由于疏忽大意而没有预见,或者虽然已经预见,但轻信能够避免。这是指行为人对危害后果的主观心理态度。对行为本身,行为人却往往是出于故意。

6. 重大责任事故罪

重大责任事故罪,是指在生产、作业中违反有关安全管理的规定,因而发生重大伤亡事故或者造成其他严重后果的行为。该罪侵犯的客体是厂矿等企业、事业单位的安全。

在客观方面,重大责任事故罪在违反消防安全管理方面表现为行为人不服从消防安全管理的规定,违反消防安全规章制度,因而发生了重大火灾,造成了重大伤亡或者其他严重后果。

在主观方面,重大责任事故罪在违反消防安全管理方面是过失犯罪,即行为人应当预见自己的行为可能导致危害后果的发生,由于疏忽大意而没有预见,或者虽然已经预见,但轻信能够避免。这是指行为人对危害后果的主观心理态度。对行为本身,行为人却往往是出于故意。

7. 消防责任事故罪

消防责任事故罪是指违反消防安全管理法规,经消防监督机关通知采取改正措施而拒绝执行,造成严重后果的行为。该罪侵犯的客体是国家的消防安全管理制度。

在客观方面,消防责任事故罪表现为行为人违反消防安全管理法规,经消防救援机构通知采取改正措施而拒绝执行,造成了严重后果。首先,该罪要求行为人违反消防安全管理法规。其次,该罪要求是经消防救援机构通知采取改正措施而拒绝执行。最后,构成该罪还必须造成严重后果,如果行为人虽然违反消防安全管理法规,并拒绝执行消防救援机构限期改正的通知,但未造成严重后果的,不构成该罪。

在主观方面,消防责任事故罪是过失犯罪。行为人既有疏忽大意的过失,也有过于自信的过失。这是指行为人对其行为可能产生的危害后果而言的。至于违反消防安全管理法规,拒绝执行消防救援机构的限期改正通知,行为人则一般是出于故意。

(二)过失违反消防安全管理危害公共安全罪行应承担的刑事责任

依照《刑法》第一百一十五条、第一百一十九条、第一百三十条、第一百三十四条、第一百三十六条和第一百三十九条的规定,犯有失火罪、过失爆炸罪、过失损坏易燃易爆设备罪、危险物品肇事罪、非法携带危险物品危及公共安全罪、重大责任事故罪和消防责任事故罪的,对直接责任人员,处三年以下有期徒刑或者拘役;后果特别严重的,处三年以上七年以下有期徒刑。这里所说的后果特别严重,一般是指造成较大火灾事故;事故发生后不采取积极措施抢救,只顾个人逃命或抢救个人财产,造成恶劣影响的等。

三、生产、销售不符合安全标准产品的刑事责任

（一）生产、销售不符合安全标准产品罪

生产销售不符合安全标准产品罪在违反消防安全管理方面是指生产不符合国家消防安全标准、行业标准的电器、压力容器、易燃易爆产品、消防安全产品或者销售不符合保障人身、财产安全的消防安全标准、行业标准的产品，造成严重后果的行为。该罪侵犯的客体是电器、压力容器、易燃易爆产品、消防安全产品等保障人身财产安全的必须符合国家消防安全标准、行业标准的产品的生产、销售的管理秩序。

在客观方面，生产销售不符合安全标准产品罪在违反消防安全管理方表现为生产销售不符合国家消防安全标准的产品。电器、压力容器、易燃易爆产品、消防安全产品等是生活、生产中经常使用的产品，这些产品本身如果不符合安全标准，就有可能发生着火、爆炸等火灾事故，危及人身安全和财产安全。因此，国家对这些具有一定危险性的产品制定了严格的安全标准，对产品的安全性能作了严格的规定。《消防法》第二十六条规定：建筑构件、建筑材料和室内装修、装饰材料的防火性能必须符合国家标准；没有国家标准的，必须符合行业标准。《消防法》第二十七条规定：电器产品、燃气用具的产品标准，应当符合消防安全的要求。根据《刑法》第一百四十六条的规定，生产、销售不符合安全标准的产品，"造成严重后果"的才构成生产、销售不符合安全标准产品罪。

在主观方面，生产销售不符合安全标准产品罪在违反消防安全管理方面是故意犯罪。该罪要求行为人销售不符合消防安全标准的产品，同时行为人明知是不符合消防安全标准的产品而故意销售。如果行为人不知其为不符合消防安全标准的产品，则不构成该罪。

（二）生产、销售不符合安全标准产品罪应当承担的刑事责任

依照《刑法》第一百四十六条和第一百五十条的规定，犯生产、销售不符合消防安全标准产品罪的，处五年以下有期徒刑，并处销售金额百分之五十以上二倍以下罚金；后果特别严重的，处五年以上有期徒刑，并处销售金额百分之五十以上二倍以下罚金。

单位犯生产、销售不符合安全标准产品罪的，对单位判处罚金，并对其直接负责的主管人员和其他责任人员，依照上述规定处罚。

四、渎职违反消防安全管理危害公共安全的刑事责任

（一）放纵制售伪劣商品罪

1. 放纵制售伪劣商品的罪行

放纵制售伪劣商品罪在违反消防安全管理方面是指对生产、销售伪劣消防产品犯罪行为负有追究责任的国家机关工作人员，徇私舞弊，不履行法律规定的追究职责，情节严重的行为。该罪侵犯的客体是国家机关对生产、销售伪劣消防产品犯罪依法追究的公务活动。

在客观方面,放纵制售伪劣商品罪在违反消防安全管理方面表现为负有追究责任的国家机关工作人员,徇私舞弊,利用职务便利对明知有生产、销售伪劣消防产品犯罪行为的企业事业单位或者个人采取放任的态度,使其不受追究,不履行法律规定的追究责任。

在主观方面,放纵制售伪劣商品罪在违反消防安全管理方面是故意犯罪,即行为人明知自己不履行对生产、销售伪劣消防产品犯罪行为的追究职责将会发生危害社会的结果,却希望或者放任这种结果的发生。

2. 放纵制售伪劣商品罪应当承担的刑事责任

依照《刑法》第四百一十四条的规定,犯放纵制售伪劣商品罪的,处五年以下有期徒刑或者拘役。

(二)失职造成珍贵文物损毁罪

1. 失职造成珍贵文物损毁的罪行

失职造成珍贵文物损毁罪在违反消防安全管理方面是指国家机关工作人员严重不负责任,造成珍贵文物烧毁,后果严重的行为。该罪侵犯的客体是国家的文物管理制度。该罪侵害的对象只限于国家的珍贵文物。烧毁一般文物的不构成该罪。

在客观方面,失职造成珍贵文物损毁罪在违反消防安全管理方面表现为严重不负责任,造成珍贵文物烧毁或其他形式损毁。所谓严重不负责任是指国家机关工作人员在对珍贵文物的收藏、保管、管理等工作中,违反国家文物保护法规,不认真履行文物收藏、保管、管理的职责,以致造成珍贵文物被烧毁等严重后果。如果虽有严重不负责任的行为,但尚未造成严重后果的,则不构成犯罪,可追究行政责任处理。

在主观方面,失职造成珍贵文物损毁罪在违反消防安全管理方面是过失犯罪,即行为人虽然明知是违反国家规定的,但是过失造成珍贵文物烧毁的后果。如果是故意造成珍贵文物损毁,则应按照《刑法》第三百二十四条故意损毁珍贵文物罪论处。

2. 失职造成珍贵文物损毁罪应当承担的刑事责任

依照《刑法》第四百一十九条的规定,犯失职造成珍贵文物损毁罪的,处三年以下有期徒刑或者拘役。

(三)滥用职权罪、玩忽职守罪

1. 滥用职权、玩忽职守的罪行

滥用职权罪、玩忽职守罪在违反消防安全管理方面是指国家消防救援机构、产品质量监督、工商行政管理等有关行政主管部门的工作人员在消防安全管理工作中徇私舞弊,滥用职权,严重不负责任,不履行或者不正确履行职责,玩忽职守,致使公共财产、国家和人民利益遭受重大损失的行为。以上人员虽然有滥用职权、玩忽职守的行为,但尚未造成重大损失,或者重大损失是不能预见或者不可抗力原因造成的,不构成该罪。该罪的犯罪主体是特殊主体,即消防救援机构,以及建设、产品质量监督、工商行政管理等其他有关行政主管部门的工作人员。

在客观方面,滥用职权罪、玩忽职守罪在违反消防安全管理方面主要表现为以下几个方面:

（1）对不符合消防安全要求的消防设计文件、建设工程、场所准予审核合格、消防验收合格、消防安全检查合格。

（2）无故拖延消防设计审核、消防验收、消防安全检查，不在法定期限内履行职责。

（3）火灾隐患不及时通知有关单位或者个人整改。

（4）利用职务便利为用户、建设单位指定或者变相指定消防产品的品牌、销售单位或者消防技术服务机构、消防设施施工单位。

（5）将消防车、消防艇以及消防器材、装备和设施用于与消防和应急救援无关的事项。

（6）建设、产品质量监督、工商行政管理等其他有关行政主管部门的工作人员等在所负消防工作职责中滥用职权，玩忽职守，徇私舞弊，致使公共财产、国家和人民群众的利益遭受重大损失。

在主观方面，滥用职权罪、玩忽职守罪是过失犯罪。滥用职权罪、玩忽职守罪种侵犯的客体是消防救援机构、产品质量监督等部门工作的正常职能活动。惩治在消防安全管理工作中的滥用职权或者玩忽职守行为，目的主要是告诫消防救援机构以及建设、产品质量监督、工商行政管理等其他有关行政主管部门的工作人员在履行职责时，要认真负责、恪尽职守，不得违反有关规定。

2. 犯滥用职权罪、玩忽职守罪应承担的刑事责任

依照《刑法》第三百九十七条的规定，犯滥用职权罪、玩忽职守罪的处三年以下有期徒刑或者拘役；情节特别严重的，处三年以上七年以下有期徒刑。对于《刑法》条文有特定违法场合或者违反特定制度限制的滥用职权、玩忽职守行为，如失职造成珍贵文物损毁罪等《刑法》中规定的特殊条款，在使用时就不能再按第三百九十七条滥用职权罪、玩忽职守罪定性，而应当直接引用有关条款定罪论处。

第二节　消防行政责任

为保证各项消防行政措施和技术措施的落实，消防救援机构需要根据法律所赋予的权力，运用必要的行政法律手段对违反消防安全管理且触犯国家消防行政法规的行为人给予行政处罚。消防行政处罚是国家行政处罚中的一种，是国家消防行政机关依法对违反行政管理秩序的公民、法人或者其他组织，以减损权益或者增加义务的方式予以惩戒的行为。

消防行政处罚是对违反消防法规、妨碍公共消防安全或造成火灾事故但尚未构成犯罪的人依法实施的处罚，其目的是教育违反消防安全管理的行为人，制止和预防违反消防安全管理行为的发生，以加强消防安全管理，保护公民的合法权益，维护社会秩序和公共消防安全。消防行政机关可以根据《中华人民共和国行政处罚法》（以下简称为《行政处罚法》）和《消防法》，以及其他法律法规的有关规定对违反消防安全管理的行为人给予相应的行政处罚。

一、消防行政处罚的种类

根据《行政处罚法》的规定,行政处罚的种类主要有:警告、通报批评;罚款、没收违法所得、没收非法财物;暂扣许可证件、降低资质等级、吊销许可证件;限制开展生产经营活动、责令停产停业、责令关闭、限制从业;行政拘留;法律、行政法规规定的其他行政处罚。

(一)警告、通报批评

警告是指行政机关或者法律法规授权组织对违法行为人的谴责和告诫。其目的是通过对违法行为人精神上的惩戒,以申明其有违法行为,并使其不再违法。警告在消防行政处罚中主要适用于违反消防安全管理的行为轻微或者未造成实际危害后果的行为,或者是初犯并有了认识的人。警告与一般的批评教育的区别:一般的批评教育是指出人民群众一般性缺点和错误,使其克服缺点,改正错误的方法,是一种自我教育和互相教育的方法;而消防行政处罚中的警告虽然也带有教育的性质,但它是以国家机关的名义,对违反消防安全管理的人所采取的一种行政性处罚。因此,这种处罚应制作《消防行政处罚决定书》,并记录在案。

通报批评是指某一主体将行为人的有关缺点和错误在一定范围内予以公布,希望行为人或其他人吸取教训、引以为戒的措施。行政处罚中的通报批评,不同于仅限于行政处罚机关和当事人知晓范围的警告,是指行政机关对违法行为人在一定范围内通过书面批评加以谴责和告诫,指出其违法行为,避免其再犯。相对于警告,通报批评的知晓范围要比警告更广一些,谴责程度也比警告要重。

(二)罚款、没收违法所得、没收非法财物

罚款是指行政处罚机关限令违法行为人在一定期限内向国家交纳一定数量金钱。罚款是限制和剥夺违法行为人财产权的处罚,具有经济意义。它既是以缴付金钱为内容的制裁手段,又是纠正和制止违法行为的处罚措施。根据《行政处罚法》的规定,对公民处以二百元以下、对法人或者其他组织处以三千元以下罚款的行政处罚,可以当场处罚;一百元以下罚款或者不当场收缴事后难以执行的,可以当场收缴。被处罚款的当事人,应当自收到《消防行政处罚决定书》之日起十五日内,到指定的银行或通过电子支付系统缴纳罚款。银行应当收受罚款,并将罚款直接上缴国库。如果当事人逾期不缴纳罚款,作出行政处罚决定的消防救援机构可以每日按罚款数额的百分之三加处罚款;或据有关法律规定将查封、扣押的财物拍卖、依法处理或者将冻结的存款、汇款划拨抵缴罚款;或申请人民法院强制执行。但是,如果当事人确有经济困难需要分期缴纳罚款的,经当事人申请和消防行政机关批准,也可以暂缓或者分期缴纳。

违法所得是指实施违法行为所取得的款项。没收违法所得是指行政机关依法将当事人因实施违法行为而获得的款项强制无偿收归国有。如没收违反规定生产、销售未经规定的检验机构检验合格的消防产品和违法所得等。

没收非法财物是指行政机关依法将当事人从事违法行为过程中的违禁物品、违法财物和违法工具强制无偿收归国有。如没收违章带入车站、码头、机场和带上列车、汽车、轮船、飞机上的易燃易爆危险品，在易燃易爆危险场所使用的可产生火花的工具。

（三）暂扣许可证件、降低资质等级、吊销许可证件

暂扣许可证件是指行政机关通过依法暂时扣留当事人合法持有的行政机关颁发的许可证件，以达到暂时剥夺当事人从事某项生产经营活动、执业权利的目的。

降低资质等级是指行政机关依法对违反行政管理秩序的当事人所取得的行政许可由较高等级降为较低等级，限制当事人的生产经营活动范围。

吊销许可证件是指行政机关依法对违反行政管理秩序的当事人取消其持有的行政许可证件，剥夺当事人从事某项生产经营活动、执业的权利。

（四）限制开展生产经营活动、责令停产停业、责令关闭、限制从业

限制开展生产经营活动是指行政机关依法限制违反行政管理秩序的当事人从事新的生产经营活动或者扩大生产经营活动范围。

责令停产停业是指行政机关依法禁止违反行政管理秩序的当事人在一定期限内从事全部或者部分生产经营活动。实践中，责令停产停业包括责令停业整顿、责令停止生产、责令停止经营、责令停止活动、责令限制生产、责令暂停相关业务等。《消防法》第七十条规定：被责令停止施工、停止使用、停产停业的，应当在整改后向作出决定的部门或者机构报告，经检查合格，方可恢复施工、使用、生产、经营。当事人逾期不执行停产停业、停止使用、停止施工决定的，由作出决定的部门或者机构强制执行。责令停产停业，对经济和社会生活影响较大的，由住房和城乡建设主管部门或者应急管理部门报请本级人民政府依法决定。

责令关闭是指行政机关依法禁止违反行政管理秩序的当事人从事全部生产经营活动的行政处罚。

限制从业是指行政机关依法限制违反行政管理秩序的公民从事一定职业的行政处罚。

（五）行政拘留

行政拘留是对违反行政管理的人依法在一定时间内限制其人身自由的处罚，只有公安机关和法律规定的其他机关才能行使。在消防监督管理中所实施的行政拘留，是对有违反消防安全管理行为尚不够刑事处罚的人实施的行政处罚。行政拘留的时间幅度为一日以上十五日以下，其中十日以上十五日以下为加重处罚。由于行政拘留在一定时间内限制了人身自由，所以在运用时一定要严格依法办事，并严格遵守法律规定的时限，绝不能以任何借口任意延长拘留时间。行政拘留的执行程序适用《中华人民共和国治安管理处罚法》的有关规定。对需要传唤的，应使用传唤证进行传唤。对于无正当理由不接受传唤或者逃避传唤的当事人可以强制传唤。

二、消防行政处罚的程序

消防行政处罚的程序有简易程序、普通程序和听证程序三种。在具体实施处罚时,应根据《行政处罚法》规定的程序,依照《消防法》适用的条文进行。

(一)简易程序

消防行政处罚的简易程序是指消防救援机构对符合法定条件的行政处罚事项,对消防安全违法行为人当场作出行政处罚决定的一种处罚程序,是消防行政处罚中最为简易的一种。其适用条件:违法事实确凿;有法定依据;罚款数额较小或处罚较轻。根据《行政处罚法》第五十一条的规定,对公民处二百元以下、对法人或其他组织处以三千元以下罚款或者警告的行政处罚适用简易处罚程序,这就明确规定了较小数额的量的标准。简易程序实施的具体内容和程序如下。

1. 表明身份

消防救援机构的执法人员向当事人出示执法身份证件,以表明自己是合法的消防执法人员。其证件可以是警官证,也可以是特定的执法证件,如消防监督证等,有时还要附带出示其他标志,如执勤证章等。因为单纯的警官证只能表明某执法人员的正常职务,并不表明处罚时他正在执行公务或者可以执行公务,所以要出示其他可以标明正在执行公务的证件或证章。

2. 确认违法事实,说明处罚理由

在执行简易程序时,消防救援机构工作人员应当向被处罚人员说明处罚的事实根据和法律依据等处罚的理由。

3. 制作消防行政处罚决定书

当消防救援机构工作人员当场作出行政处罚时,应当填写预定格式和编有号码的《消防行政处罚决定书》。该《消防行政当场处罚决定书》应当载明消防安全违法行为人的违法行为、行政处罚的种类和依据、罚款数额、时间、地点,申请行政复议、提起行政诉讼的途径和期限以及行政机关名称,并由行政执法人员签名或者盖章。

4. 送达

消防救援机构的执法人员按照法律规定的格式要求填写《消防行政处罚决定书》后,将其当场交付消防安全违法行为人。这是实现书面形式作用的必需程序,这既可防止消防救援机构工作人员事后矢口否认处罚的存在或随意更改处罚决定的内容,也可给消防安全违法行为人提供针对书面决定提出异议和争辩的机会。

5. 备案

消防救援机构工作人员将简易消防行政处罚决定书的存根或副本上交,或在所属机关就处罚基本事项进行登记。备案的内容应与《消防行政处罚决定书》所载内容相同。备案的目的主要是让消防救援机构执法人员所属的行政机关了解执法人员的工作情况,也为消防救援机构执法人员在行政复议或行政诉讼中的答辩提供备忘录。

6. 当事人签名

对于消防救援机构执法人员制作的《消防行政处罚决定书》,消防安全违法行为人无

论是否对处罚持有异议,都应当根据要求签名。签名只能肯定该处罚事宜确实存在,并不表示必然没有异议。消防安全违法行为人如果有异议,仍然可以按照法律法规规定提出申诉。即使当时没有异议,事后认为处罚有错误,也仍然可以依法申诉。如果消防安全违法行为人因有异议而拒绝签名,也应首先交纳罚款,然后再依法提出申诉。

7. 告知申诉权

消防救援机构执法人员在完成了以上程序后,应即告知被处罚的当事人,对处罚如有异议,可在法定期限内到实施行政处罚的上级机关提起行政复议或到当地人民法院提起行政诉讼,以保障当事人的申诉权。采用何种申诉方式由当事人选择,通常的程序是先申请行政复议,不服行政复议决定时再提起行政诉讼。

(二)普通程序

普通程序是行政处罚的基本程序,是指除法律特别规定应当适用简易程序和听证程序的以外,行政机关在实施行政处罚时通常适用的程序。由于行政处罚涉及公民重要的人身权、财产权,草率处理势必会给公民权益造成大的损害,错误的处罚一般来自执法人员的主观武断或滥用职权,而公正、民主、科学的处罚程序应当能够有效防止这一点。为了保证处罚的公正、合法、合理,法律对实施行政处罚的基本程序作出了严格的规定。

1. 立案

消防行政处罚中的立案是指消防救援机构对于公民、法人或者其他组织的控告、检举或在例行监督检查工作中发现的违反消防法规的行为或重大违法嫌疑等,认为有必要调查处理时所作出的进行查处的决定。消防救援机构对于控告检举材料或来访的接待还不是立案,只有对这些材料审查以后作出的进行调查的决定才是立案。立案的目的是对违反消防法规行为进行追究,通过调查取证工作,证明违法嫌疑人是否实施了违法行为,对违法者实施处罚,为无辜者正名。

2. 调查

消防行政处罚中的调查是指消防行政办案人员依照法定程序向案件的当事人、证人通过询问的形式了解案件情况的活动。询问当事人和证人是执法机关为收集证据、查明案件、依法向案件知情人了解案件情况的一种调查活动。当事人尤其是违法行为嫌疑人,最了解案件的事实,如果能够如实陈述,则对执法机关及时弄清案件事实具有重要意义。即使由于与案件有利害关系而不能如实陈述,也可从中发现漏洞或问题,对弄清案件事实仍有很大帮助。

《行政处罚法》第五十五条规定:执法人员在调查或者进行检查时,应当主动向当事人或者有关人员出示执法证件。当事人或者有关人员有权要求执法人员出示执法证件。执法人员不出示执法证件的,当事人或者有关人员有权拒绝接受调查或者检查。当事人或者有关人员应当如实回答询问,并协助调查或者检查,不得拒绝或者阻挠。询问或者检查应当制作笔录。

3. 收集证据

收集证据在这里是指除一般调查和检查以外的一切收集证据的方式,常见的有以下几种:

(1)收集书证、物证、视听材料

消防救援机构为了实施消防行政处罚,有权依照法律规定的程序提取与案件有关并具有证明意义的书证、物证、视听材料等证据。《行政处罚法》第五十六条规定:行政机关在收集证据时,可以采取抽样取证的方法;在证据可能灭失或者以后难以取得的情况下,经行政机关负责人批准,可以先行登记保存,并应在七日内及时作出处理的决定,在此期间,当事人或者有关人员不得销毁或者转移证据。

(2)勘验

消防行政处罚中的勘验,主要是指消防救援机构对与实施违反消防安全管理活动有关的场所进行实地勘察、收集证据、鉴别物证的活动。这是消防行政处罚过程中必不可少的一步,不仅可以进一步收集证据,还可以根据勘察情况审查判断其他证据的可靠性。根据有关规定,勘验工作应当制作勘验记录,并由勘验人员和见证人签名盖章、注明日期。

(3)鉴定

消防行政中的鉴定是指消防救援机构就消防行政处罚案件中的某些专门性问题,指派或聘请专家进行科学鉴别或判断的活动。鉴定结论可以作为认定违法事实是否存在的证据。

4. 作出处理决定

调查终结,消防行政机关负责人应当对调查结果进行审查,根据不同情况,分别作出如下决定:

(1)确有应受行政处罚的违法行为的,根据情节轻重及具体情况,作出行政处罚决定。

(2)违法行为轻微,依法可以不予行政处罚的,不予行政处罚。

(3)违法事实不能成立的,不予行政处罚。

(4)违法行为涉嫌犯罪的,移送司法机关。

对情节复杂或者重大违法行为给予行政处罚,消防行政机关负责人应当集体讨论决定。

有下列情形之一,在消防行政机关负责人作出行政处罚的决定之前,应当由从事行政处罚决定法制审核的人员进行法制审核;未经法制审核或者审核未通过的,不得作出决定:

(1)涉及重大公共利益的。

(2)直接关系当事人或者第三人重大权益,经过听证程序的。

(3)案件情况疑难复杂、涉及多个法律关系的。

(4)法律、法规规定应当进行法制审核的其他情形。

5. 制作行政处罚决定书

消防行政机关应当自行政处罚案件立案之日起九十日内作出行政处罚决定。法律、法规、规章另有规定的,从其规定。作出行政处罚应制作《行政处罚决定书》。《行政处罚决定书》应当载明下列事项:

(1)当事人的姓名或者名称、地址。

(2)违反法律、法规、规章的事实和证据。

(3)行政处罚的种类和依据。

(4)行政处罚的履行方式和期限。

(5)申请行政复议、提起行政诉讼的途径和期限。

(6)作出行政处罚决定的行政机关名称和作出决定的日期。

行政处罚决定书必须盖有作出行政处罚决定的行政机关的印章。

6. 说明理由，告知权力

《行政处罚法》第四十四条规定：行政机关在作出行政处罚决定之前，应当告知当事人拟作出的行政处罚内容及事实、理由、依据，并告知当事人依法享有的陈述、申辩、要求听证等权利。这一规定包含以下四方面内容：

(1)说明理由和告知权利的时间应在行政处罚决定书送达以前。其意义主要是给当事人针对处罚理由、依据进行辩解的机会，以及当事人在处罚过程中所享有的提出证据为自己辩解和不服处罚可以申诉等程序性权利。

(2)说明理由的内容包括作出行政处罚决定的事实根据、法律依据以及将法律适用于事实的道理。当事人明白了处罚的理由，也就知道了行政处罚是否适当或错误，可以有针对性地提出反驳意见、提出证据。如果当事人不能马上提出证据而需要合理的准备时间，行政机关应当允许，否则当事人的申辩权无法有效行使。

(3)告知权利的内容应当包括：提请某执法人员回避；有权为自己辩解、陈述事实并提出证据；不服处罚时，可以申请行政复议或提起行政诉讼等。

(4)说明理由是行政机关在实施行政处罚过程中必须履行的程序性责任，否则就会产生法律后果。《行政处罚法》第六十二条规定：行政机关及其执法人员在作出行政处罚决定之前，未依照规定向当事人告知拟作出的行政处罚内容及事实、理由、依据，或者拒绝听取当事人的陈述、申辩，不得作出行政处罚决；当事人明确放弃陈述或者申辩权利的除外。这就是说，违反说明理由程序会导致行政处罚决定无效的法律后果。

7. 当事人陈述和申辩

当事人的陈述、申辩权是行政处罚程序中最主要、最基本的权利。是保护自己不受行政机关侵犯的权利，也是制约执法人员滥用行政处罚权的主要力量。行政机关有提出事实和证据说明当事人违法的权利，当事人也有陈述事实、提出证据说明自己无辜的权利。如果当事人提出了有力的证据证明自己是无辜的，行政机关就不能也无权实施行政处罚。

《行政处罚法》第四十五条规定：当事人有权进行陈述和申辩。行政机关必须充分听取当事人的意见，对当事人提出的事实、理由和证据，应当进行复核；当事人提出的事实、理由和证据成立的，行政机关应当采纳。行政机关不得因当事人陈述、申辩而给予更重的处罚。

8. 送达

行政处罚程序中的送达是指行政机关依照法定的程序和方式，将行政处罚决定书送交当事人的行为。《行政处罚法》第六十一条规定：行政处罚决定书应当在宣告后当场交付当事人；当事人不在场的，行政机关应当在七日内依照《中华人民共和国民事诉讼法》的有关规定，将《行政处罚决定书》送达当事人。

9. 申诉

当事人不服行政处罚决定的，可以在法定的期限内提起行政复议或者行政诉讼。《中华人民共和国行政复议法》第九条规定：公民、法人或者其他组织认为具体行政行为侵犯其合法权益的，可以自知道该具体行政行为之日起六十日内提出行政复议申请。《中华人民共和国行政诉讼法》第四十五条规定：公民、法人或者其他组织不服复议决定的，可以在收到复议决定书之日起十五日内向人民法院提起诉讼。复议机关逾期不作决定的，申请人可以在复议期满之日起十五日内向人民法院提起诉讼。《中华人民共和国行政诉讼法》第四十六条规定：公民、法人或者其他组织直接向人民法院提起诉讼的，应当自知道或者应当知道作出行政行为之日起六个月内提出。但对提起行政复议或者行政诉讼的期限国家单行法律有特别规定的，应适用单行法律、法规的规定。

（三）听证程序

行政机关拟作出行政处罚决定，应当告知当事人有要求听证的权利，当事人要求听证的，应当在行政机关告知后五日内提出，之后行政机关应当组织听证。行政机关应当在举行听证的七日前，通知当事人及有关人员听证的时间、地点。除涉及国家秘密、商业秘密或者个人隐私依法予以保密外，听证公开举行。

听证由行政机关指定的非本案调查人员主持。当事人认为主持人与本案有直接利害关系的，有权申请回避。

当事人可以亲自参加听证，也可以委托一至二人代理。当事人及其代理人无正当理由拒不出席听证或者未经许可中途退出听证的，视为放弃听证权利，行政机关终止听证。

举行听证时，调查人员提出当事人违法的事实、证据和行政处罚建议，当事人进行申辩和质证。听证应当制作笔录。笔录应当交当事人或者其代理人核对无误后签字或者盖章。当事人或者其代理人拒绝签字或者盖章的，由听证主持人在笔录中注明。

听证结束后，行政机关应当根据听证笔录，作出行政处罚决定。

三、违反消防安全管理行为的行政处罚

根据《消防法》第五十八条至第七十二条的规定，违反消防安全行政管理的行为（以下称为消防安全违法行为）常见的主要有以下几种。

（一）建设工程消防安全违法行为的处罚

1. 建设工程消防安全违法行为

建设工程消防安全违法行为是指建设工程在建设、设计、施工、验收、使用等环节违反《消防法》的有关规定的行为。建设工程消防安全违法行为主要有以下几种：

(1)依法应当进行消防设计审查的建设工程，未经依法审查或者审查不合格，擅自施工的。

(2)依法应当进行消防验收的建设工程，未经消防验收或者消防验收不合格，擅自投入使用的。

(3)《消防法》第十三条规定的其他建设工程验收后经依法抽查不合格，不停止使用的。

(4)公众聚集场所未经消防救援机构许可，擅自投入使用、营业的，或者经核查发现场

所使用、营业情况与承诺内容不符的。

2. 建设工程消防安全违法行为应当承担的法律责任

根据《消防法》第五十八条的规定,犯有以上行为之一的,应当责令停止施工、停止使用或者停产停业,并处三万元以上三十万元以下罚款。其中,建设单位未依照《消防法》规定在验收后报住房和城乡建设主管部门备案的,由住房和城乡建设主管部门责令改正,处五千元以下罚款。

另外,建设单位要求建筑设计单位或者建筑施工企业降低消防技术标准设计、施工,或建筑设计单位不按照消防技术标准强制性要求进行消防设计,或建筑施工企业不按照消防设计文件和消防技术标准施工,降低消防施工质量,以及工程监理单位与建设单位或者建筑施工企业串通,弄虚作假,降低消防施工质量,根据《消防法》第五十九条的规定,犯有前述行为的,应当责令改正或者停止施工,并处一万元以上十万元以下罚款。

生产、储存、经营易燃易爆危险品的场所与居住场所设置在同一建筑物内,或者未与居住场所保持安全距离,不符合消防技术标准的,根据《消防法》第六十一条的规定,应当令停产停业,并处五千元以上五万元以下罚款。

(二)易燃易爆危险场所违反防火禁令行为的处罚

1. 易燃易爆危险场所违反防火禁令行为

易燃易爆危险场所是指生产、储存、装卸、销售、使用易燃易爆危险品的场所,或者存在或在不正常情况下偶尔短时间存在可达燃烧浓度范围的可燃的气体、液体、粉尘或氧化性气体、液体、粉尘的场所。与其他场所相比,易燃易爆危险场所用油、用气、用火、用电多,火灾致灾因素多,火灾危险大,一旦发生事故,易造成重大人员伤亡和严重的经济损失,而且往往会对社会产生较大影响。所以,易燃易爆危险场所一般都有严格的防火禁令。易燃易爆危险场所违反防火禁令行为的特征是,违反消防安全规定进入生产、储存易燃易爆危险品场所,或者违反规定使用明火作业,或者在具有着火、爆炸危险的场所吸烟、使用明火等。

2. 易燃易爆危险场所违反防火禁令行为应承担的法律责任

根据《消防法》第六十三条的规定,犯有以上行为之一的,应当处警告或者五百元以下罚款;情节严重的,处五日以下拘留。

(三)消防行政违法且违反治安管理行为的处罚

1. 消防行政违法且违反治安管理行为

消防行政违法且违反治安管理行为主要有以下几种:

(1)违反有关消防技术标准和管理规定,生产、储存、运输、销售、使用、销毁(废弃)易燃易爆危险品的。

(2)非法携带易燃易爆危险品进入公共场所或者乘坐公共交通工具的。

(3)谎报火警的。

(4)阻碍消防车、消防艇执行任务的。

(5)阻碍消防救援机构的工作人员依法执行公务的。

2. 消防违法且违反治安管理行为应承担的法律责任

根据《消防法》第六十二条的规定,犯有以上行为之一的,应当依照《中华人民共和国治安管理处罚法》的规定进行处罚。

(四)违反防火禁令行为的处罚

1. 违反防火禁令行为

违反防火禁令行为主要有以下几种:

(1)指使或者强令他人违反消防安全规定,冒险作业。
(2)过失引起火灾。
(3)在火灾发生后阻拦报警,或者负有报告职责的人员不及时报警。
(4)扰乱火灾现场秩序,或者拒不执行火灾现场指挥员指挥,影响灭火救援。
(5)故意破坏或者伪造火灾现场。
(6)擅自拆封或者使用被消防救援机构查封的场所、部位。

2. 违反防火禁令行为应承担的法律责任

根据《消防法》第六十四条的规定,犯有以上行为之一,尚不构成犯罪的,处十日以上十五日以下拘留,可以并处五百元以下罚款;情节较轻的,处警告或者五百元以下罚款。

(五)不履行组织、引导火灾现场在场人员疏散义务行为的处罚

不履行组织、引导火灾现场在场人员疏散义务行为是指人员密集场所发生火灾,该场所的现场工作人员不履行组织、引导在场人员疏散的义务,情节严重,尚不构成犯罪的行为。根据《消防法》第六十八条的规定,对该行为应处五日以上十日以下拘留。

(六)电器产品、燃气用具消防安全违法行为的处罚

1. 电器产品、燃气用具消防安全违法行为

电器产品、燃气用具消防安全违法行为主要是指电器产品、燃气用具的产品标准不符合消防安全的要求,或电器产品、燃气用具的安装、使用及其线路、管路的设计、敷设、维护保养、检测不符合消防技术标准和管理规定的行为。

2. 电器产品、燃气用具消防安全违法行为的应当承担的法律责任

根据《消防法》第六十六条的规定,电器产品、燃气用具的安装、使用及其线路、管路的设计、敷设、维护保养、检测不符合消防技术标准和管理规定的,责令限期改正;逾期不改正的,责令停止使用,可以并处一千元以上五千元以下罚款。

(七)消防设施、器材违法和不整改火灾隐患行为的处罚

1. 消防设施、器材违法行为

消防设施、器材违法行为是指消防设施、器材、消防安全标志配置、消防安全疏散通道的设置等违反《消防法》的行为。消防设施、器材违法行为主要有以下几种:

(1)消防设施、器材或者消防安全标志的配置、设置不符合国家标准、行业标准,或者未保持完好有效。
(2)损坏、挪用或者擅自拆除、停用消防设施、器材。
(3)占用、堵塞、封闭疏散通道、安全出口或者其他妨碍安全疏散。

(4)埋压、圈占、遮挡消火栓或者占用防火间距。

(5)占用、堵塞、封闭消防车通道,妨碍消防车通行。

(6)人员密集场所在门窗上设置影响逃生和灭火救援的障碍物。

2. 不整改火灾隐患行为

不整改火灾隐患行为是指违反《消防法》第五十四条的规定,对消防救援机构通知在消防监督检查中发现的火灾隐患,不及时采取措施进行隐患整改的行为。

3. 消防设施、器材违法和不整改火灾隐患行为应当承担的法律责任

根据《消防法》第六十条的规定,单位犯有以上行为的,责令改正,处五千元以上五万元以下罚款。个人有消防设施、器材违法行为中(2)、(3)、(4)、(5)项行为之一的,处警告或者五百元以下罚款;有消防设施、器材违法行为中(3)、(4)、(5)、(6)项行为,经责令改正拒不改正的,强制执行,所需费用由违法行为人承担。根据《消防法》第五十四条的规定,不及时消除隐患可能严重威胁公共安全的,消防救援机构应当依照规定对危险部位或者场所采取临时查封措施。

(八)违法生产、使用消防产品行为的处罚

1. 违法生产、使用消防产品行为

违法生产、使用消防产品行为是指违反《消防法》的规定,生产、销售不合格消防产品或者国家明令淘汰消防产品的行为。

2. 违法生产、使用消防产品行为应承担的法律责任

根据《消防法》第六十五条的规定,犯有违法生产、销售消防产品行为的,由产品质量监督部门或者工商行政管理部门依照《中华人民共和国产品质量法》的规定从重处罚。人员密集场所使用不合格的消防产品或者国家明令淘汰的消防产品的,应当责令限期改正;逾期不改正的,处五千元以上五万元以下罚款,并对其直接负责的主管人员和其他直接责任人员处五百元以上二千元以下罚款;情节严重的,责令停产停业。消防救援机构除依法对使用者予以处罚外,还应当将发现不合格的消防产品和国家明令淘汰的消防产品的情况通报产品质量监督部门、工商行政管理部门。产品质量监督部门、工商行政管理部门应当对生产者、销售者依法及时予以查处。

(九)消防技术服务违法行为的处罚

1. 消防技术服务违法行为

消防技术服务违法的行为是指消防设施维护保养检测、消防安全评估等消防技术服务机构,不具备从业条件从事消防技术服务活动或者出具虚假文件的行为。

2. 消防技术服务违法行为应当承担的法律责任

《消防法》第六十九条规定:消防设施维护保养检测、消防安全评估等消防技术服务机构,不具备从业条件从事消防技术服务活动或者出具虚假文件的,由消防救援机构责令改正,处五万元以上十万元以下罚款,并对直接负责的主管人员和其他直接责任人员处一万元以上五万元以下罚款;不按照国家标准、行业标准开展消防技术服务活动的,责令改正,处五万元以下罚款,并对直接负责的主管人员和其他直接责任人员处一万元以下罚款;有违法所得的,并处没收违法所得;给他人造成损失的,依法承担赔偿责任;情节严重的,依

法责令停止执业或者吊销相应资格;造成重大损失的,由相关部门吊销营业执照,并对有关责任人员采取终身市场禁入措施。

前款规定的机构出具失实文件,给他人造成损失的,依法承担赔偿责任;造成重大损失的,由消防救援机构依法责令停止执业或者吊销相应资格,由相关部门吊销营业执照,并对有关责任人员采取终身市场禁入措施。

(十)单位不履行消防安全职责行为的处罚

单位不履行消防安全职责行为是指机关、团体、企业、事业等单位等不履行《消防法》第十六条、第十七条、第十八条和第二十一条第二款规定的消防安全职责的行为。根据《消防法》第六十七条的规定,对这类行为应当责令限期改正;逾期不改正的,对其直接负责的主管人员和其他直接责任人员依法给予处分或者给予警告处罚。

(十一)消防执法工作人员违法行为的处罚

1. 消防执法工作人员违法行为

消防执法工作人员违法行为主要有以下几种:

(1)对不符合消防安全要求的消防设计文件、建设工程、场所准予审核合格、消防验收合格、消防安全检查合格。

(2)无故拖延消防设计审核、消防验收、消防安全检查,不在法定期限内履行职责。

(3)发现火灾隐患不及时通知有关单位或者个人整改。

(4)利用职务为用户、建设单位指定或者变相指定消防产品的品牌、销售单位或者消防技术服务机构、消防设施施工单位。

(5)将消防车、消防艇以及消防器材、装备和设施用于与消防和应急救援无关的事项。

(6)其他滥用职权、玩忽职守、徇私舞弊的行为。

2. 消防执法工作人员违法行为应当承担的法律责任

根据《消防法》第七十一条的规定,住房和城乡建设主管部门、消防救援机构的工作人员滥用职权、玩忽职守、徇私舞弊,有以上行为之一,尚不构成犯罪的,依法给予处分;产品质量监督、工商行政管理等其他有关行政主管部门的工作人员在消防工作中滥用职权、玩忽职守、徇私舞弊,尚不构成犯罪的,依法给予处分。

思考题

1. 消防安全管理的法律责任通常有哪几种?
2. 什么是重大责任事故罪?
3. 什么是消防责任事故罪?
4. 什么是放纵制售伪劣商品罪?
5. 消防行政处罚的种类有哪些?
6. 消防行政处罚的程序有哪几种?

参考文献

[1] 郑端文. 建筑消防安全管理[M]. 北京:化学工业出版社,2019.

[2] 中国消防协会. 消防设施操作员(基础知识)[M]. 北京:中国劳动社会保障出版社,2019.

[3] "国家安全生产法制教育丛书"编委会. 消防安全管理法规读本[M]. 北京:中国劳动社会保障出版社,2010.

[4] 中国消防协会. 消防安全技术综合能力[M]. 北京:中国人事出版社,2019.

本书涉及的重要标准和文件

[1] 建筑设计防火规范(GB 50016—2014)(2018年版)
[2] 危险货物分类和品名编号(GB 6944—2012)
[3] 消防给水及消火栓系统技术规范(GB 50974—2014)
[4] 建筑材料及制品燃烧性能分级(GB 8624—2012)
[5] 人员密集场所消防安全管理(GB/T 40248—2021)
[6] 消防产品监督管理规定(公安部令第122号)
[7] 公安部关于修改《消防监督检查规定》的决定(公安部令第120号)
[8] 危险化学品安全管理条例(国务院令第591号)
[9] 高等学校消防安全管理规定(教育部、公安部令第28号)
[10] 社会消防技术服务管理规定(应急管理部令第7号)
[11] 国务院办公厅关于印发消防安全责任制实施办法的通知(国办发〔2017〕87号)
[12] 建设工程消防设计审查验收管理暂行规定(住建部令第51号)
[13] 应急管理部关于贯彻实施新修改《中华人民共和国消防法》全面实行公众聚集场所投入使用营业前消防安全检查告知承诺管理的通知(应急〔2021〕34号)